병영
도서관의
이해

병영
도서관의
이해

▌송승섭 지음

우리나라 병사들의 독서 실태와 병영도서관 모델을 중심으로

KSi 한국학술정보㈜

총알이 빗발치는 참호 속에서 책을 읽었고, 야전의 텐트 속에서도 촛불을 켜고 독서에 몰입했던 전 세계의 군인들! 이들을 지원하기 위해 헬기를 띄우고, 등짐을 지고 별빛도 없는 진흙길을 걸어 오지로 책을 들고 찾아갔던 병영사서들!

이러한 이야기는 2차대전이나 한국전쟁에서 있었던 일만은 아니다. 나 역시 30여 년 전 군대생활의 외로움을 독서로 달랬다. 그 시절 가장 행복했던 시간을 돌이켜보면, 무섭도록 뒤덮인 흰 눈과 절대 어둠이 교차하는 가파른 용문산 꼭대기에서 보초 근무를 서고 돌아와 잠시나마 돌담에 기대어 랜턴에 의지해 책을 읽던 순간이었다. 그때를 생각하면 지금도 그 짜릿한 전율이 골수로 느껴지는 것 같아 한기를 느낀다. 이제는 독서하는 것을 죄인 취급하는 고참도 없어졌고, 병영현대화의 일환으로 통합 막사 개선사업이 시작되어 중대별로 간이 도서관이 생기고, 토요 휴무제에 따라 책을 읽을 시간도 많아져 그렇게 힘들게 독서할 일은 없을 것이다.

그러나 또 한편으로는 인터넷이며 MP3며 DMB까지 설쳐대는 판이니 독서환경이 더 좋아졌다고 말할 바도 못 되니 이래저래 개별적 문화 공간에서 소외되고 있는 장병들이 안타깝게 느껴지는 것은 예나 지금이나 마찬가지이다.

필자가 병영도서관에 관심을 갖게 된 것은 실로 우연이었다. 그 시작은 '군대에서 책은 무슨 책이야' 하는 그 용감한 생각들이 아직 우리 사회를 지배하던 오래전부터 턱없이 더 용감무쌍하여 '군부대에 책 보내기 운동'과 '진중도서관 건립운동'을 평생의 사업으로 헌신하고 있던 '(사)사랑의책나누기운동본부'와의 만남이었다. 그때가 2002년 초였던가. 운동본부에서는 군인들을 위한 월간 교양지로 '나눔의 책'이라는 잡지를 발행하고 있었는데, 필자가 '북한 관련 어린이 책'을 소개하는 한 꼭지를 맡게 되면서 이 인연이 시작되었다. 필자 역시 사서이며 도서관 연구자였지만 전투를 위한 물리적 공간으로서의 병영만 바라보았지 문화 공간으로서의 병영의 역할은 막막히 잊고 있었다. 아니 생각하지 않았다. 돌이켜보면 눈시울이 뜨거워지는 젊은 날의 아름다운 청춘이 깃들어진 저 산하의 막사를 생각하면서 필자는 병영의 추억에서 다시 책 한 권을 손에 들고 싶어 하던 소박한 병사의 소망을 꿈꾸게 되었다. 대오 각성의 순간이 지나갔다. 그래 병영도서관이다!

그러나 병영도서관을 내 연구의 화두로 잡았던 그 당시 병영도서관에 관한 어떤 이론서도 논문도 찾아볼 수 없었다. 인터넷을 뒤지고 해외 소식통에 부탁도 해 보았지만 정리된 책 한 권을 구하기 힘들었다. 그래서 더 힘이 났다. 내가 하자. 그 길로 필자는 우리나라 최초의 병영도서관 전문가가 된 것이라면 너무 앞서간 것일까?

국민소득 2만 불, 3만 불 하면서 군부대의 인권을 생각하지 않는 다면 어폐가 있지 않을까? 국군의 경쟁력을 강조하면서 병영의 독서문화를 간과한다면 우습지 않을까? 미국은 이미 1917년에 미국도서관협회가 의회도서관의 지도 아래 병영도서관을 설립하여 사기·복지·레크리에이션 향상이라는 MWR 프로그램차원에서 체계적인 전시 서비스를 실시해 왔다. 미국은 한국전쟁이 발발했을 때조차 전문사서와 함께 13개의 주요 거점 도서관과, 12개의 야전도서관, 44개의 기탁 장서로 구성된 도서관서비스를 실시했다. 차가 들어갈 수 없는 전장에서는 지게로 책을 날랐다는 기록도 남아 있다. 휴전 협정이 조인되었을 당시 대구 제5공군부대 도서관 장서만 8만 5천 권을 헤아렸다. 지금도 파나마, 소말리아, 보스니아, 코소보 같은 임시군사행동지역에도 보급판 도서를 지원하고 있다. 국가를 위해 헌신하는 그들에게 그들이 어디에 있건 간에 국가는 한시도 그들을 잊지 않고 있다는 것을 행동으로 보여주고 있다. 이는 무엇이 강력한 군대를 만드는가를 생각하기에 충분한 한 실례가 될 것이다.

그러나 한국의 현실은 너무나 다르다. 그 통계는 내놓을 수조차 없을 만큼 초라하다. 필자는 군사전문가도 아니요, 병사들의 교육자도 아니다. 그러나 분명한 것은 2년간이건 그 이하이건 간에 이 세상의 무엇과도 바꿀 수 없는 젊은 날의 한때를 국가를 위해 봉사하는 그들에게 국가도 무엇인가를 해 주어야 한다는 것이다. 그들이 지닌 열정과 감성과 지성의 교감이 창조적으로 발현되고 머물 수 있는 공간만이라도 마련된다면 어쩌면 군부대야말로 가장 긴요한 집중력을 견지하면서 미래에 대한 선택의 의미를 발견할 수 있는 기회의 장이 될 수도 있을 것이다. 이제 필자는 그 기회의 장을 마련하는 데 일조하고자 지난 몇 년 동안 틈틈이 써온 글들을 하나로 모았다.

이 글들이 진정으로 병영도서관의 존재 의의를 이해시키는 데 도움이 되고 더 나아가서 병영도서관의 설립과 운영을 위한 기초적인 참고자료가 될 수 있다면 더없이 기쁠 것이다.

끝으로 필자를 병영도서관의 세계로 안내한 여전사로서 일당백의 장군 못지않게 병영의 온갖 현장을 누비며 병영문화의 꽃을 피워온 '(사)사랑의책나누기운동본부'의 민승현 본부장과 병영도서관 건립운동의 정신적 지주이신 김성재 전 문화관광부장관님께 감사의 마음을 전한다. 또한 이 연구의 공동연구자였던 차미경 교수께도 심심한 감사를 드리고 싶다. 부디 이 한 편의 글이 보다 많은 창조적인 연구들을 생산하는 데 작은 밑거름이 되기를 바라며 일선에서 병영문화 개선을 위해 노력하는 많은 분들에게도 위로가 되기를 기원한다.

2007. 11
佛岩齋에서 宋承燮 씀

이 글은 5장으로 구성되었다. 필자가 발표한 3편의 논문과 이화여대 차미경 교수와 공동 연구한 2편의 프로젝트 결과물이 포함되어 있다. 또한 미국의 군인 교육프로그램과 병영도서관의 지원과 관련된 제3장은 해리그(Harig, Katherine J. 1989)의 저작의 일부가 번역되어 실렸다.

5장까지의 5편의 글은 거의 연도순으로 배열되었는데 읽는 순서의 편의를 고려한 것으로 보아도 괜찮을 것이다. 병영도서관의 정의와 역사, 우리나라와 미국의 병영도서관 현황과 조직, 서비스 프로그램, 군부대의 교육프로그램과 병영도서관의 지원 그리고 병영도서관과 지역도서관과의 연계와 협력 등의 항목은 병영도서관을 이해하기 위한 기초적인 내용이 포함되었다.

이를 바탕으로 해서 좀 더 심화된 연구가 계획적으로 시도되었다. 그것은 한국학술진흥재단의 지원을 받은 2편의 정책과제로서 우리나라 병영도서관의 운영모델 개발과 병사들의 독서실태 조사에 관한 연구였다. 병영도서관 설립과 운영을 위해 가장 필요한 일은 병영도서관 기준을 만드는 것이었고, 병사들의 독서실태 조사는 전국적인 표본으로는 부족하지만 병영도서관의 장서개발 정책 수립을 위해 가장 기초가 되는 중요한 연구 작업이었다.

앞서 말한 바와 같이 여러 편의 논문과 글을 하나의 책으로 정리하다 보니 다소 중복되는 부분이 있었다. 그러나 논문 전체 구조나 읽기에 무리가 없는 범위에서 중복을 피해 재편성하였다. 다만 전체 논문 전개 과정에서 부득이 필요한 부분은 살려 놓았다.

또한 이 연구의 최초 집필시기인 2003년 이후 달라진 점은 가급적 수정하여 현행화하거나 추가적인 사항은 새로 기입하였지만, 논문의 틀 자체를 완전히 바꿀 만한 변화는 거의 없어 대부분 그대로 유지되었다. 아무쪼록 읽기에 불편함이 많지 않기를 바랄 뿐이다.

|contents|

|표.그림 차례|

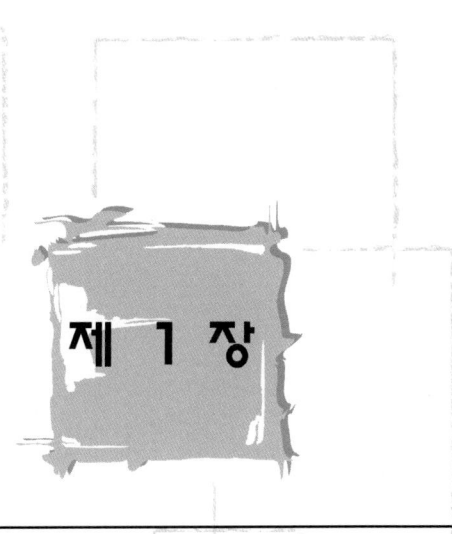

제 1 장

이 글은 2003년에 발표한 필자의 논문 "병영도서관의 역사와 발전방향" 중에서 일부를 제외하고 재편성한 것으로서 병영도서관의 이해에 필요한 기초적인 내용을 다루고 있다.

우리에게 다소 생소한 병영도서관의 의미와 역사 그리고 우리나라 병영도서관의 현황과 우리나라에서의 병영도서관 건립운동에 따른 향후 발전방향이 논의되었다.

I. 우리나라 병영도서관 역사와 현황

1. 서 론

우리나라는 남북한 간의 대치 상태로 인해 어느 나라보다 국가적으로 병역의 의무를 당연시해 왔고 이를 기피하는 사람들에 대해 법적으로 책임을 물을 뿐만 아니라, 사회적으로도 홀대하고 배척하여 왔다. 그러나 그러면서도 왜 우리의 젊은이들이 그토록 군대에 가는 것을 싫어하는 것일까에 대한 근본적인 해결방안을 제시하는 데는 소홀했던 것 같다. 군 입대를 편하지 않게 생각하는 데는 여러 가지 이유가 있겠지만 가장 큰 이유 중의 하나는 역시 군대 내의 생활이 문화적으로 사회로부터 심각할 정도로 고립되어 있다는 데 있을 것이다. 체력적으로나 정신적으로 가장 왕성한 활동을 시작하는 젊은 시절을 가족과 친구들 그리고 이 사회에서 정들은 모든 것들로부터 떨어져서 살아가야 한다는 것은 누구에게나 심리적으로 위기감을 갖게 하는 일일 것이다.

그러면 이 사회적 문화적인 고립감을 조금이라도 해소할 방법은 없을까? 바로 이런 생각이 발단이 되어서 시작한 것이 '군부대에 도서관을 지어주자'는 운동으로 발전하여 최근 사회적인 합의를 형성하게 된 것이다. 사실 우리나라 군부대에는 도서관이 없었다. 내무반 내의 개인 관물대 안이나 중대본부 또는 대대본부의 작은 공간에 책을 일부 보관하고 있기는 하지만 이들이 도서관의 역할을 대체하지는 못했다. 필자도 군부대에서 더러 문학서를 탐독하고 개인적으로 공부도 많이 했지만 그 책들은 군부대 내에서 빌려 본 것이 아니고, 휴가 때 자비로 구한 책들이었다. 필자가 군 복무를 끝낸 지도 벌써 25년이 넘어 그때와는 군부대 환경이 상당부분 달라졌다고는 하지만, 독서환경에 있어서는 별로 차이가 없는 것으로 알고 있다. 또한 군대에서 무슨 독서냐 하는 반론이 만만치 않은 것도 현실이다.

숨 돌릴 틈 없는 교육훈련, 일과 후면 어김없이 찾아오는 '군기잡기 집합', 꼬리를 무는 훈련 등으로 한눈 팔 새 없는 군 생활 속에서 어떻게 책을 읽을 수 있을까? 최상의 전투력을 유지해야 한다는 지상목표에 자칫 장병들의 독서가 걸림돌이 되지는 않을까 하는 생각들을 일부지만 여전히 가지고 있기 때문이다.

그러나 개인적인 경험이나 주의의 많은 사람들의 의견을 종합해 볼 때, 어려운 군대 생활 가운데 틈틈이 보았던 그 책이야말로 역경을 이겨내고 꿈을 키워나가는 데 적지 않은 힘이 되었다는 데는 이의가 없다. 또한 군부대의 독서환경은 예나 지금이나 열악하기는 하지만, 부대 지휘관이나 장병들의 사고방식은 과거와는 현저하게 달라졌다. 우선 병사들의 지적 수준이 높아졌다. 필자가 입대했을 시절에는 보통 중대에 대학출신이 몇 사람 안 되었다. 그러나 요즘은 사병들의 60-70%가 전문대 이상의 대학을 졸업했거나 재학 중에 군에 입대하고 있다.[1] 따라서 우리 군은 가장 왕성한 체력과 풍부한 감수성과 창의력을 갖고 있는 20대 초반의 젊은 지적 자원, 즉 이 나라의 미래를 담보한 69만 명의 든든한 장병들을 확보하고 있는 예비적인 엘리트 집단이라고 해도 지나친 말이 아닐 것이다. 그러므로 이들을 문화적 사각지대에 남겨 놓는다는 것은 크나큰 국가적 손실이 아닐 수 없을 것이다.

서두에 언급한 것처럼 과거 군부대에도 많지는 않지만 책은 있었고, 여러 독지가들에 의해 '군부대에 책 보내기' 운동도 있었다. 그러나 이

---

1) 중앙일보·진중도서관 건립 국민운동(중앙일보, 03/1/23)

제 단순한 책 보내기 차원에서 벗어나 그 책들을 효율적으로 이용시키기 위해서는 일정 장소에 보관하고 조직화해서 공동 공간을 통해 병사들의 활용을 지속적으로 장려해야만 한다. 바로 이러한 필요성에 입각하여 제도적인 안전장치를 만들려는 운동이 바로 '진중도서관 건립운동'으로, '병영도서관 건립운동으로' 현실화된 것이다. 이러한 군부대 내의 도서관의 건립운동은 바로 독서환경의 정착을 위한 법제화 과정을 밟게 되었고, 매스컴을 통한 본격적인 사회운동으로 발전하게 된 것이다.

그러나 지금까지의 이러한 성과가 적지 않은 것은 사실이지만, 이벤트성 행사에 치우친다는 우려도 있고, 향후 보다 견고한 제도화 과정을 거쳐 체계적으로 발전해 나가기 위해서는 다른 나라 군부대 도서관의 역사적 기반과 현황을 살펴본 후에, 향후 발전과정에 나타날 문제점들에 대해 충분히 대비할 필요가 있을 것이다. 따라서 본 장에서는 현재 '병영도서관 건립운동'으로 이슈화되고 있는 군부대 도서관의 의의와 역사, 조직과 서비스프로그램 등을 살펴보고자 한다.

2. 병영도서관의 의의와 역사

2.1 병영도서관의 정의와 의의

몇 년 전에 군부대에 도서관 만들기 운동이 '진중도서관 건립운동'으로 시작되었다. 이에 앞서 정확한 기록은 알 수 없지만 '군부대에 책 보내기 운동'은 지금부터 30-40년 전부터 있었던 것으로 보인다. 기록이 분명하지 않은 것은 제도적으로 이루어진 것이 아니라 대부분이 개별 독지가의 기증운동으로 이루어진 것이기 때문이다. 그러나 이

제 군부대 내의 도서관 설립이 제도화되면서 군부대 도서관을 어떻게 부르고 무엇으로 정의할 것인가에 대해 논의할 필요가 있을 것이다.

일반적으로 '군부대 도서관'이라는 이름은 어떤 명칭의 서술적인 설명으로 보이기 때문에 부르기는 쉽지만 전문용어로 보기에는 어려움이 있다. 이에 따라 군부대에 도서관 만들기 운동을 벌이고 있는 사단법인 '사랑의책나누기운동본부'와 '중앙일보사'는 '진중도서관'이라는 명칭을 한동안 사용하여 왔다. 여기에서 '진중(陣中)'이라는 어휘는 '군대나 부대의 안'을 의미하는 것으로, '진중도서관'이라 함은 '군대나 부대 안에 있는 도서관'이라는 의미를 자연스럽게 전달할 수 있다. 그러나 현재 일반적으로 사용하는 단어라기보다는 고어의 느낌을 가지고 있어 사용하기에 쉽지 않다는 문제가 있다. 이에 반해 2003년 5월 29일 공포된 '도서관 및 독서진흥법'[2]의 개정내용에는 심의 과정에서 '진중도서관'이 '병영도서관'으로 수정되어 표기되었다.[3] '병영(兵營)'이라는 뜻은 '병사가 집단으로 들어 거주하는 집'으로 병사(兵舍)나 영사(營舍)를 의미한다. '병영'이라는 어휘도 쉽게 입에 올릴 수 있는 단어는 아니지만, 일반적으로 군 생활을 겪은 사람들에게는 상대적으로 익숙하고 전문용어의 성격을 갖고 있어 채택된 것으로 볼 수 있다. 이 법에 의하면, '병영도서관'은 "육군, 해군, 공군 등 각급 부대의 병영 내 장병 등에게 교육, 학습, 연구 및 문화활동 등을 위한 도서관 봉사를 제공함을 주된 목적으로 하는 특수도서관"으로 정의되고 있다.[4]

우리나라보다 오랜 역사를 갖고 있는 미국이나 유럽에서는 이미 오

---

2) 일부개정 2003.5.29 법률 제06906호
3) 국회문화관광위원회. 2003. 도서관 및 독서진흥법 중 개정법률안 조사보고서. pp.1-18.
4) 그러나 2006년 12월 20일 개정된 '도서관법'에 의해 병영도서관은 특수도서관에서 벗어나 공공도서관의 범주에 포함되었다.(동법 제2조제4항)

래전에 'Military Library'와 'Army Library'라는 명칭을 용어로 사용하고 있다. 또한 군부대에 근무하는 사서를 'Army Librarian' 또는 'Military Librarian'으로 구분하여 부르고 있다. 그만큼 사서직의 구분도 전문화되어 있었음을 알 수 있다.

그러나 문헌으로 살펴볼 때, 이들 용어는 미국도서관협회 문헌정보학 용어사전5)에는 등록되어 있지 않다. 2002년 판 Western Connecticut 주립대학의 온라인 사전(ODLIS: Online Dictionary of Library and Information Science)으로 검색해 본 결과는, 'Military Library'만 등록되어 있고 'Army Library'는 제외되어 있다. 그러나 실제적으로 인터넷상에서 사용되는 빈도수는 'Military Library'보다는 'Army Library'가 더 일반적으로 사용되고 있는 것으로 보아 양자의 혼용이 가능한 것으로 볼 수 있다. 다만 좀 더 엄밀하게 볼 때, 단어 'Military'와 'Army'는 일반적으로 같이 쓰이지만, 'Army'가 육군을 주로 지칭한다는 점에서 군 전체를 지칭하는 포괄적인 용어로 'Military'라는 어휘 사용을 보다 더 수용할 수 있을 것이다. 그러나 수적으로는 대부분의 병영도서관이 육군도서관이라는 점을 고려할 필요가 있을 것이다.

ODLIS에 현재 나와 있는 'Military Library'의 사전적 정의를 보면, "군도서관은 국방을 책임지고 있는 정부의 군 기관에 의해 유지되고, 군 종사자들의 이용을 위해 장서를 관리하고 있는 도서관"으로 되어 있다. 부연한 것을 보면, 좀 더 넓은 의미로 군도서관은 "일반도서관(예: 미 해군사관학교도서관인 Nimitiz Library)6)에 대한 접근능력까지를 포함하고 있다."고 기술하고 있다.7)

---

5) ALA. 1983. The ALA Glossary of Library and Information Science.
6) http://www.nadn.navy.mil/Library/
7) http://www.wcsu.edu/library/odlis.html#M

위의 개념 정의에는 나와 있지 않지만 미국은 군도서관을 특수도서관으로 분류하고 있다. 우리나라는 특히 병영도서관을 "병영 내 장병 등에게 교육, 학습, 연구 및 문화활동 등을 위한 도서관 봉사를 제공함을 주된 목적으로 하는 도서관"으로 법령에 규정해 놓았다. 미국의 경우도 "국방을 책임지고 있는 정부의 군 기관에 의해 유지되고, 군 종사자들의 이용을 위해 장서를 관리하고 있는 도서관"이라는 의미로 우리나라보다 다소 포괄적으로 정의하고 있지만, 이를 실행하고 조정하는 '연방/군도서관 라운드테이블'(Federal and Armed Forces Libraries Round Table: FAFLRT)[8]이라는 도서관협회 내의 전담기구가 있어 제도적으로 상당부분 발전되어 있음을 알 수 있다.

2.2 우리나라 병영도서관의 역사와 발전과정

우리나라 군부대 내의 도서관, 즉 병영도서관이라고 할 수 있는 도서관은 사실상 없었다. 과거 대대본부의 정훈과 감독하에 소규모의 문고형태가 있었고, 국방대학원과 사관학교의 도서관과, 육군 본부나 사단급 이상 부대에 일부 도서관이 있지만, 이는 장교들이나 간부 후보생들을 위한 다른 관종의 도서관으로 일반 병사들을 위한 도서관은 아니었다. 사실상 병영도서관의 주요 대상이 되는 병사들을 위해서는 대대급 이하의 병영도서관이 반드시 있어야 한다.

과거 신문 기록을 보면, 대략 40여 년 전부터 '군부대에 책 보내기 운동'을 한 독지가가 여럿 있었다는 것은 알 수 있지만, 그 자세한 내용은 알 수 없다. 또한 정부에서도 과거 연간 10억 정도의 책 구입 예산을 편성하여 일선 부대에 매년 신간을 20여 권 정도 내려보낸 것으

---

8) http://www.ala.org/alaorg/rtables/flrt/

로 알려져 있다. 1993년도를 '책의 해'로 선정한 문화체육부는 1994년
부터 군부대와 교도소 내에 '장병독서교실', '교정독서교실'을 시범 운
영한다는 계획을 발표한 바 있다. 그 이전 1993년에는 종로도서관의
'작은 도서관 갖기' 운동을 통해 군부대에 '진중문고'와 '작은 도서관'
을 설치하려는 시도도 있었다.

개별 사례를 구체적으로 보면, '손기정공원문고'를 운영한 최완 회장
은 30여년 이상 초등학교와 마을문고를 비롯한 군부대에 150만 권 이
상의 도서를 기증해 온 것으로 보도된 바 있다. 이와 유사한 인물로
대전 '대영서림' 정낙영 대표도 1978년부터 초등학교, 군부대 등에 1만
여 권 이상의 도서를 기증한 것으로 알려져 있다.

좀 더 큰 단체의 사례를 보면, 원불교에서는 '100개 부대에 책 보내
기 운동'을 추진하여 왔다. 육군 열쇠부대를 시작으로 백령도 백령대대,
울릉도 해군 1함대 등 2002년까지 전국 35개 부대에 7만여 권의 도서
를 기증했다. 이러한 사례들은 좀 더 찾아보면 기독교단체를 비롯하여
많은 독지가들의 노력들이 적지 않았다는 것을 알 수 있을 것이다.9)

그러나 이 기증된 도서들이 잘 보관되어 이용되고 관리되고 있는지
는 알 수 없다. 기본적으로 이를 관리할 전문직원과 시설이 없기 때문
이다. 국방부나 문화관광부도 이러한 문제들에 대한 기본적인 인식은
있었던 것 같다. 문화관광부는 1999년 다시 '전 국민 책읽기운동'의 하
나로 군부대 '진중문고'를 활성화하겠다고 발표한 바 있다.

그러나 실제적인 군부대의 도서관 설립은 〈표 1-1〉10)에서 볼 수 있

---

9) 군부대에 책 보내기 운동에 관한 기록은 세계일보(93/6/30), 국민일
   보(93/11/2), 대한매일(93/11/23), 한겨레신문(97/4/11, 98/12/9, 99/5/8),
   경향신문(02/11/25) 등의 기사를 참고한 것임.
10) 〈표 1-1〉과 이후의 〈표 1-2〉의 내용은 (사)사랑의책나누기운동본부의
    내부 자료를 〈표〉로 재구성한 것임.

는 것과 같이 1999년 4월 5일 '사랑의책나누기운동본부'가 발족되면서 시작되었다고 보아도 지나치지 않을 정도로 그동안의 활동이 비공식적 비조직적으로 이루어져 왔다. 이 민간단체는 이후 여러 시민단체와 정부기관, 각계 인사들의 후원을 통해 지금까지 '군부대 작은 도서관 만들기' 운동으로부터 '진중도서관 설립' 운동을 추진해 왔다. 2007년 6월 말 현재, 전국적으로 48개의 병영도서관을 개관시켰으며, 특히 '군부대 안에 병영도서관을 설치할 수 있다.'는 내용의 도서관 및 독서진흥법개정안을 2003년 4월 30일 국회에서 통과시키기까지 많은 노력을 해 왔다. 이는 제도적으로 군부대 내에 병영도서관을 설치할 수 있는 법적 근거를 마련한 것으로, 군부대 장병들의 독서환경 조성에 크나큰 공헌을 한 것으로 볼 수 있다.

〈표 1-1〉을 통해 이 운동이 사회적으로 이슈화 되고, 법제화 과정을 거치는 데 만 4년이 걸렸고, 그동안에 한 단체의 지속적인 노력이 계속되었다는 것을 알 수 있다.[11] 또한 그 과정에서 '군부대 작은 도서관 개설운동', 군 장병을 대상으로 한 '작가·명사와의 만남', '진중도서관건립 국민캠페인', '북 매거진 월간 나눔의 책 발행', '포스터 제작을 통한 홍보', '지하철 책 열차 북 메세 운영' 등 전략적이고 내실 있는 기획을 통해 독서운동의 사회적 이슈화와, 진중도서관 건립의 법제화에 성공할 수 있었음을 알 수 있다.

---

11) '진중도서관 건립운동'은 1991년부터 사재를 털어가며 산간벽지에 도서관을 마련하고 도서를 지원하던 민승현씨가, '군대가기가 죽기보다 싫다.'는 아들의 충격적인 고백을 듣고, 군의 현실에 눈뜨게 되면서 시작되었다. 민 씨는 이후 1999년 4월부터 당시 대표였던 유성욱씨와 함께 '사랑의책나누기운동본부'를 발족하여, 최근까지 활발한 활동을 벌이고 있다.(중앙일보, 03/1/23)

〈표 1-1〉 병영도서관 건립운동과정 연표

행사 연도	월일	주요 내용
1999년	04.05	사랑의책나누기운동본부 발족 군부대 작은 도서관 만들기 시작
	07.03	육군 1사단 사령부 작가 서진규와의 만남 개최
	08.26	(이후 12.29까지, 장병들을 대상으로 한 작가와의 만남 6회 개최)
	11.05	진중도서관 회보 '으뜸 책마당' 발간
2000년	02.18	해병대 1사단 작가 서진규와의 만남 등 (이후, 6.17까지 '작가와의 만남' 6회 개최)
	02.22	육군 75사단 오지여행가 한비야와의 만남 개최
	06.30	사랑의책나누기운동본부 사단법인 인가(문화관광부)
	11.01	육군 1사단 책사랑도서관 개관
	11.01	육군 1사단사령부 전자바이올리니스트 유진박 크로스오버 공연
2001년	03.06	육군 5사단 신병교육대 시인 김용범 교수와의 만남
	06.08	육군 5사단 가시고기 작가 조창인과의 만남
	06.08	육군 5사단 대학로 가수 윤효상 공연 개최
	09.03	육군 1사단 대학로 가수 윤효상 공연 개최
2002년	01.07	진중도서관 법제화 의안 제출(정병국 의원실)
	03.01	월간 나눔의 책 창간
	03.26	진중도서관 건립을 위한 국회조찬토론회 개최 (정병국 의원, 국방부, 각 출판단체 관계자 참석)
	04.04	지하철 책 열차 '매트로 북 메세' 운행(8.31까지)
	04.11	진중도서관 법제화를 위한 도서관 및 독서진흥법 개정발의안 마련 (정병국 의원, 국방부, 사랑의책나누기운동본부 국회 법제실 참여)
	04.22	'군 장병 사랑의책나누기운동' 행정자치부 비영리민간단체 지 원사업 선정
	04.23	국회의원 33인 공동발의 '도서관 및 독서진흥법 중 개정발의 안' 국회제출
	06.01	군 장병 사랑의책나누기운동 포스터배포(문화관광부, 행정자 치부, 국방부 후원)
	08.09	육군 1사단 15연대 작가 전여옥과의 만남 개최
	10.21	대선주자 독서, 출판 정책 토론회 후원(문화일보홀)

행사 연도	월일	주요 내용
2002년	10.25	진중도서관 건립 국민운동 발족식 및 공청회 주관
	12.15	진중도서관 건립 캠페인 중앙일보 2003년 10대 사업 선정
2003년	01.20	병영독서문화 캠페인 포스터 제작, 배포 모델: 농구선수-김승현
	01.28	해군 2함대 필승전단도서관 개관
	02.13	안산경찰서 APM도서관 개관
	03.20	육군병원 열차부대 달리는 건강도서관 개관
	04.19	서울구치소 보라미도서관 개관
		군 대체 복무를 하는 교도대원(법무부 소속)대상 병영도서관 개관 확대
	04.30	「도서관 및 독서진흥법」 개정안 국회 본회 통과
	05.07	군부대 북스타트 운동 출범식 및 「사랑의 책 꾸러미-내 젊은 날의 책」 선포식(국회의원회관 1층 소회의실) 병영도서관의 혜택을 볼 수 없는 GOP, 격오지 부대 근무 병사들을 위한, 책 꾸러미 발송(20권)
	05.27	육군 제27사단 춤사랑도서관 개관
	06.20	해병대 흑룡부대 연봉도서관 개관(백령도)
	07.30	서울지방경찰청 기동단 제4기동대 사자도서관 개관
	09.17	육군 제20사단 110기보대대 결전사자도서관 개관
	10.24	해군 3함대 목포해역 방어사령부 삼학도서관 개관
	11.28	육군 제9사단 청도깨비도서관 개관
	12.30	국방대학교 병영도서관 개관
2004년	02.10	병영독서문화 캠페인 포스터 제작, 배포 모델: 현역 해병대 병사들
	08.15	울릉경비대 울릉·독도도서관 개관
	09.22	1군단 통신단 광개토햇불도서관 개관
	11.22	1사단 12연대 3대대 병영도서관 개관
	12.13	병영도서관 활성화를 위한 토론회 국회의원회관 1층 소회의실 육군, 해군, 해병대 및 전의경, 교도대원 등 광범위 참석
2005년	01.17	해병대 2사단 5연대 백마도서관 개관
	02.03	육군 수도방위사령부 충원서원도서관 개관
	03.29	대전교도소 늘사랑도서관 개관
	05.09	제주해안경비단도서관 개관
	06.30	연구논문집 「병영도서관 운영모델 연구」 1집 발간

행사 연도	월일	주요 내용
2005년	07.20	육군 제66사단 횃불도서관 개관
	08.11	교동도(강화) 가족도서관 개관
	10.20	2005독서문화상 대통령상 수상
	11.15	육군 제66사단 횃불도서관 책 꾸러미 발송
2006년	01.24	육군 제55사단 봉화지식포탈센터도서관 개관
	02.21	'책과 문화가 있는 병영' 시범사단 출범(육군 제55, 66사단)
	03.30	연구논문집 「군 장병들의 독서실태 조사연구」 2집 발간
	04.10	육군 3군수지원사령부 햇살마루도서관 개관
	05.24	해병대 2사단 백호도서관 개관
	06.21	육군 제5사단 상승도서관 개관
	07.25	육군 제5포병여단 구룡도서관 개관
	08.28	육군 수도기계화보병사단 비호도서관 개관
	09.28	전남 장성 포병학교 풍익도서관 개관
	10.23	부산구치소 부경서헌 개관
	11.17	육군 8군단 사령부 충용도서관 개관
	11.20	독서감상문집, 병영에서 읽은 「내 젊은 날의 책」 발간
	11.22	기부금품 모집 등록(행정자치부)
	12.16	법정기부 단체 지정(국방부)
	12.23	제주해안경비단 서랑도서관 개관
2007년	01.30	육군 제21사단 63연대 이목정도서관 개관
	03.23	육군 제6포병여단 878대대 늘푸른도서관 개관
	04.26	육군 제11사단 열린도서관 개관
	06.02	육군교도소 희망도서관
	06.21	육군 제71사단 지식IN독수리도서관 개관(48번째)

 이렇게 볼 때, 우리나라의 병영도서관의 역사는 대부분 민간 차원에서 이루어진 것으로 공식적으로는 대단히 일천할 수밖에 없다. 또한 현재 설립된 병영도서관도 전통적으로 도서관 구성의 3요소라고 하는 전문직원과, 시설 그리고 장서가 골고루 갖추어져 있느냐에 대해서는 여전히 많은 의문의 여지가 있을 것이다. 따라서 앞으로 그동안의 발

전과정에서 간과된 부분에 대한 보완작업이 잇따라야 할 것이다.

3. 우리나라 병영도서관의 현황과 서비스프로그램

2003년 4월 작성된 '도서관 및 독서진흥법 중 개정 법률안 조사보고
서'에 따르면, 우리나라의 병영도서관 현황은 군단급 이상 제대와 학
교기관 43개 지역에 설치된 것 외에는 사단급 이하 제대의 일부(205
개 부대)에서 자체 설치하거나 외부 독서운동 단체의 일부 지원으로
문고형태로 설치된 정도가 전부인 것으로 보고되었다.[12] 또한 국방부
에 따르면, 자료지원도 정신교육자료의 배포 수준에 그친다고 한다.

2003년 들어 그동안 진중도서관 설치의 법제화에 앞장섰던 사단법인
'사랑의책나누기운동본부' 등 각계 인사들의 노력은 그 결실을 맺었다.
정병국 의원 외 32인의 발의로 이 안의 법제화가 이루어져 군부대 내
의 도서관 설치에 박차를 가할 수 있는 계기가 만들어졌다. 현재 중앙
일보사와 함께 진중도서관 건립운동을 계속하고 있는 '사랑의책나누기
운동본부'는 1999년 4월 발족한 이래로 모두 48개의 군 관련 도서관 설
치 및 장서확충에 기여했는데 그 현황을 보면 〈표 1-2〉와 같다.

〈표 1-2〉의 현황에 나타난 것처럼 1997년 7월 이래 2007년 6월 말
까지 모두 48개의 병영도서관이 만들어졌다. 병영도서관에 교도소나 경찰
서가 포함된 것은 교도소에는 실제 군 병사들이 많이 근무하고 있고, 경
찰 내에는 군 복무를 대체하는 전투경찰들이 복무하고 있기 때문이다.

---

12) 국방부에서 제공한 2006년 12월 31일기준의 자료를 보면 대대급 병영도
서관은 모두 1,154개로 되어있다. 이에 대한 논의는 제Ⅳ장에서 다시 다
룬다.

　　그러나 도서관 간판은 걸어 놓았지만 아직까지 도서관 체계가 잡혔다고는 볼 수 없다. 먼저 독립된 공간의 도서관 시설이 거의 없고 장서수도 '사랑의책나누기운동본부'에서 설립당시 군부대 도서관별로 제공한 평균 3,000여 권의 책이 거의 전부이기 때문이다. 신간에 대한 예산 지원도 현재 국방비의 자료구입비 10억-20억 원 정도로 전국의 5,000여 개의 군부대에 지원하는 경우, 부대당 50여 권에도 미치지 못하는 실정이다. 또한 자료관리 측면에서도 도서관 전담관리병을 일부 두고 있지만, 대부분 문헌정보학적인 전문지식이 없기 때문에 지속적인 관리에 문제가 있을 수밖에 없다.

〈표 1-2〉 우리나라 군 관련 도서관 설치현황

설치 연도	월/일	설치 도서관
1999년	07.03	육군 전진부대 통신대대 전진도서관 개관
	10.26	육군 1사단 의무대대 으뜸도서관 개관
2000년	01.17	육군 1사단 멸공관 지혜의샘도서관 개관
	03.28	육군 1사단 도라대대 도라도서관 개관
	05.04	육군 2군단사령부 쌍용도서관 개관
	06.01	육군 2군단 공병여단 쌍용공병도서관 개관
	06.07	육군 1사단 일월성대대 일월성도서관 개관
	06.30	사랑의책나누기운동본부 사단법인 인가(문화관광부)
	11.01	육군 1사단 책사랑도서관 개관
2001년	03.06	육군 5사단 독수리도서관 개관
	04.30	이천항공작전사령부 비승도서관 개관
	06.08	육군 5사단 열쇠도서관 개관
	09.03	육군 1사단 전진대대 지혜의샘터도서관 개관
2002년	08.09	육군 1사단 15연대 돌격도서관 개관
	12.20	해병 2사단 선봉도서관 개관
2003년	01.28	평택 해군 2함대 전단도서관 개관
	02.13	안산경찰서 APM도서관 개관(전의경으로 확대)

설치 연도	월/일	설치 도서관
2003년	03.20	육군병원 열차부대도서관 개관
	04.19	서울구치소 보라미도서관 개관
	05.27	육군 제27사단 참사랑도서관 개관
	06.27	해병대 흑룡부대 연봉도서실 개관(백령도)
	07.30	서울지방경찰청 제4기동대 사자도서관(신월동)
	09.17	육군 제20사단 110기보대대 결전사자도서관 개관
	10.24	해군 3함대 목포해역 방어사령부 삼학도서관 개관
	11.28	육군 제9사단 청도깨비도서관 개관
	12.30	국방대학교 병영도서관 개관
2004년	08.15	울릉경비대 울릉·독도 도서관 개관
	09.22	1군단 통신단 광개토횃불도서관 개관
	11.22	1사단 12연대 3대대 병영도서관 개관
2005년	01.17	해병대 2사단 5연대 백마도서관 개관
	02.03	육군 수도방위사령부 충원서원도서관 개관
	03.29	대전교도소 늘사랑도서관 개관
	05.09	제주해안경비단도서관 개관
	07.20	육군 제66사단 횃불도서관 개관
	08.11	교동도(강화) 가족도서관 개관
2006년	01.24	육군 제55사단 봉화지식포탈센터도서관 개관
	04.10	육군 3군수지원사령부 햇살마루도서관 개관
	05.24	해병대 2사단 백호도서관 개관
	06.21	육군 제5사단 상승도서관 개관
	07.25	육군 제5포병여단 구룡도서관 개관
	08.28	육군 수도기계화보병사단 비호도서관 개관
	09.28	전남 장성 포병학교 풍익도서관 개관
	10.23	부산구치소 부경서헌 개관
	11.17	육군 8군단 사령부 충용도서관 개관
	12.23	제주해안경비단 서랑도서관 개관
2007년	01.30	육군 제21사단 63연대 이목정도서관 개관
	03.23	육군 제6포병여단 878대대 늘푸른도서관 개관
	04.26	육군 제11사단 열린도서관 개관
	06 02	육군교도소 희망도서관
	06.21	육군 제71사단 지식IN독수리도서관 개관(48번째)

　2003년 들어 진중도서관건립 캠페인은 중앙일보의 10대 사업으로 선정되어 병영에 도서관을 마련하자는 국민운동으로 승화된 바 있다. 병역의무를 다하고 있는 이 땅의 젊은이들에게 꿈과 용기를 주고, 2년여의 군 복무기간에 교양을 쌓고 창의력을 길러 사회로 돌아오게 하자는 취지이다. 이러한 목적으로 전국 대대급 이상 부대에 매달 하나이상의 도서관을 설치하고, 상급 부대의 추천을 받은 전방 및 격오지 부대 장병의 필독도서를 선정하여 20권씩의 꾸러미를 발송하는 사업이었다. 또한 군부대에서의 연중 순회강연 등도 추진사업으로 수행되었다. 이 사업은 국가적 중요성을 인정받아 문화관광부와 행정자치부도 지원한 바 있다. 그러나 아직까지 제도화의 안정적 단계로 가기에는 험난한 여정이 남아 있다. 지금까지의 경과도 숨어서 일해 온 여러 사람들의 선구자적 희생이 바탕이 되어서 가능한 일이었다.

　따라서 군부대 도서관서비스 프로그램 수행도 '작가와의 만남', '군부대 북스타트 운동', '군부대 독서포스터 배포' 등 외부적으로 지원되는 몇몇 이벤트성 행사를 제외하고는 제도적으로 시행되는 것은 전무할 정도이다. 특히 외국에서 일반화되어 있는 전자도서관 서비스도 제대로 이루어지고 있지 않아 정보지원 면에서는 대단히 취약하다. 최근에 육군 2군사령부에 전자도서관이 개관되었지만, 전 장병을 위한 포털 서비스를 계획하고 있는 국방부 내의 국방전자도서관은 아직 미흡하다.[13] 현재 한국국방연구원, 군사편찬연구소, 국방대학교, 육군사관학교 등 4개의 사관학교, 육·해·공군, 해병대, 성우회, 국가보훈처, 병무처, 6·25전쟁 50주년사업단, 국군기무사령부, 전쟁기념관, 국가정보원 등이 군 관련 자료와 정보를 일부 제공하고 있지만 부대 내 장병들을 위한 전자도서관의 역할은 수행하지 못하고 있다.

---

13) http://www.mnd.go.kr/

　오프라인 쪽에서도 국방부에서 제공하는 국방백서, 군비통계자료집, 국방소식(월간), 병영문학, 마음의 양식, 국방여군, 전우신문 등 간행물이 있지만 단순 정보와 정신교육에 치우치는 홍보물로서 장병들의 교양증진 정서함양에는 별 도움이 되지 못하고 있다.

4. 우리나라 병영도서관 건립과정의 문제점과 발전방향

　우리나라 병영도서관은 미국 등 선진 여러 나라에 비해 그 역사가 짧고, 사회적인 인식이 부족하며, 국가적인 지원도 부족하다. 특히 미국은 1, 2차세계대전에 주도적으로 참여하고, 지금까지 세계 각처에 주둔군을 두고 있을 뿐만 아니라 현재도 분쟁지역에 군부대를 파견하는 등 세계의 경찰 역할을 하고 있기 때문에 군에 대한 전통적 지원은 계속 확대되고 있고, 이를 위한 프로그램도 다양화되어 있다. 우리나라도 남북한간의 군사적 대치와 동북아시아의 군사적 요충지라는 전략적 측면 때문에 군의 의미가 남다를 수밖에 없다. 또한 군사력 면에서도 70만 명에 육박하는 군 병력을 보유하고 있는 세계적인 군사국가이다. 그러나 이러한 현실에도 불구하고 앞서 본 것과 같이 이렇다 할 병영도서관 하나가 없는 등 병사들에 대한 복지 및 문화적인 차원의 지원체계가 마련되어 있지 않다. 미국, 영국, 캐나다 등은 대체로 사기, 복지(교육·훈련), 레크리에이션이라는 기본 개념하에 군인 및 그 가족들을 위한 다양한 프로그램을 시행하고 있는데 그 대표적인 것 중에 하나가 바로 병영도서관의 운영인 것이다.

　미국은 오랜 역사로 인해 국방부 내의 관장 부서가 있고 1953년에 이미 특수도서관협회의 군부대 사서분과가 기본 조직으로 만들어졌으며, 도서관협회의 연방/군도서관 라운드 테이블도 연중 운영되고 있다. 또한 병영도서관의 운영이 인터넷을 통한 디지털 도서관 프로그램으로 만들어져 전 세계적인 연결망을 갖고 있을 뿐만 아니라, 이를 지원하는 국방부나 자원단체의 활동도 대단히 크고 다양하다. 무엇보다도 병영도서관의 전담사서 조직이 있고 병영도서관 기준이 있는 등 제도적인 안전장치가 만들어져 있다.

우리나라도 늦었지만 최근 병영 내의 지식기반 확충을 통해 장병들에게 자기개발 촉진의 기회를 제공하고자 민간단체 등이 신문사와 손잡고 '병영도서관 건립운동' 등 각종 캠페인을 벌이고 있다. 이것은 군의 사기를 위해서도 다행한 일이 아닐 수 없다. 그러나 다른 한편으로 아직 일천한 역사와 사회적 공감대의 부족, 제도적 장치의 미흡 등 불완전한 여건하에서 이러한 노력들이 이벤트성 행사로 끝나지 않을까 우려된다. 이제 그 기초를 닦고 하나하나 체계를 세워 가는 노력을 지금부터라도 열심히 하지 않는다면 그동안의 성과도 물거품이 될 것이다. 지금까지 일반 민간단체가 나섰다면 이제 한국도서관협회와 도서관계 등 전문가 집단의 참여가 필요하다. 그래서 전문가적인 측면에서 이러한 운동이 내실을 기할 수 있도록 기술적인 측면과 여러 취약 부분들을 보완할 수 있도록 도와야 한다. 이를 분야별로 정리해 보면 다음과 같다.

4.1 병영도서관의 설치를 위한 법적 문제

첫째, 2006년 개정된 도서관법에는 아예 없어졌지만 2003년 도서관 및 독서진흥법 제37조의2의①에 따르면, "국가는 각급 부대에 병영도서관을 설치할 수 있다."고 되어 있다. 이 또한 국회의 심의 과정에서, "다만 병영도서관은 병영 내에 설치되는 점을 감안하여 설치 제대와 규모 및 운영을 국방장관이 정한다."고 한 조항은 제외되었고, 이는 "국방장관은 병영도서관의 설치 및 운영에 필요한 예산의 확보 등을 통하여 장병 등의 문화활동 등이 장려될 수 있도록 노력하여야 한다 (제37조의2의④)"로 대체되었다. 향후 다시 법이 개정되거나 시행령의 제정을 통해 구체화될 수 있을 것이지만, 어쨌든 병영도서관 설치의 가장 중요한 문제를 일단 비켜간 것이다. 그러면 '설치 제대(梯隊)와 규모 및 운영'을 국방부에 맡겨둘 것인가? 국방부는 설치 주최이기는 하지만 도서관 전문가 집단은 아니다. 또한 그들에게 맡겨두면 한정된 자원으로 언제 당장 필요한 기준안이 나올지도 모른다. 기 규정되어 있었던 "국가는 각급 부대에 병영도서관을 설치 할 수 있다."는 말은 강제 규정이 아니다. 이를 사회적으로 제도적으로 강제하기 위해서는 군의 협조를 받아야 하겠지만, 설치근거에 대한 기준을 하루속히 만들어 시행할 수 있도록 전문가 집단의 지원과 결집된 압력이 필요할 것이다.

둘째, 사서직원의 배치기준이 없다. 이는 재정적인 부담경감과 군부대의 특성을 고려한 것이지만 결정적인 문제점이 아닐 수 없다. 도서관 운영비의 70-80%가 사서직원의 인건비로 들어가는 것이 현실이기 때문이다. 2003년 동법 제2조의⑨에 따라, 병영도서관이 그 주된 목적인 "장병 등에게 교육, 학습, 연구 및 문화활동 등을 위한 도서관 봉사를 제공"하기 위해서는 분류, 편목 등의 도서관학적 기본 지식과 함께 학습과 문화활동을 지원할 수 있는 능력을 갖춘 전문사서가 있어야 할 것이다. 다만 상시적으로 운영되지 않는 병영도서관에 예산 부담이 문제가 된다면, 대체인력으로 문헌정보학과 졸업자 중에서 장교 복무자를 뽑거나, 재학 중인 자를 특기병으로 선발하는 방안을 제도적으로 고려해 볼 필요가 있을 것이다. 현재 일부 병영도서관에는 전담관리 사병이 있는 것으로 보고되고 있다. 궁극적으로는 미국과 같이 병영도서관 전문사서(Military Librarian)가 있어야 되겠지만 우선적으로 문헌정보학 전공자를 전문직위에 해당하는 장교와 특기병으로 선발하는 것도 바람직한 대안이 될 수 있을 것이다.

셋째, 국방부나 육군본부 등 감독부처에 병영도서관을 조직 관리할 전담부서의 설치가 필요하다. 이들 부서를 통해 전군의 병영도서관을 체계적으로 지휘, 감독, 지원할 수 있어야 한다. 또한 관련 정부 기관이나 도서관 관련 단체 등 외부 자문단을 구성하여 이들의 협조도 얻어내야 한다. 전통적으로 '정훈부'나 '정훈과' 같은 곳에서 이러한 문제를 총괄했지만 미국의 예를 보더라도 전문성 강화와 위상제고 측면에서 별도의 전담부서가 반드시 있어야 할 것이다.

넷째, 앞서 도서관 및 독서진흥법관련 법적 조항을 두고, 문제점을 제기하였는데, 2006년 12월 이 법이 '도서관법'으로 개정되면서 다른 관점에서 병영도서관의 문제를 재검토할 필요성이 생겼다. 개정된 법에는 '병영도서관'에 관한 기존 조항이 모두 삭제되고 단지 '공공도서관'의 범주에 병영도서관이 포함된다고만 명시되어 있다. 이를 병영도서관이 기존의 특수도서관에서 제외되면서 공공도서관에 준하여 자격을 갖는다는 의미로 긍정적으로 받아들여야 할 것인지 아니면 사실상 관종별 도서관 영역에서 미아가 된 것으로 볼 것인지는 향후 도서관계의 동향을 주시해 보아야 할 것이다. 이미 2007년에 개정된 법 시행령과 시행규칙에는 병영도서관에 관한 추가적인 사항이 없는 만큼, 이 법에 의해 만들어진 도서관정책정보위원회의 활동에도 관심을 가져야 할 것으로 판단된다. 특히 공공도서관이 지역대표도서관으로 광역화되면서 앞으로 병영도서관의 제도화와 발전은 공공도서관과의 연계, 협력에 달렸다고 봐도 무방할 것이다. 이미 미국 등 선진 병영도서관을 갖고 있는 여러 나라에서는 상호 간의 연계와 발전이 이루어진 사례가 있는바, 이에 대한 연구도 필요할 것으로 보인다.

4.2 도서관 및 관련 단체의 병영도서관 지원문제

첫째, 한국도서관협회 내에 병영도서관 지원분과를 설치해야 한다. 병영도서관 건립운동은 오랜 세월 동안 개별 독지가의 기증 운동을 거쳐, 최근 시민단체에 이르기까지 많은 노력이 있었지만, 정부 자체의 노력이나 도서관 관련 단체의 노력은 부족했던 것 같다. 국립중앙도서관이나 종로도서관 등 일부 도서관이 '군부대에 책 보내기' 운동 등 군부대 지원에 관여하기는 했지만 체계적이지 못했다. '(사)사랑의 책나누기운동본부'와 '중앙일보사'가 벌인 바 있는 '진중도서관 건립운동'은 사회적 공론화와 도서 지원 등 그 기반을 만드는 데는 성공적이었지만, 설치된 도서관이나 지원된 장서의 지속적인 관리 및 활용까지를 책임지지는 못했다. 그렇다고 지원받은 기관이 이를 책임지고 발전시킬 만한 여건이 되는 것도 아니다. 따라서 이에 대한 기술적인 지원도 도서관 관련 단체의 몫이 될 것이다. 여기에는 자료의 선정, 분류 및 편목, 자료관리 프로그램의 설치, 병영도서관 홈페이지 제작지원, 도서관담당 관리장교 및 사병에 대한 교육·훈련 등 다양한 봉사가 필요할 것이다. 아마도 많은 부분은 자원 봉사가 차지할 수도 있을 것이다. 이렇게 병영도서관을 지원해 줄 도서관 관련 단체나 개별 사서들을 조직화하기 위해서는 한국도서관협회 내에 병영도서관 지원분과가 설치되는 것도 바람직할 것이다. 이 협회 내의 병영도서관지원분과를 통해서 병영도서관 기준마련이나 자원봉사 대책 및 각종 지원안이 개발되고, 지원 경비와 인력 수급 문제 등도 체계적으로 연구될 수 있을 것이다.

둘째, 지역 공공도서관의 병영도서관 지원체계를 다양한 각도에서 고려해야 할 것이다. 지역 공공도서관에 대한 군부대 장병들의 활용은 국내에서도 몇몇 사례가 있다. 대표적으로 부평도서관의 이동도서관 운영이나 순회문고 설치가 그 가능성을 보여준다.[14] 인천광역시 부평 도서관의 이동도서관은 군부대 및 경찰서에 설치된 순회문고의 자료를 주기적으로 갱신해 주고, 이용 봉사를 지원한다. 현재 부평도서관의 이동도서관 경유지로 3군지사, 경찰청, 공병부대가 있다. 자체적으로 병영도서관을 건립하는 것도 중요하지만 이렇게 지방의 공공도서관의 지원을 받아 활성화시키는 방향도 하나의 제도적 관점에서 논의해 볼 필요가 있다. 또 하나의 사례로 널리 알려진 것은 의정부 공공도서관의 의정부 교도소 지원이다.[15] 이동도서관을 통한 재소자의 독서환경 조성은 의정부 교도소를 전국에서 가장 모범적이며 선진교도 행정을 펼 수 있는 하나의 프로그램으로 자리잡게 하였다. 이러한 시스템의 정착은 병영도서관의 발전을 위한 대안이 될 수 있을 뿐만 아니라 공공도서관의 역할과 가치를 확대할 수 있는 훌륭한 방편이 되기도 한다. 예산지원이 어려운 군부대를 지방자치 단체에서 지원하는 효과도 있으므로 궁극적으로 지역의 문화와 경제발전에도 긍정적으로 영향을 미칠 수 있을 것으로 보인다.

4.3 '병영도서관' 관련 간행물의 발행과 홈페이지 제작

첫째, 병영도서관의 존재를 널리 알리고, 부대 사병들 상호 간에 공감대를 확대하는 측면에서 '병영도서관' 관련 간행물의 발행이 필요하

---

14) http://www.bupylib.or.kr/bupylib/mov/e01.htm
15) 문화일보('01/8/16)

다. 이는 현재 국방부에서 발행되는 일부 홍보용 책자와는 성격이 다른 것이어야 한다. 군과 관련된, 아니 군과 관련되지 않았더라도 군부대 장병들의 사고를 높이고 사기를 진작시키는 수준 높은 저작물이어야 한다. 사보의 수준이 그 회사의 수준을 평가해 주는 것과 같은 원리이다. '사랑의책나누기운동본부'에서도 과거 진중도서관 회보 '으뜸책마당'과 월간 '나눔의 책'을 창간하여 일정기간 발행한 바 있으나, 지금은 중단된 것으로 알고 있다. 책을 만드는 일은 의욕만으로는 될 수 없을 것이다. 출판에 관한 전문성과 기금지원 등 외부 협력이 절대적으로 필요하다. 그러나 이에 대한 홍보가 잘되면 상당부분은 자원봉사자를 활용할 수 있을 것이다. 자원봉사자 중에는 원고료를 받지 않는 기고자도 있을 수 있을 것이고, 전문적인 편집을 맡아 줄 사람도 있을 것이다. 중요한 것은 일정 수준을 유지할 수 있는 편집이 가능한 조직을 만들고, 그 시스템을 장기적으로 유지할 수 있게 하는 역량을 마련하는 것이다. 우리나라 69만 명의 장병들과 그 가족들, 군대의 소중한 추억을 담고 있는 많은 전역자들을 생각해 보라. 100여만 명이 넘는 독자들을 확보하고 있는 셈이다. 간행물의 발행은 이 커뮤니티의 정점에서 병영도서관의 존재 영역을 넓히고, 독서환경도 상당부분 개선할 수 있으리라 생각된다.

둘째, '병영도서관' 관련 홈페이지 제작이 필요하다. 군부대의 병사들은 군사훈련을 통한 이동이 잦다. 그러나 네트워크를 통한 연결은 지속될 수 있다. 외국의 경우 병영도서관이 전체적으로 인터넷을 통한 전자도서관으로 연결되어 운영된다. 이 점은 우리나라의 병영도서관이 향후 지향해야 할 바이지만 특히 병영도서관의 활성화를 위해서 병영도서관에 대한 홈페이지의 개설이 필요하다. 이 홈페이지를 통해 '군부대의 도서관'에 관한 잃어버린 역사도 찾을 수 있을 것이고, 새로운 제안도 받아들일 수 있을 것이다. 해방 이후 국군이 이었고, 책을 든 군인들은 수없이 많았지만 우리나라 군부대의 도서관의 역사는 대부분 묻혀 있다. 역사는 단순한 기록만이 아니라 병영도서관의 정신을 계승해 줄 것이기에 그 역사를 찾는 것은 중요하다. 병영도서관 관련 홈페이지의 개설은 이러한 일들을 좀 더 용이하게 해 줄 수 있지 않을까 생각된다.

5. 결 론

이 글에서 최근 몇 년 동안 사회운동으로 벌어지고 있는 '병영도서관 건립운동'의 의미와 역사성을 고찰하였고, 문제점 분석을 통하여 향후 발전방향을 논구하였다.

병영도서관에 관한 논문은 국내에서는 아마도 필자가 처음으로 쓰는 게 아닌가 싶을 정도로 선행연구를 찾아볼 수 없어서 관련 운동단체의 내부 자료와 국내 신문기사를 주 정보원으로 활용하였다. 외국의 경우에도 관련 논문의 입수가 쉽지 않아 인터넷 자원을 주로 활용하였는데 이것은 이 연구의 하나의 제한점이 될 것이다. 또한 육군을 중심으로 한 병영도서관에 치우친 감이 없지 않다. 따라서 이 연구는 병영도서관의 역사와 현황에 대한 전체적인 조망에 그쳤다. 향후 보다 세부적이고 전문적인 연구에 방향이 되었으면 싶다. 앞서 장별로 언급한 주요 내용들을 결론적으로 정리하면 다음과 같다.

첫째, 현재 '진중도서관' 건립운동으로 시작된 군부대 도서관의 명칭은 도서관 및 독서진흥법에 의해 '병영도서관'으로 결정되었으며, 이는 "육군, 해군, 공군 등 각급 부대의 병영 내 장병 등에게 교육, 학습,

연구 및 문화활동 등을 위한 도서관 봉사를 제공함을 주된 목적으로 하는 특수도서관"으로 정의되었지만, 다시 개정된 도서관법에 의해 공공도서관 범주에 속하게 되었다. 미국에서는 'Military Library'라는 어휘가 공식적으로 쓰이지만 'Army Library'라는 단어도 혼용되고 있는데, 이는 육군도서관이 수적으로 월등하고, 육군도서관의 역사가 대부분의 병영도서관을 대표하고 있기 때문인 것으로 보인다.

둘째, 우리나라 병영도서관의 역사는 과거 사단이나 예하 군부대의 정훈과에 소규모 문고가 있었고, 군부대의 책 보내기 운동을 1960년대부터 전개해 온 몇몇 독지가의 기증운동과 함께 해 왔다. 그러나 도서관 시설, 장서, 직원을 갖춘 제대로 된 병영도서관은 근래에 이르기까지 거의 없었다. 1999년부터 '진중도서관 건립운동'을 벌여온 '(사)사랑의책나누기운동본부'에 의해 2007년 6월까지 48개의 병영도서관이 만들어졌고 평균적으로 3,000여 권의 장서가 지원된 것이 거의 전부이다. "병영도서관"에 대한 정의나 개념, 기준이 확립되지 않은 상태에서 군관련 학교, 전문도서관과 군단이나 사단급이상의 도서관 현황을 모두 집계하여 국방부에서는 병영도서관 현황을 수백개에서 1,000여개 관까지 있는 것으로 발표하는데 이는 현실성이 없다. 한편 2006년 도서관법으로 재개정되었지만 2003년 5월 '도서관 및 독서진흥법' 개정을 통해 '병영도서관' 항목을 별도 규정하여 병영도서관에 대한 설치 및 지원을 진작시키고자 한 것은 우리나라 병영도서관의 건립의 제도화의 발판을 마련했다는 점에서 의의가 크다.

셋째, 향후 우리나라 병영도서관의 발전방향을 다음 6가지 항목으로 정리하였다. 1) 병영도서관 설치를 위한 법적 근거를 지원하기 위한 '병영도서관의 설치 제대와 규모 및 운영'에 관한 기준(안)을 도서관 계에서 만들어야 한다. 2) 또한 사서직원의 배치를 위해 노력하되, 병영도서관의 조직 및 관리를 위한 전담장교와 관리병을 문헌정보학 전공자로 선발하는 방안을 제도적으로 고려해야 한다. 3) 이와 함께 국방부나 육군본부 등 군 감독 부처에 전국적인 병영도서관을 지휘, 감독할 전담부서가 설치되어야 한다. 4) 병영도서관의 운영과 관련된 기술적인 지원 등 외부 봉사와 협력을 강화하기 위하여 한국도서관협회 내의 병영도서관지원분과가 조직될 필요가 있다. 5) 지역 공공도서관과 군부대 병영도서관을 연계하여 지방자치 단체에서 지원하는 시스템도 고려해 볼 필요가 있다. 6) 병영도서관과 군부대 사병들을 위한 수준 높은 간행물의 발행과 병영도서관 홈페이지 개설을 통해 군부대에 대한 인식을 넓히고, 병영도서관의 역사를 새로 쓰는 계기를 만들 필요가 있다.

문화에는 계속적인 투자가 필요하다. 화초를 기르는 정성도 있어야 한다. 이제 시작된 '병영도서관 건립운동'의 결실은 쉽게 맺지 못할 것이다. 그만큼 사회적인 인식이나 제도적으로 준비가 되어 있지 않다. 섣부른 기대도 안 될 것이다. 이제 지혜를 모아 체계적으로 접근해 나가는 노력이 계속되어야 할 것이다.

◑ 참고문헌 및 관련 사이트

국회문화관광위원회. 2003. 도서관 및 독서진흥법 중 개정법률안 조사보고서. pp.1-18.

(사)사랑의책나누기운동본부. 2003. 사랑의 책 나누기 운동. 4p.

한국법제연구원 편. 2003. 대한민국현행법령집18(도서관 및 독서진흥법): 법률 제06906호

경향신문(02/11/25)

국민일보(93/11/2)

대한매일(93/11/23)

문화일보('01/8/16)

세계일보(93/6/30)

중앙일보(03/1/23)

한겨레신문(97/4/11, 98/12/9, 99/5/8),

ALA. 1983. The ALA Glossary of Library and Information Science.

http://armyapp.dnd.ca/ael/

http://english.mapn.ro/biblioteca/

http://eusa.library.net

http://www.agc-ets.co.uk/libraries.htm

http://www.ala.org/alaorg/rtables/flrt/

http://www.armymwr.com/corporate/programs/recreation/libraries/

http://www.armymwr.com/corporate/programs/recreation/libraries/
      history.asp

http://www.bupylib.or.kr/bupylib/mov/e01.htm

http://www.libraries.army.mil

http://www.mnd.go.kr/

http://www.moniz.org/ArmyLib/alrp.htm

http://www.nadn.navy.mil/Library/

http://www.petersons.com/army/index.asp

http://www.sla.org/division/dmil/AboutMLD.htm

http://www.vbs-ddps.ch/internet/generalsekretariat/en/home/doku/milit.
      html

http://www.wcsu.edu/library/odlis.html#M

https://www.us.army.mil/portal/portal_home.jhtml

제 2 장

이 글은 우리나라 병영도서관의 모델이 되고 있는 미국의 병영도 서관의 역사를 살펴보고 현재의 조직과 서비스 프로그램을 조사한 것이다. 특히 1950.6.25 발생한 한국전쟁에 UN군으로 참전했던 미 국이 한국에서 자국의 장병들을 위해 운영했던 '전시 병영도서관'의 운영 현황과 그 의미를 깊이 있게 고찰하였다.

연구 내용 중에는 인간이 향유해야 하는 도서관 문화의 깊이를 인류애로 느끼게 해 주는 부분도 있어 병영도서관의 철학적 의미 기반을 되짚어 주는 장이기도 하다.

Ⅱ. 미국의 병영도서관 역사와 발전과정 분석

1. 서 론

우리나라에서의 병영도서관 문제는 이제 시작이라고 볼 수 있다. 국내에서의 문헌정보학 분야의 학술적 연구로는 국내의 병영도서관 현황과 발전과정을 중심으로 제기한 2003년도의 필자의 논문[1]과 역시, 필자가 본 연구를 발표하기 전에 2004년 병영도서관을 위한 국회 토론회에서 발제자로서 발표한 "미국의 병영도서관 발전과정에 관한 연구"[2] 이외에는 아직 이렇다 할 논문이 나오고 있지 않다. 워낙 우리 분야에서는 많이 다루어지지 않은 생소한 분야이기 때문일 것이다. 또한 세계적으로 가장 발전적인 병영도서관을 가지고 있는 미국에서조차도 상대적으로 많은 논문이 나오지 않은 것은 역시 '군'이라고 하는 특수집단을 다루어야 하는 현실적 한계에 기인하는 것으로 생각된다.

이미 소개한 필자의 논문 외에는 2004년 제42회 전국도서관대회에서 발표한 민승현의 논문[3]이 있을 뿐이다. 민승현의 글에는 우리나라 병영도서관의 건립과정 그리고 그 과정에서의 일부 운동 사례가 소개

---

1) 송승섭, "병영도서관의 역사와 발전방향", 도서관, 제58권, 제3호(2003, 가을), pp.77-102.
2) 송승섭, "병영도서관 독서운동 어떻게 할 것인가에 대하여"(이 글은 필자가 2004년 12월 15일 국회 의원회관에서 개최한 '병영도서관 발전을 위한 토론회'에서 발제자로서 발표한 자료를 '사랑의책나누기운동본부'에서 편집, 편찬한 것임), 2004, pp.3-16.
3) 민승현, "이제 새로운 군대를 이야기 하자: 병영도서관 건립운동 사례를 중심으로", 제42회 전국도서관자료집(2004), pp.412-434.

되어 있다.4) 이 밖에 군 교육기관에 있는 도서관에 관한 연구5)는 일부 있었지만 병영도서관 연구에 포함시킬 수 있는 범위는 아니었다. 또한 외국의 선행연구도 많지 않다. 특히 미국의 병영도서관 연구로 제한했을 때는 더욱 그렇다. 가장 대표적인 연구는 Katherine J. Harig의 저작으로 1917년부터 미국의 병영도서관의 발전사를 1980년대까지 종합해 놓았을 뿐만 아니라, 전 세계의 미군 주둔지에 있는 사서들을 직접 만나는 한편, 설문 조사를 통해 병영도서관의 일반적인 현황 및 서비스 프로그램, 교육지원 프로그램 등 그 운영현황을 조사하여 세밀하게 분석한 것이다.6) Harig의 저작에 영향을 미친 자료로 Mary Stillman이 쓴 "미군도서관 서비스: 그 역사, 조직과 관리"라는 박사학위 논문이 있다.7) 그러나 이 연구는 공군병영도서관 서비스에 국한된 것이었고, 1960년대까지의 짧은 역사만을 다루고 있다. 비교적 중요하게 다루어진 이 박사학위 논문 한 편을 제외하고는 육군도서관의 역사를 다룬 Doris W. Gilbert의 "오늘날의 육군도서관"8)과 군대에서

---

4) 이 글에, 진중도서관 건립을 위한 국회 조찬토론회(2002.3.26), 병영도서관 건립을 위한 공청회(육군회관, 2002.3.26)에서 발표된 일부 자료가 소개되어 있지만, 이들이 별도의 학회지를 통해 발표되지는 않았다.

5) 대부분 군 관계자의 학위논문으로 1) 홍복일. 한국 군도서관의 재조직에 관한연구(연세대학교 교육대학원 석사학위논문, 1973), p.137., 2) 오수국. 군도서관의 운용방법 개선방안에 관한 연구(성균대학교대학원 석사학위논문, 1984), p.56., 3) 오수국. 군교육기관에서 학술정보 이용에 영향을 미치는 요인분석(성균관대학교대학원 박사학위논문, 1991), p.94. 등이 있다.

6) Katherine J. Harig, *Libraries, the Military, & Civilian Life*, Library Professional Publications, 1989. p.194.

7) Mary Elizabeth Stillman, The United States Air Force Library Service: Its History, Organization and Administration.(Unpublished Ph, D. diss. University of Illinois, 1966)

8) Doris W. Gillbert, The Army Library Today(Unpublished MSLS thesis, The Catholic University of America, 1961), Gillbert의 논문 외에 육군도

의 교육에 대한 도서관 지원 문제를 다룬 Margaret C. Montondo의 '육군도서관프로그램의 육군종합교육개발 프로그램 지원'9) 등 두 편의 미간행 석사논문이 있는데 그 주제들은 폭넓게 다루어지지 않았다. 이 밖에 해군도서관의 역사를 다룬 Skallerup의 역작10)과, 군대에서의 교육과, 평생교육의 문제를 다룬 여러 편의 논문이 있었지만 본고의 주제의 깊이와는 차이가 있어 깊이 다루지는 않았다.

현재 우리나라는 제Ⅰ장에서 살펴본 것처럼 도서관 및 독서진흥법 중 개정 법률안이 2003년도에 의원입법으로 통과되어 병영도서관이 특수도서관의 하나로 자리잡다가 최근 공공도서관의 범주로 편입하게 되었다. 아무튼 완전한 강제력은 확보하지 못했지만, 각급 군 기관에서 소위 '병영도서관'을 만들 수 있도록 강력히 권고하고 있고, 이를 시행하기 위한 노력이 여러 곳에서 이루어지고 있는 중이다. 사회적으로는 시민단체로서 '(사)사랑의책나누기운동본부'11)가 '병영도서관' 관련 법률 통과 이후 지금까지 지속적으로 병영도서관을 하나의 공고한 제도적 장치로 병영에 안착할 수 있게 하기 위하여 동분서주하고 있다.

필자는 첫 번째 논문을 통해 개념조차 낯선 '병영도서관'의 의의와 건립 필요성을 우리나라와 미국, 영국 등 여러 나라의 예를 들어 그 현황과 역사를 중심으로 개괄적이나마 고찰한 바 있다. 또한 우리나라와 외

서관의 역사에서 참고할 만한 자료로는 Shirley Havens의 글이 있다. "A Day with the Army", Library Journal 91(February 15, 1966): 894-900.

9) Margaret C. Montondo, Support Given the Army General Education Development Program by the Army Library Program(Unpublished MSLS thesis, The Catholic University of America, 1969)

10) Harry Robert Skallerup, *Books Afloat and Ashore: Libraries and Reading among Seamen during the Age of Sail.*(Hamden CT: The Shoe String Press, 1974)

11) 〈http://www.booknanum.org/〉 [cited 2005.8.31].

국의 병영도서관 서비스 프로그램 내용을 조사하여, 국내의 병영도서관의 건립운동과정의 문제점과 향후 발전과제를 집중적으로 논구하였다.

그러나 아쉽게도 관련 자료를 충분히 확보하지 못해 인터넷 사이트를 중심으로, 외국의 병영도서관 사례를 확보하는 데 주력했다. 그러던 중 필자는 미국의 병영도서관 사서였던 Katherine J. Harig의 책을 발견하게 되었다. 이 책은 미국의 병영도서관의 역사와 발전과정을 제1차세계대전 시기부터 밝혔을 뿐만 아니라, 병영사서들과의 인터뷰와 설문 분석을 통해 병영도서관의 제 측면의 현황과 문제점을 분석한 역작이다.

이에 필자는 국내에서의 병영도서관 발전을 위한 이론적 배경과 그 모델을 찾는 과정에서 그간의 선행 논문과 Harig의 저서 내용이 미국의 병영도서관의 발전과정을 분석하고 한국 전쟁 중의 미군의 병영도서관 서비스를 조사하는 데 대단히 유효하다는 점에 착안해서 이 연구를 시작하게 되었다. 따라서 본고는 미국의 병영도서관의 역사를 중심으로 그 발전과정을 분석하고, 또한 그 한 사례로서 한국전쟁 동안에 한국에서의 미국의 병영도서관 활동을 고찰함으로써 우리나라 병영도서관의 발전과정에 필요한 사항들을 수용하고 접목시키는 데 도움을 주고자 했다.

2. 미국의 병영도서관의 역사와 현황

2.1 미국의 병영도서관의 역사 개관

미국의 병영도서관의 역사는 대략 20세기 전반부로 거슬러 올라간다. 1917년에 미국도서관협회는 의회도서관의 지도하에 전시도서관서비스(War Library Service)를 설립하였다. 이 새로운 준 병역서비스

는 제1차세계대전 기간 동안 육군과 해군의 군인들에게 다양한 도서
관 지원 서비스를 제공하였다.

4년 이후, 1921년 '육군도서관서비스'(Army Library Service: 일종의
도서관담당 '과'나 '계' 수준의 활동으로 추정됨)가 육군부(War Department)
에 있는 부관병과(Adjutant General's Office)의 활동 영역으로 공식적
으로 설립되었다. 이때에 미국, 필리핀의 섬들 그리고 하와이와 파나마
에 있는 군부대 주둔지에 228개의 도서관들이 설치되었다. 기금 부족을
덜기 위하여 이동도서관 장서(traveling library collection)가 개발되었는
데, 그것은 주둔지 도서관의 장서를 새롭게 하는 하나의 수단이 되었다.
최초로 이동도서관들은 각각 25권의 장서로 구성되었고, 나중에는 50권
또는 60권으로 확대되었다고 하는데 아마도 책 꾸러미와 같은 패키지
형태로 전달되었던 것 같다.

그러나 이와 같이 육군도서관 서비스 체제는 출발되었지만, 1930년
대 내내 이 프로그램을 지원할 만한 직접적인 일들이 거의 수행되지
못했다. 군단지역 사서들은 임기가 만료된 이후에는 재배치되지 않았
다. 앞선 전쟁기간 동안에 사서들이 군의 사기를 높여주는 역할을 하
였다는 점은 인정되었지만, 그 도서관들을 운영해 왔던 전문사서로서
의 존재는 사실상 간과되거나 과소평가된 것이다.

1940년대에 이르러서야 '육군부 병영도서관서비스 책임자'(War Department
Representative of the Army Library Service)라고 명명한 하나의 고정
직위가 '부관병과 정훈계'(Morale Branch of the Adjutant General's
Office)에 만들어졌다. 이 자리는 책을 선택하고 구입하며, 도서관 업무
에 대해 '육군부'를 도와주는 우선적인 책임을 가지며, 다음으로 사령부
의 지침을 제공하는 임무를 수행하는 자리로서 전문직 사서가 채용되었
다. 도서관서비스의 세부 계획과 조직은 미국에 있는 근무부대 본부와 재

외 전역사령부에서 만들어졌다.

1942년의 육군부의 주요 개편은 제2차세계대전 초기의 전쟁을 효과적으로 지원하기 위한 대비였는데, 정훈계는 특수근무분과로 되돌아갔고, '육군부의 육군 현역 근무부대 사령부'(Army Service Forces Headquarters of the War Department) 밑에 배치되었다. 다른 두 개의 주요한 군부대는 육군 지상부대(Army Ground Forces)와 육군항공대(Army Air Forces)였다. 육군도서관서비스는 특수영역봉사의 도서관섹션이 되었고, 다음 30년 동안 이 분과의 극히 중요한 영역으로 남아 있게 되었다.

그 같은 해, 도서관 섹션은 특수근무분과의 교육계(Education Branch of Special Services Division)의 일부가 되었다. 그러나 그 분과의 사명은 확장되었고, 교육적 교화적 사명들이 많이 달라지고 복잡해져 1943년에 교육계(Education Branch)는 분리되어 나갔다. 그러나 도서관은 그렇게 주입적 교화기관이 아니며 보다 폭넓은 사명을 수행하였기 때문에 특수근무분과로 남게 되었다.

1945년 봄에 도서관섹션이 특수근무분과 안에 지부(계) 위치로 승격되었음에도 불구하고, 일부 의원들은 전후 병영도서관 서비스는 필요 없다고 생각하였고, 그 서비스와 사무소를 해체시켜야 한다고 제안도 하였다. 그러나 많은 지부 사령관들은 도서관이 가지는 사기진작 효과와 교육적 혜택을 깨닫고 있었으며, 그들의 존속을 위한 청원을 성공적으로 마쳤다.

냉전이 시작되고 강력한 군대에 대한 요구가 분명해지자, 지역사령관들과 지휘관들은 도서관 지원을 포함하고 있는 사기(Morale), 복지(Welfare)와 레크리에이션(Recreation) 프로그램(이하: MWR) 향상을 위한 예산지원 요구로 국회를 압박했다. 한국과 베트남전투는 군대지

원 요소들을 강화시켰으며, 사기, 복지, 레크리에이션 프로그램을 향상
시켰다. 이후 1990년대 이래, 도서관은 전 세계적으로 군부대 주둔지
의 가장 중요한 'MWR시설'의 하나로 이용되어 왔다.

오늘날에도 군인들을 위한 사기진작과 계속교육의 중요성이 군대서
비스를 통해 인식되고 있다. 종종 일반적인 도서관들로 불리기도 하는
'MWR도서관'들은 그들에게 그리고 많은 다른 사명을 갖고 있는 지역
에 있어서 필수적인 지원을 제공하고 있다. 미 육군 지역사회 및 가족지
원센터 도서관프로그램(US Army Community and Family Support
Center Library Program: CFSL)은 20세기 육군부의 병영도서관서비스
를 직접적으로 세습한 형태로 만들어졌다. 그 의무 역시 다르지 않다.
그 임무는 중앙집중식 수서, 도서관서비스 기준을 위한 정책설정과 규
칙제정, 사령부 사서(command librarian)를 통한 조언과 안내 등으로
되어 있다.

21세기가 시작됨으로써, 도서관들은 도서관이나 사무실과 집으로부
터 원격으로 온라인 레퍼런스 서비스를 제공받을 수 있도록 확장되고
있다. 이러한 레퍼런스의 출처들은 육군 - 지식온라인(Army Knowledge
Online)[12]을 통해 접근할 수 있다. 부가적으로 도서관 프로그램은 원격
지의 파나마, 소말리아, 보스니아, 코소보와 같은 임시군사행동지역에
위치한 군인들에게는 보급판으로 된 일체의 책을 제공하기도 한다. 군
인들이 어디에 있건 간에 병영도서관들은 그들의 사명, 복지, 교육적 봉
사를 위해 필수적인 지원을 하게 되는 것이다.[13]

---

12) 〈https://www.us.army.mil/portal/portal_home.jhtml〉 [cited 2005.8.31].
13) 위에서 기술한 미국의 병영도서관의 역사는 다음 사이트의 전체 내용을
   번역하여 재구성한 것임
   〈http://www.armymwr.com/corporate/programs/recreation/libraries/history.
   asp〉 [cited 2005.8.31].

2.2. 미국의 병영도서관 현황과 조직

앞서 병영도서관의 역사에서 살펴본 것처럼 미국은 1920년대에 이미 미국 본토와 세계 각처의 주둔지에 228개의 병영도서관을 설치하였다. 현재에도 미 국방부 산하에 등록된 것만 260여 개의 도서관이 있을 만큼 도서관은 군부대에 없어서는 안 될 대표적인 서비스기관으로 자리잡고 있다. 주한 미군이 자리잡고 있는 우리나라에도 22개의 병영도서관이 있을 정도이다. 이 도서관들은 대부분 네트워크로 연결되어 있어 자료와 정보를 모두 공유하고 있다.

이들 병영도서관을 전체적으로 관장하는 공식 부서는 국방부 내의 육군부(Department of the Army)로 이곳에서 병영도서관 업무를 총괄하고 군부대 사서를 모집하고 교육하기도 한다.[14] 대표적인 지원 기관은 미국 특수도서관협회 내의 군사서분과(Military Librarians Division: 이하 MLD)이다. MLD는 특수도서관협회 내에 1953년에 설립되었으며 병영도서관 서비스의 향상에 관심을 갖는 모든 사항을 다루고 있다. MLD 조직은 이사회와 집행부가 있고, 그 밑에 8개의 위원회(Award, Bylows, Membership, MLW Planning, Nominating, Publications, Resources Management, Strategic Planning)가 있다. 회원은 모든 미군(U.S Military Services), 캐나다 3군통합군(Canadian Combined Armed Forces), 다른 국가 군부대 서비스들, 기타 국방부 에이전시, 계약자와 판매자 그리고 군부대의 도서관사업에 관심을 갖고 있는 모든 사람들로 구성되어 있다.

---

14) 특수도서관협회의 군사서분과의 병영도서관 목록은 미국과 기타 지역으로 나누어 그 리스트를 제공하고 있는데, 일부 조직도 소개되어 있다. 〈http://www.sla.org/division/dmil/millib.html〉 또한 육군도서관프로그램을 운영하는 웹 팀의 조직도에 나타나 있다.
   〈http://www.libraries.army.mil/contact.htm〉 [cited 2005.2.12].

이 분과의 목적은 협회의 조직 내에서 그리고 좀 더 넓게는 세계적으로 직업적 위상을 높이는 것이고, 또한 이 새로운 지식경영시대에 요구되는 핵심 경쟁력을 개발하기 위하여 회원들을 지원하려는 것이다. 이곳의 운영은 병영도서관 사업에 관한 아이디어와 정보를 교환하는 하나의 포럼형식으로 진행되며, 봉사대상자들에 대한 서비스를 증진시키는 것을 돕는 각 부대의 회원들을 지원하기 위한 프로젝트를 고안해 내고 수행한다.

따라서 회원들의 전문직으로서의 발달을 장려하고 성공적인 국가방위를 위해 도서관의 중요성을 강화시키는 일에 종사하는 것을 궁극적으로 지향하고 있다. 이러한 목적을 달성하기 위해 MLD는 연례 ALA회의, 자체의 연례분과회의, 정기적인 컨퍼런스와 워크숍(Military Librarians Workshop), 네트워킹, 위원회 참여, 뉴스레터 'The Military Librarian' (계간)의 발행 등 각종 프로그램 후원을 통해 움직이고 있다.15)

이 외에 미국도서관협회의 라운드테이블로 운영되는 '연방/군도서관 라운드테이블(Fedral and Armed Forces Libraries Round Table: 이하 FAFLRT)'은 군에 근무하는 사서들로 조직된다. 이 FAFLRT는 미 연방정보 및 군 지역사회 내에서 도서관 및 정보서비스와 관련한 전문 업무를 촉진시키고, 연방/군도서관과 정보시설 및 자원들의 적절한 활용을 장려하는 조직이다. 또한 이 조직을 통해 연방/군도서관 계획과 개발 및 운영과 관련된 연구와 발전을 진작시키고 있다.16)

---

15) http://www.sla.org/division/dmil/AboutMLD.htm [cited 2005.2.12].

16) A round table of the American Library Association, FAFLRT is dedicated to promoting library and information services and the LIS profession within the U.S. federal government/military community, encouraging appropriate utilization of federal and military library and information facilities and resources, and stimulating research and development related to the planning, development, and operation of federal and military

2.3 미국과 영국의 병영도서관 서비스 프로그램

2.3.1 미국의 병영도서관 서비스 프로그램

미국은 20세기 이후 다양한 전쟁에 참여한 여파로 군부대에 대한 지원도 그만큼 다양하며 전문화되어 있다. 특히 도서관지원프로그램은 크게 사기 진작과 복지, 레크리에이션이라는 종합적인 틀에서 제공되고 있다. 대표적인 군부대 도서관프로그램으로 미 국방부(펜타곤)의 육군도서관 프로그램(Army Library Program: 이하 ALP)이 있다.[17)

이 프로그램은 여러 관종(학술연구도서관, 통합도서관, 일반도서관, 사령부지원 도서관, 법률도서관, 의학도서관, 과학기술도서관, 기타 미군역사연구소 등)을 포함하는 전 세계적인 네트워크를 통해 군부대 (Army Community)가 전자도서관서비스를 경유하여 선택된 웹 자원에 접근할 수 있게 하는 것이다. 이 프로그램의 비전은 "현재와 미래의 하나의 전략적 지식경영 제공처로서, 군부대의 성공적인 사명완수를 위한 관문으로서 봉사하는 것"이고, 그 사명은 "군대가 군인, 군속 및 그 가족들을 위해 교육, 연구, 훈련, 자기개발, 복지, 봉사활동, 평생학습을 동시에 용이하게 수행할 수 있도록 광범위한 지식을 얻게 하고 유지시키게 하는 전략적인 지식경영자원으로 존재하게 하는 것"이다.

이러한 비전과 사명을 제시하고 실행하는 기관으로 '병영도서관 프로그램부'가 있다. 이 부 안의 병영도서관 사서는 260개의 도서관과 정보센터의 전략적 계획, 정책 그리고 그보다 많은 ALP의 전 세계 네트워크의 지지를 위한 책임을 지도록 되어 있다. 이들 병영도서관

---

libraries. FAFLRT publishes the quarterlynewsletter Federal Librarian. 〈http://lu.com/odlis/odlis_f.cfm#faflrt〉 [cited 2005.2.12].

17) http://www.libraries.army.mil [cited 2005.2.12].

사서들의 본부 사무실은 1997년부터 워싱턴 펜타곤에 자리 잡고 있다.

이 ALP가 제공하는 육군도서관 프로그램의 웹사이트는 '육군전자
도서관서비스'(Digital Army Library Service: 이하 DALS)라는 포털
사이트로 설계되어 있다. DALS는 현재 개발 중에 있는데, 완전히 실
행되면 ALP를 통해 이용할 수 있는 광범위한 디지털 전자정보자원에
접근할 수 있도록 되어 있다. DALS 서비스는 OPAC 제공과 전자 레
퍼런스 서비스, 전문자료제공을 포함하고 있다.

ALP는 궁극적으로 이러한 협동적인 공동의 노력이 병영도서관 사
서들의 전문적 지식과 부대의 지식경영지원과 원거리 학습 주도 등으
로 결합되어 군 네트워크를 통해 전 세계에 분포되어 있는 군의 개별
도서관의 장서구성에 영향을 미칠 것으로 내다보고 있다.

ALP와 함께 소개할 수 있는 또 하나의 군부대 지원 도서관프로그램
서비스로 미 육군일반도서관프로그램(U.S. ARMY GENERAL LIBRARY
PROGRAM)이 있다.[18] 이 프로그램은 1984년 11월 육군부(Department
of the Army)에 의해 설립된 미 육군 및 가족지원센터(U.S. Army
Community and Family Support Center: CFSC)의 지원으로 이루어지
고 있다. 이 프로그램에 의해 지원되는 육군 병영도서관들은 CFSC를 통
해 관리된다. 미 육군 일반도서관 네트워크는 군부대의 지적 요구를 충족
시킨다. 약 127개의 일반도서관들이 세계 14개 국가에 있는 군 광역망을
통해 이용될 수 있다. CFSC도서관프로그램 사무처는 정책, 프로그램 방
향과 기준[19]을 제공한다. 또한 전체 서비스도서관들의 평가와 조언, 도

---

18) http://www.armymwr.com/corporate/programs/recreation/libraries/
   [cited 2005.2.12].

19) 관련 기준으로 1) Army Morale Welfare and Recreation Baseline
   Library Standards, 2) Department of Defense Morale Welfare and
   Recreation Library Standards 등이 있는 데, 다음 사이트에서 찾아볼 수

서관 활동과 서비스의 통합과 조정, 사서들의 경력개발과 관련된 하나의 자원으로서의 법령 등도 제공한다. 부가적으로 CFSC 도서관프로그램 사무처는 중앙집중식 수서 서비스를 통해 각 도서관의 도서와 전자참고도서의 구입을 지원한다.

이 밖에 현재 미군은 한국 내에서도 주한 미군과 부속기구 직원 그리고 각 미군에 배속된 한국 군인들을 위해 병영도서관을 운영하고 있다. 현재 인터넷을 통해 운영되고 있는 프로그램을 보면, IMA KORO MWR Libraries[20]라는 온라인 전자도서관 형식이 오프라인 도서관과 병행하여 지원되고 있다. 이 프로그램은 개별 도서관 시스템이라기보다는 도서관 협력망이다. 따라서 이곳은 우리나라 각 지역에 분산되어 주둔하고 있는 22개소의 미군을 위해 동일한 시스템으로 지원하는 하나의 도서관인 셈이다. 패스워드를 부여받은 사람은 누구나 이 시스템에 포함된 22개의 도서관 중 어느 도서관에서라도 자료를 대출받을 수 있다.

2.3.2 영국의 병영도서관 서비스 프로그램

대표적인 미국의 육군도서관프로그램으로 Army Library Program와 Army General Library Program이 있다면 영국에는 Army Library Services(ALibS)가 있다.[21] 이 ALibS의 사명은 전 세계에 펼쳐져 있는 육, 해, 공군의 군대 단위 또는 개인들에게 책과 정보를 제공하는 것이다. 이를 위한 도서관의 역할은 작전지원, 교육, 훈련, 평생학습과

있다.
〈http://www.armymwr.com/corporate/programs/recreation/libraries/library standards.asp〉 [cited 2005.2.12].

20) http://eusa.library.net [cited 2005.2.12].

21) http://www.agc-ets.co.uk/libraries.htm

복지에 관한 정보를 제공하는 것으로 정의되어 있다. 이러한 일들을 위한 도구로서 도서, 정기간행물, CD-Rom 등과 인터넷을 포함하는 현대의 모든 정보서비스 자원을 이용할 수 있게 지원하며, 좀 더 포괄적인 지원은 ALibS 네트워크에 의해 제공된다. 효과적인 지원을 위한 국방부 웹 서비스는 모든 자격 있는 가입자들에게는 무료로 제공된다.

현재까지 이용 가능한 자원들은 도서, 대중잡지와 학술지, 인터넷과 온라인 정보, CD-Rom과 전자 DB, 오디오 및 비디오 자료들로 구분되어 있다. ALibS의 항목별 주요 서비스 내용을 보면 다음과 같다.

1) Military Studies Library Service(MSLS) : 군사관련 시사토픽에 관한 레퍼런스와 초록 및 아티클을 제공하는 월별 최신정보 주지 서비스

2) Army Portal, MODWeb, AGC-ETS : 웹사이트 또는 전자우편을 통한 하드카피 이용

3) Prince Consort's Library로부터 아티클 이용지원 : 1986년부터 소급하여 6개월마다 생산(50,000레퍼런스)되고 있는 전체 데이터베이스의 누적판 CD-Rom

4) e-Service : Defence Community의 회원들을 위한 모든 병영도서관에서 작전 계획, 군사교육과 훈련, 개인적 발전과 재충전에 관한 정보를 이용할 수 있다.

이 이외에도 ALibS는 이용자들이 빠르게 권위 있고 수준 높은 정보를 입수할 수 있도록 ALibS Information Potal을 개발하였는데 이 포털 서비스는 추천된 인터넷 사이트를 통해 모든 병영도서관에 접속되며, 현행 MSLS리스트, 주제별 도서리스트, 전체 MSLS 데이터베이스,

ALibS 목록, 데이터베이스에 수록된 ALibS 정기간행물 등을 통해 원하는 정보와 자료를 이용할 수 있다. 인터넷에 부가하여 ALibS는 일반적으로 웹상에서 얻을 수 없는 뉴스서비스와 지역정보(country profile) 등과 같은 또 다른 온라인 주요 정보원들도 구독하고 있다.

이상 군부대의 장병들을 대상으로 하는 미국과 영국의 전자도서관의 운영 프로그램을 소개하였다. 실제 이 두 나라 외에도 서구 유럽에서는 복지와 사기 진작, 교육훈련, 레크리에이션이라는 큰 틀에서 많은 프로그램들이 운영되고 있다.22)

3. 한국 전쟁 동안의 미군의 병영도서관 서비스

미국의 병영도서관의 운영 사례는 부분적이지만 미국 본토를 비롯해 미국이 참전한 많은 나라에서 이루어졌고, 여러 나라에서 이루어진 내용이 많이 알려져 있다. 그러나 여기에서는 서두에서 밝힌 연구 목적에 따라, 한국전쟁 중에 참전한 미국의 군인들을 위해 한국에 설치되었던 미군의 병영도서관 역사와 당시의 현황을 살펴보기로 한다. 다

---

22) 캐나다는 Army Electronic Library(http://armyapp.dnd.ca/ael/)라는 군부대 장병을 위한 전자도서관을 운영하고 있고, 미국은 군별로도 세분화되어 있는데 해군의 경우 Education and Library Reference Center (http://www.petersons.com/army/index.asp)가 운영되고 있다. 스위스도 Federal Military Library라는 연방군도서관(http://www.vbs-ddps.ch/internet/generalsekretariat/en/home/doku/milit.html)을 운영하고 있고, 루마니아에는 National Military Library라는 국군도서관(http://english.mapn.ro/biblioteca/)이 있다. 특별히 참고할 만한 사이트로 Army Library Recruit Program (http://www.moniz.org/ArmyLib/alrp.htm)이 있는데 이는 군부대 사서를 모집하고, 신병을 대상으로 도서관 오리엔테이션을 하는 프로그램을 다루고 있다.

음은 한국전쟁 당시 한국에서의 미국의 병영도서관의 기능과 의의를 살펴볼 수 있는 자료로서, 관련 자료를 종합하여 Harig가 기술한 것이고.[23] 이를 바탕으로 필자가 내용을 종합하여 분석한 것이다.

1950년 6월, 한국전쟁의 출발선에서의 병영도서관 상황은 매우 혼란스러웠다. 한국전쟁에서의 공군의 활동에 대한 주요 정보원인 Mary Elizabeth Stillman은 다음과 같이 말하였다:

1949년 11월 15일에 공군도서관부는 육군으로부터 해외의 공군도서관의 관리를 맡게 되었으며, 그 프로그램을 계획하고 감독하기 위한 직원과 사령부 사서들이 임명되었다.[24]

대부분의 사령부는 전쟁이 발발했을 때, 여전히 시설들을 옮기고 있었고 직원들을 배정하는 활동 중에 있었다. 전쟁이 시작될 당시의 한국에는 병영도서관이 없었다. 공군도서관과 육군도서관 프로그램들은 개별 독지가들과 출판사에 대해 보급판 도서와 잡지 지원을 호소하였다. 조달에 있어서 시간 지체는 미국에서 도매상(중개인)으로부터 주문을 받아 일본에 있는 일본 군수사령부와 공군도서관의 협조를 받는 방식으로 완화시켜 나갔다. 일부 일본에 있는 해병 공군부대들은 그들이 철수할 때 그들의 도서관을 한국으로 옮겨왔다.[25]

육군은 한국에서 보급판 도서보급 이상의 도서관서비스를 위한 명확한 계획을 세우지 못함으로써, 1951년 7월, 당시 극동아시아 공군사령부 사서였던 Virginia A. Staggers가 그곳에 '항구적인 성격'의 도서관서비스를 만들고 직원을 두는 계획을 제안하게 되었다. 그 계획은

---

23) Harig, *Ibid.*, pp.33 – 35.
24) Stillman, *Ibid.*, p.147.
25) Stillman, *Ibid.*, p.148.

공군도서관 책임자였던 Harry F. Cook의 방문 이후 승인되었으며, 1952년 1월에 Staggers와 Dorthea Surtees가 60일간의 일시적인 임무 수행을 위해 도착하였다. 그들은 이후 대체되었으며 뒤따라서 많은 다른 전문직 사서들이 그 상황을 분석하고 기존의 하드백 장서들을 조직화해 나갔다. 공군은 자료이용에 대처하여 1952년 1월, 3,500권에서 4,000권의 장서들을 한국에 들여보냈다. 1952년 6월쯤, 상시적으로 배치될 사서들이 한국에 도착하기 시작하였으며 이들은 전체적으로 13 개의 주요 거점도서관, 12개의 필드도서관, 44개의 기탁 장서들을 맡아 직원으로서 근무하게 되었다. 이 모든 작업은 1년이 못 되어서 완료되었다.[26]

Alexandria J. Bagley는 참모사서로 임명되었다. James Conway는 북부지역 감독관이 되었으며, Vivian Lynn Dobbs는 남부지역을 맡았고, Syble Adams는 그곳 활동들을 감독하기 위하여 대구에 있는 병참부에 남아 있었다. 한국에 배치된 사서들 중에는 이전에 공군 근무 경험을 누구도 갖고 있지 않았기 때문에, 제5공군부대는 다른 많은 분관과 같이 하나의 중앙도서관시스템으로서 운영되었다. 지역 감독관들은 그들의 각각 25개의 도서관에서 직원들을 훈련시키고 조언을 해 줌으로써 운영을 계속해 나갔다.

대구의 병참부(보급창)는 이 시스템의 허브였다. 그곳에 있는 5명의 참모직원들은 언제나 분주했는데, 엄청난 양의 자료들(도서에 부가하여 128,000권의 잡지)을 1952년 1달 동안에 힘들게 처리해야 하기도 했다.

1953년 7월, 휴전협정이 조인되었을 때, 제5공군부대 도서관부는 13 개의 주요 거점 도서관과 49개의 병참부(기탁 장서)와 야전도서관에 85,079권의 하드백 도서를 소장하고 있었다. 1954년 8월에는 병영도서

---

26) *Ibid.,* p.150.

관의 해산이 시작되었다. 3월경 그 작업은 완료되었고, 자료들과 직원들은 일본으로 옮겨졌다. 이것이 전투지역에서 있었던 공군도서관 프로그램의 첫 번째 '전면적인' 이동 운영이었다.

한국의 공군프로그램에 대한 결론에서, Stillman 박사는 육군과 같지 않은 것을 관찰했는데, 그것은 전투상황에서 적을 눈앞에서 직면하는 것으로, 공군은 전투지역의 안팎을 날아다닌다. 공군대원들은 정비와 험한 날씨를 탓하며 땅 위에서 비행기와 같이 좀 더 오랜 기간 있고자 하는 '강요된 게으름'을 피운다. 도서 꾸러미와 도서관들은 비행이 시작된 후에 곧 필요해진다. 단위 부대는 보통 야전에서 장서를 간수하고 유지하는 것을 고마워하고 기꺼이 그 일을 수행하였다. Stillman 박사는, 한국의 전투지역에서 훌륭한 도서관서비스를 요구한 사람들은 '그들 비행사 자신들'이었다고 말했다. 제1차세계대전의 경험 후에 도서관서비스가 미국도서관협회에 의해 제공되었을 때, 그리고 제2차세계대전 후에 그러한 서비스가 미국 군대에 의해 지원되었을 때, 모든 군대는 훌륭한 도서관서비스가 전체적으로 군의 사기에 있어서 얼마나 중요한가를 배우게 되었다고 한다.[27]

'*Wilson Library Bulletin*(1952년 6월호)'은 한국에서의 한 연대의 창의적인 활동에 대해 호기심을 자극하는 그림과 기사를 실었다. 제14보병 연대 제3대대의 한 장교는 연대의 책들과 다른 독서 자료들을 옮기기 위한 백보드(pack-board, 등짐을 질 수 있는 L자형 판 또는 지게) 도서관을 발명하였다. 나무 상자에 옮겨진 책들은 군인사서들의 등에 가죽 끈으로 매어졌다. 그들은 적군 감시하에 있는 병사들을 포함하여 모든 소대에 있는 사람들을 방문하였다고 자랑스럽게 말하였다. 작가 R. F. Karolevitz가 "백보드 사서가 곧 한국 전선에서 가장

---

27) Ibid., p.164.

환영받는 구경거리 중 하나가 될 것이다."고 말한 것은 조금도 이상하지 않은 일이었다.[28]

여기에서 사용된 '도서 보급창(library depot)'이란 단어는 규정에도 있는 것이다. 제2차세계대전 동안에 많은 사령부들은 해산된 도서관들의 책을 처리하기 위하여 기술서비스 지원 센터들과 보관구역을 이용하기 시작하였다. 병영도서관들은 병력이 교체될 때 결코 정적으로 남아 있지 않았고 그 서비스도 빠르게 이동되었다. 이러한 보급창들은 일반적으로 직원들이 오래된 책들에 대해 더 이상 요구가 없고 프로그램이 보다 영속적으로 되어 간다고 느낄 때 단계적으로 철수한다. 한국과 같은 고립된 지역에 대한 도서관서비스의 재개는 예측할 수 없었다. 야전도서관을 위한 하나의 중심적인 서비스 지역에 대한 요구는 아직까지 '도서관 보급창'으로서 종종 언급되고 있다. 이에 따라 공군도서관시스템의 승인하에 도서관 보급창 역할을 하는 중앙도서관들이 3개의 관할 지역부대에 설치되었다: 주에 있는 예비부대를 지원한 미 본토사령부(Continental Command)보급창; 태평양공군(당시는 '극동공군', Far East Air Force로 알려져 있었음)보급창 그리고 고립된 부대를 지원한 공군방위사령부(Air Defence Command) 보급창.[29]

1957년 *Library Journal*의 기사에서 당시 일본도서보급창(Japan Library Depot)에 주재하고 있었던 Mary Elizabeth Stillman은 공군 프로그램을 위한 그러한 센터들의 중요성을 설명한 바 있다.

---

28) R. F. Karolevitz, "Packboard Libraries in Korea", *Wilson Library Bulletin*26(June 1952): 823.

29) Stillman, *Ibid.*, pp.101-2., quoting from semiannual reports of these commands during the appropriate periods.

공군 대원들은 주의 깊게 선택되고 균형 잡힌 그리고 광범위한 주제를 망라하는 현대의 독서 자료들을 정확하게 목록화한 장서 수집을 기대하고 요구하였다. 그들은 서지, 레퍼런스 그리고 독자에 대한 자문 봉사를 빈번하게 요구함으로써 도서관의 '서비스' 측면에 대한 그들의 관심을 나타내 왔다.[30)

일본 병참부에서 제공한 서비스들은 자료의 기술적 처리와 배포를 포함하고 있지만, 그것의 확장된 서비스는 "도서와 정기간행물의 중심적 참고수집, 서지서비스, 상호대차 서비스 그리고 홍보자료들의 중심적 조달"을 포함한 것이었다.[31) 참고 자료수집은 기지 도서관에서보다 더 전문화되고 더 기술적이었다. 이러한 자료수집들은 전화와 편지를 통해 기지 도서관에 도달된 것이었다. 그들은 해산된 도서관들로부터 하나의 도서 축적의 보존소로서 지원되었다. 하나의 새로운 도서관이 설립되었을 때 또는 때때로 재설립된 경우가 되었을 때, 기지 사서들은 제일 먼저 병참부의 장서구성을 보기 위해 병참부를 찾아갔다. 이러한 방식으로 전체적인 장서를 모아 정리했던 사서들은 또 다른 도서관 장서로부터 폐기되거나 이용하지 않는 도서들을 활용할 수 있었다. 병참부는 도서관 자원의 대부분을 만들 수 있게 하였고, '단순한 하나의 도서관이 아닌 도서관서비스'를 제공할 수 있도록 하였다.[32)

이상 Stillman의 주요 기술과 그의 논문을 종합한 Harig의 글을 통해 몇 가지 중요한 병영도서관의 역사를 정리하고 분석할 수 있다. 다시 말해서 한국 전쟁 당시 국내에 설치된 미군의 병영도서관에 대한 현황과 실제에 대해 부족하지만 어느 정도 그 대강을 파악할 수 있게

---

30) Stillman, "Japan Library Depot", *Library Journal* *Vol.82(May 15, 1957)*, p.1280.

31) Stillman, *Ibid.*, p.1281.

32) *Ibid.*, p.1284.

된 것이다. 그 주요 내용을 열거하면 다음과 같다.

첫째, 한국전쟁 시작 시에는 국내에 병영도서관이 전혀 없었고, 보급판 수준의 도서가 일부 제공되고 있었는데 1951년 7월부터 병영도서관 설치계획이 준비되었다.

둘째, 1952년 6월경부터 병영도서관에 상시 배치인력으로 전문직 사서가 들어왔으며, 이들은 13개의 주요 거점의 병영도서관과, 12개의 야전도서관, 44개의 기탁소에서 근무하게 되었다.

셋째, 전시 중에 병영도서관의 중심적 역할은 대구 사령부에 있었으며, 1953년 7월 휴전 당시 전체 85,079권(하드백)의 장서를 소장하고 있었던 것으로 나타났다.

넷째, 1954년 8월 이후부터 전시체제하에 있었던 한국 내 병영도서관은 해산되기 시작했으나, 이들 병영도서관 서비스가 군대의 사기에 적지 않은 영향을 미쳤다는 것으로 평가되었다.

다섯째, 특히 한국에서의 병영도서관은 세계적으로 의미 있는 발견을 갖게 했는데, 그것은 한국의 지게를 응용한 L자형 등짐 판(Pack-Board)을 이용하여 책을 날랐던 것으로, 그 편리한 이동성으로 인해 야전에도 쉽게 도서를 보급할 수 있게 된 것이었다.

4. 미국의 병영도서관의 발전과정 분석

미국병영도서관의 발전과정 분석은 지금까지 살펴본 미국의 병영도서관 역사와 병영도서관 전개과정을 시계열적으로 배열하여 그 추이와 의미를 찾아내고자 하였다. 〈표 2-1〉은 20세기 이후의 미국의 병영도서관의 역사를 주요 사항을 중심으로 작성한 것이다. 간략하게 정리된 것이지만, 〈표 2-1〉에서 보는 바와 같이 미국은 제1차세계대전 중인 1917년에 이미 병영도서관 서비스를 육군과 해군에서 실시하였다. 이때 미국도서관협회가 의회도서관의 지도하에 War Library Service를 설립하게 되었는데, 이 일을 주도한 사람은 국회도서관 사서였던 Herbert Putnam이었다.[33] 이때 사회적으로는 전시도서관 모금운동이 '밀리언달러 캠페인'으로 이루어졌는데, 6개월간에 175만 달러의 모금이 이루어졌다는 사실을 Harig의 저서를 통해 알 수 있었다.[34]

〈표 2-1〉 미국의 병영도서관의 주요 역사

연도별	주요사항
1917	미국도서관협회, 의회도서관의 지도하에 War Library Service 설립
1921	육군부 부관병과에 War Library Service(일종의 '과'나 '계' 개념의 조직) 설립 * 이동도서관(순회 문고) 활동 시작
1940년대 초	최초의 병영도서관 전문직위 탄생 (War Department Representative of the Army Library Service)
1945	일부 국회의원의 병영도서관 서비스 반대, 이에 대한 일선 지휘관들의 성공적인 청원활동으로 병영도서관 서비스 지속
1950년대 이후	냉전과 함께 MWR Program 도입, 강화 (※한국전쟁, 베트남 전쟁 등)
1990년대 이후	병영도서관은 전 세계적으로 군부대 주둔지의 'MWR시설' 중 가장 중요한 시설로 이용되고 있음
2000년 이후	전 세계적인 디지털 병영도서관 서비스 및 네트워크화에 주력

1921년에 육군 내에 최초의 병영도서관 담당 전문부서가 생겼고, 이를 기점으로 전 세계에 228개의 도서관이 생겼으며, 오늘날 민간에서 발전

---

33) Harig, *Ibid.*, ix(Foreword).

34) Harig, *Ibid.*, x(Foreword).

적으로 활용되고 있는 이동도서관 봉사가 이때 이미 군에서 개발되었다
는 것은 눈여겨볼 부분이다. 또한 1940년대에 들어서서는 직제로서 병영
도서관 전담 전문직이 최초로 만들어지고 이에 전문직 사서가 채용되었
고, 일부 국회의원들의 병영도서관 예산지원 반대도 군의 일선 지휘관들
의 청원으로 무력화시켰다는 점도 주목할 만한 부분이다. 이것은 그만큼
일선에서 병영도서관 서비스가 병사들의 임무수행과 사기진작 그리고
교육적 역할을 충실히 수행했다는 반증으로 해석할 수 있을 것이다.

　1950년대 들어 냉전이 시작되면서 강력한 군대가 요구되자 병영도서관
활동은 '군의 사기(Morale), 복지(Welfare)와 레크리에이션(Recreation)'
지원이라는 종합적인 프로그램(이하: MWRP)하에서 체계적으로 발전하
였다. 한국과 베트남전투도 이 MWRP를 강화시킨 요인으로 작용했다.
이후 여러 번의 환경변화에 따라 병영도서관 관련 조직과 직제변경이 있
었지만 1990년 이후 병영도서관은 소위 'MWR' 시설의 중심에 있어 왔
고, 21세기 들어서서도 그 위용에는 변화가 없으며, 전 세계적인 네트워
크화와 더불어 디지털병영도서관으로 거듭나고 있다.

<h3 style="text-align:center">〈표 2-2〉 한국에서의 미군의 병영도서관 역사</h3>

연도별	주 요 사 항
1951년 7월	극동아시아 공군사령부 사서였던 Virginia A. Staggers는 한국에 '항구적인 성격'의 병영도서관 서비스 프로그램을 두고, 직원을 고정배치하는 계획을 입안
1952년 1월	Staggers는 자신의 계획을 수행하기 위해 Dorthea Surtees와 같이 입국하여 60일 동안 활동함(이때 3500-4000권의 장서가 최초로 들어오게 됨)
1952년 6월	대구 사령부를 허브로 하여 13개 거점도서관, 12개 필드도서관, 44개의 기탁 장서를 관리할 상시 직원으로 전문직 사서가 배치됨
1953년 8월	1953년 7월 휴전협정 조인 후, 1954년 8월부터 병영도서관 해산 작전 수행, 이때 총 소장장서는 85,079권(하드백 도서)이었음

이상의 내용에서 의미 깊게 고려해 볼 사항은 먼저, 미국은 1917년에 전시 병영도서관서비스를 시작할 때부터 이미 전문직 사서의 개입이 있었고, 이후 전문부서의 설립과 직제마련, 보직 수행과정에서 전문직 사서의 채용과 헌신적인 노력이 있었다는 사실이다. 앞서 본 한국전쟁 동안의 미군의 병영도서관 서비스(〈표 2-2〉 참조)에 있어서도 1951년 7월 극동아시아 공군사령부 사서였던 Virginia A. Staggers에 의해 만들어진 계획이 한국에서 그대로 실현되었고, 이후 많은 미국의 전문직 사서들이 한국에서 활동하였음을 알 수 있다.

다음으로, 병영도서관활동을 위한 노력이 처음에는 미국도서관협회를 비롯한 민간 주도로 그리고 나중에는 군의 체계 내에서 자체적으로 이루어졌다는 사실이다. 좀 더 구체적으로 보면, 병영도서관의 발전과정이 사서들의 헌신적인 노력과 군의 지휘관들의 요청, 정부와 국회의 지원이 통합적으로 작용되었다는 점과 제도적으로 항구적인 시설(거의 '문화센터' 개념의 독립 공간)로서 역사적 환경변화에 맞추어 끊임없이 진화, 발전하였다는 점에서 우리에게 주는 시사점이 크다 하겠다.

우리나라의 경우, '(사)사랑의책나누기운동본부'라는 시민단체의 의해 주도적으로 이루어지고 있고, 중앙일보 등 일부언론의 계속적인 지원과, 의원입법을 통한 법제화까지는 성공했지만, 전문직 사서의 개입과 도서관단체의 지원, 일반 시민의 전폭적인 후원을 받는 데는 실패했다고 볼 수 있다. 향후 미국 병영도서관의 발전과정을 우리나라에 접목시키기 위한 노력 중에 반드시 짚어 보아야 할 부분일 것이다. 물론 제1차세계대전 이후의 미국의 계속적인 전쟁 개입, 1970년대의 개병제로의 전환 등 한국군과 미국군 간의 근본적인 차이, 국제관계 등 다양한 환경적 요소를 고려해야 할 것이지만, 이들 실패요인이야말로 우리나라의 병영도서관의 발전을 위한 기본 동력이 되어야 할 것이다.

5. 결론 및 제언

본 연구는 최근 우리 사회에서 새로운 이슈로 떠오르고 있는 '병영
도서관 건립운동'의 의미와 이론적 배경을 미국의 병영도서관의 역사
와 발전과정을 중심으로 살펴보았고, 그 가운데 한국 전쟁 중의 미군
에 대한 병영도서관 서비스도 의미 있게 짚어 보았다.

병영도서관에 관한 연구는 서두에 언급하였듯이 '군'이라는 특수성
과 제한성 때문에 국내외에서 깊이 있게 논의되지 못했고, 그 논문 수
도 많지 않았다. 따라서 자료수집의 한계는 있었지만 소수의 결정적인
논문과 공신력 있는 국가 기관의 인터넷 자료를 종합하여 그 현황과
실제에 접근할 수 있었다. 본 연구에서 확인된 주요 내용들을 결론적
으로 정리하면 다음과 같다.

첫째, 미국의 병영도서관의 역사는 1917년부터 시작되며 1, 2차세계
대전을 통해 성장해 갔다. 국방부 내에 병영도서관 전체에 대한 관장
부서가 있고, 군 근무부대별 특수근무분과의 도서관계가 지휘·감독부
서 라인에 있다. 미국은 2차대전 이후, 사기, 복지, 레크리에이션 지원
이라는 기본 철학을 통해 병영도서관 프로그램을 운영하고 있다. 현재
미 국방부에 등록된 병영도서관만 260여 개가 되며, 주한 미군도 22
개의 병영도서관을 운영하고 있다. 이들 군부대를 지원하는 부서로는
1953년에 설립된 특수도서관협회의 '병영도서관사서분과'가 있고, 도
서관협회의 '연방/군도서관 라운드테이블'이 조직되어 있다. 전 세계
의 병영도서관을 인터넷을 통한 전자도서관으로 연결하여 도서관 봉
사를 제공하고 있는데 대표적으로 미국의 육군도서관프로그램(Army
Library Program: ALP)이 그 중심에 있었다.

둘째, 한국전쟁 시작 시에는 국내에 미군의 병영도서관은 전혀 없었

고, 1951년 7월부터 병영도서관 설치계획이 준비되었다. 1952년 6월경부터 병영도서관에 상시 배치인력으로 전문직 사서가 들어왔으며, 이들은 13개의 주요 거점도서관과, 12개의 야전도서관, 44개의 기탁소에서 근무하였다. 전시 중에 병영도서관의 중심적 역할은 대구 사령부에 있었으며, 1953년 7월 휴전 당시 전체 85,079권(하드백)의 장서를 소장하고 있었던 것으로 나타났다. 1954년 8월 이후부터 전시체제하에 있었던 한국 내 병영도서관은 해산되기 시작했으나, 이들 병영도서관 서비스가 군대의 사기에 적지 않은 영향을 미친 것으로 평가되었다. 특히 한국에서의 병영도서관은 세계적으로 의미 있는 발견을 갖게 했는데 그것은 한국의 지게를 응용한 L자형 등짐 판(Pack-Board)을 이용하여 책을 날랐던 것인데, 편리한 이동성으로 인해 야전에 쉽게 도서를 보급할 수 있게 된 것이었다.

셋째, 미국의 병영도서관의 발전과정 분석을 통해 우리가 주목해야 할 부분은 그리고 향후 우리나라 병영도서관의 발전을 위해 충분히 고려해야 할 사항은, 그들 미국의 병영도서관은 설립 초기부터 전문직 사서와 도서관 단체의 적극적인 개입과 계획 그리고 시민들의 자발적인 모금운동, 정부와 국회의 후원과정을 통해 조직화되면서 제도적으로 안착해서 항구적인 시설로서 환경변화에 맞추어 끊임없이 발전해 나갔다는 것이다.

결과적으로, 미군의 병영도서관들은 군대의 교육과 사기에 있어서 중요한 역할을 하였고, 개인과 지역의 군대 모두에게 매우 유익한 서비스를 제공하였다. 병영 사서들은 그들이 봉사하고 있는 군인들과 그 부양가족들을 정서적으로나 지식 면에서 풍부하게 하고 교육의 즐거움을 제공하였을 뿐만 아니라 전시에는 해외에 주둔하고 있는 사람들을 본국과 문화적으로 연결시킴으로써 봉사하였다. 곧 ALP의 사명대로 미국의 병영도서관은 군인, 군속 및 그 가족들을 위해 교육, 연구, 훈련, 자기개발, 복지, 봉사활동, 평생학습을 동시에 용이하게 수행할 수 있도록 광범위한 지식을 얻게 하고 유지시키게 하는 전략적인 지식경영자원처로의 그 존재 의의를 실현하기 위해 노력하였다.

병영도서관 관련 정보원이 많이 드러나긴 했지만, 앞으로도 많은 세밀한 연구가 진행되어야 할 것이다. 특히 미국의 병영도서관의 규모나 세부적인 운영현황과 기준에 관한 우선적인 연구가 필요할 것이고, 앞서 공군도서관 위주로 기술되었던 한국전쟁시기와 그 이후의 미군의 한국에서의 병영도서관 운영사례도 향후 우리에게 발전적인 지침을 제공할 것으로 보인다.

제 3 장

이 글은 미국의 병영도서관과 병영문화를 이해하기 위해 매우 필요한 장이다. 미국은 자국 장병들의 권익과 전투력 증강을 위해서 다양하고 세밀한 교육프로그램을 갖고 있고, 이를 병영도서관이 체계적으로 지원하고 있다. 또한 병영도서관은 지역의 공공도서관이나 대학도서관과 연계·협력하여 장병들의 교육과 대학진학 그리고 제대 후의 사회생활을 위한 각종 지원을 아끼고 있지 않다.

이 장은 향후 우리나라의 군부대의 교육프로그램 운영과 병영도서관의 지원 활동에 도움을 줄 것으로 생각된다.

Ⅲ. 미군의 교육프로그램과 도서관과의 협력

1. 서 론

이 장에서 기술되는 미국 군대의 교육프로그램은 앞서 본 Harig의 저작의 주요 내용을 발췌한 것이다. 따라서 1990년대 이전 내용을 기술한 것으로 미군의 현재 교육 상황과는 많은 차이가 있다. 그러나 역사적 유대감을 가지고 진화·발전해 온 미군의 교육프로그램을 깊이 있게 들여다보면, 아직 초보 단계인 우리나라의 군 교육프로그램 관계자에게 큰 도움이 될 수 있을 것이다. 또한 이를 지원하기 위해 군 교육프로그램을 철저하게 이해하고 있어야 할 병영도서관 관계자에게는 참고할 부분이 많이 있을 것으로 판단되어 여기에 소개하였다.

그 주요 내용은 수천 개에 달하는 미국의 다양한 교육프로그램과, 이를 지원하는 병영도서관의 지원현황이다. 또한 병영도서관, 특히 육군도서관이 수십 년 동안 발전과정에서 민간 도서관에 미친 영향을 집중 조명하였고, 그 시사점을 정리하였다. 미국 중심의 병영문화와 교육체계에서 상당부분 우리나라와는 다른 괴리감이 드는 부분이 많이 있고, 원전에 충실하려는 의도가 반영되어 다소 어색한 부분이 많이 있다. 후속 연구를 위해 원저의 각 주도 그대로 반영했다.

2. 미국의 군대 교육프로그램

1973년 6월, 당시 미 국방부 장관 보좌역이었던 Leo E. Benade 중
장은 도서관협회의 병영사서분과에서 연설하였다. 그가 의미부여하고
자 하는 것은 모든 지원군(All - Volunteer Force)에 대한 군도서관의
역할에 있었다. 그의 메시지는 도서관이 군의 미래에 있어 수행해야만
할 여러 가지 역할에 관련된 것이었지만, 특히 강조하고자 하는 것은
교육에 관한 것이었다. 그 내용은 다음과 같다.

> 우리는 완전히 자원한 지원군(All - Volunteer Force)을 위한 신병
> 모집뿐만 아니라 그들을 잘 유지시켜 나가는 데 있어 교육의 중요성
> 을 입증하는 실제적인 문헌들을 다룰 예정이다. 수행된 연구 결과물
> 들은 교육과 훈련 기회를 제공하는 것이 군대에 입대한 지원자들을
> 위한 가장 중요한 동기유발요인이라는 것을 보여주고 있다.…… 내가
> 특별히 이 프로그램에 대해 언급하는 것은 프로그램을 만들고 성공하
> 게 하는 데 있어, 즉 그 교과과정을 보충하는 데 있어 궁극적으로 도
> 서관의 지원이 상당부분 역할을 하게 될 것이기 때문이다.[1]

어떻게 군대도서관들이 군의 교육 운동을 지원한 것인가를 이해하
기 위하여, 우리는 이러한 노력들에 대해 좀 더 폭넓고 자세하게 이해
할 필요가 있다. 모든 것을 포함하는 것은 아니지만, 이 장에서는 식
자 수준(읽고 쓸 줄 앎)에 있는 사람들로부터 고급 학위를 갖고 있는
사람들까지 확대하여 현재 제공되고 있는 많은 교육프로그램과, 과거
성공한 일부 프로그램들을 보여줄 것이다.

---

1) Leo E. Benade, "People - Their Needs and Our Responsibilities",
   (Mimeographed address given to the Armed Forces Librarians Section,
   American Library Association, Las Vegas Nevada, June 28, 1973), pp.7 - 10.

James C. Shelburne과 Kenneth J. Groves는 그들의 간명한 연구 '군대에서의 교육(*Education in the Armed Force*, 1966)'에서 훈련과 교육프로그램을 5개 범주로 나누어 개괄적으로 보여주고 있다.

- 병사들의 훈련과 교육
- 장교훈련과 특수교육
- 전문군사교육
- 부대훈련
- 비근무자 교육[2]

첫 번째 범주인 병사들의 훈련과 교육은 Shelburne과 Groves가 '필수 요소'라고 부르는 '임관되지 않은 장교'를 배출해 내기 위해 고안된 많은 교육프로그램들뿐만 아니라 모든 병사들이 견뎌내야 하는 기초 훈련, 기술훈련, 직장 내 훈련으로 '짧지만 중요한' 훈련 기간임을 나타낸다.

장교훈련과 전문교육은 장교후보자들을 위한 기초훈련과 기술도입 프로그램들을 제공하는 것에 적용된다. 이 교육들은 민간 대학과 대학교에서 종종 실시된다.

전문군사교육은 무기에 관한 전문교육을 포함하는데 보통 군부대에 있는 하나 또는 그 이상의 서비스 스쿨이나 사관학교에서 실시된다.

부대훈련은 소총분대, 원자력을 동력으로 하는 잠수함 승무원 팀, 미사일 탑재 기병대대와 같은 그룹훈련에 적용된다.

---

2) James C. Shelburne and Kenneth J. Groves, *Education in the Armed Forces*(New York: Center for Applied Research in Education, 1966), pp.24-25.

비근무자교육은 병사들 또는 장교 중에서 정규교육을 계속하기를 원하거나, 현재의 직무를 좀 더 효과적으로 수행하기 위하여 새로운 기술이 요구될 때 그리고 승진이나 발전을 위한 기회를 갖고자 하거나 향후 사회생활을 위해 새로운 직업을 찾고자 하는 개개인들이 선택하는 과정이다. 비근무자 교육 영역은 이 연구와 가장 상관성이 있는 범주이다. Benade 장군은 다음의 통계들을 인용하였다.

관심의 증거로 군 복무자들이 그들의 교육을 향상시키는 데 있어서 1972년 봄에 수행된 조사결과가 있는데, 이는 6만 명의 장교들과 31만 명의 병사들은 군 입대 후에 그들의 교육수준이 유의미한 수준으로 높아졌다는 것을 나타내고 있다.…… 동일한 시간의 틀 속에서 25만 명 이상의 장교와 거의 백만에 달하는 병사들이 비근무자 교육과정에 참여하였다.[3]

2.1 육군교육프로그램

육군에 있어서 교육프로그램들은 일반적으로 교육계(Army Education Section)의 관할과 감독하에 배당되어 있다. 제2차세계대전 동안 형성된 육군의 교육과는 "군인들이 자유 시간에 자신들의 교육을 계속 받을 수 있게 함으로써 군의 사기와 효율성을 높이는 데 기여하는 것"이었다.[4] 그 부서에서는 가치 있는 통계들을 하나로 모아 편집하고, 잡지 Yank와 신문 Stars and Stripes뿐만 아니라 미국 육군병사(GI)들을 위한 외국어 안내와 각 나라들의 설명서 같은 공공 정보자료를 만들어 냈다. 도서관과와 교육과는 동일한 교육 분국(Education Branch)의 일부로서, 1942년

---

3) Benade, "People", p.8.
4) Jamieson, *Books for the Army*, p.31.

3월부터 1943년 11월까지 1년이 조금 넘는 짧은 기간 동안 지속되었는데 당시 그 섹션은 너무 크게 성장해서 조직 재편이 필요하게 되었다. John Jamieson은 "이를 계기로, 도서관과는 정보 및 교육국보다는 오히려 특수 서비스(Special Services) 쪽에 배치되었다."고 말하고 있다.[5] 많은 전문가들은 이러한 움직임을 두 개 기관의 사명을 결합한 것으로, 하나의 실수로 여겼다. 1963년 8월 교육과는 다시 이동되었는데, 이때에 특수서비스국 도서관과와 같은 국에 소속되었다. 1966년 3월 1일에, 레크리에이션 및 교육분과가 이제 하나의 부서로 군무국장실 산하에 육군 교육 및 사기지원 이사회(Army Education and Morale Support Directorate)로 승격되었다.[6] 그 부서는 오늘날의 육군에도 아직까지 남아 있다.

2.1.1 미군교육기관(USAFI: United States Armed Forces Institute)

군의 근무시간 외 교육프로그램에 있어서의 실제적인 관여는 1942년 4월 1일에 시작되었는데 그 당시 육군은 탁월한 교육자들과 함께 위스콘신주 매디슨에 미군교육기관을 설립하였다. 1942년 12월쯤 모든 병과의 직원들이 참여할 수 있게 되었다. 제2차세계대전이 끝난 후에 이 기관은 국방부의 하나의 영속적인 부서가 되었다. 미군교육기관에는 우선적으로 고등학교 졸업자격과정과 24개의 다른 언어교육과정을 포함하여 200개 이상의 통신교육과정이 설치되어 있었다. 1962년쯤, 군대에 종사하는 2백만 명의 군인들이 미군교육기관을 통해 고등학교 졸업자격을 획득하였다고 보고되었다. 모든 과정들은 미국 교육협의회 (American Council on Education)의 분과인 병역 인정위원회에 의해

---

5) Ibid.

6) Headquarters, Department of the Army, the Adjutant General's Office, CIR No.10-5-2, February, 1966.

평가되었다. 1966년쯤, Shelburne은 "제공된 교육과정을 결합하면 전체 1,700개 과정이 넘는다."고 하였다. 또한 이러한 교육과정들의 효과에 대해서는 "아마 어떤 다른 유형의 프로그램도 비교적 적은 비용으로 그렇게 많은 사람들에게 영향을 미치게 하지는 못할 것이다."라고 부연하였다.[7] 미군교육기관에 의해 시작된 통신교육과정들은 군 전체를 통하여 광범위하게 이용된 훈련교육 방법을 대표한다. 통신학습은 장점뿐만 아니라 제한점도 갖고 있어서 항상 성공적으로 완수되는 것은 아니다. 통신교육의 가장 큰 장점은 실용적으로 어느 곳에서나 - 즉, 배 위 또는 비행기에서 또는 원격지 군부대의 어떤 시설에서든 성취할 수 있다는 데 있다. 대학공개 강좌교육에 맞출 수 없는 남다른 일정을 소화해야 하는 군인 학생들도 여전히 필수과목들을 이수할 수 있었다. 학생들은 그들 자신에게서 일어난 학습의 강도는 종종 교실에서 얻어진 것들을 훨씬 능가하는 교육적 경험들을 초래하였다고 말한다. "Peterson's Independent Study Catalog"의 편집자인 Jane H. Hunter는 그러한 학습경험에 대해 다음과 같이 독려한 바 있다.

　　통신교육 학습은 요구되고 있다. 인쇄된 글과 문자로 된 것을 주고 받는 것은 주요한 학습매체이며, 학생들이 분별 있게 잘 읽고 쓰는 기술을 갖는 것은 필수적이다.…… 그들 자신에게 있어 전통적인 교실에서의 학과지원을 받지 못했지만, 통신교육과정 학생들은 훌륭한 학습습관을 개발하고 독립적으로 공부하기 위해서 솔선하고 자기 의지를 강하게 가져야만 하며 규칙적인 학습일정을 정하고 유지해 나가야 한다.[8]

---

7) Ibid., pp.42, 100-101.

8) Jane H. Hunter, ed., *Peterson's Independent Study Catalog*(Washington: National University Continuing Education Association, 1983), p.1.

통신교육 또는 가정학습의 보상은 학생이 필요로 하는 특별한 기술을 통달하게 될 때 가장 크다. 1977년에 미국 교육청의 기금을 받아 25개 주와 푸에르토리코에 있는 80명의 학생들을 가정학습 프로젝트에 연결시키는 프로젝트가 있었다.9) 이 프로젝트는 취급 주제에 관한 5개의 기본 단위 또는 편성 단위 개발로 구성되었다. 5개의 편성 단위로부터의 시험과제는 평가와 의견 개진을 위해 교수부에 배포될 수 있도록 프로젝트 사무실로 보내졌다. 자원한 학생들의 1/3이 그 과정을 논의하기 위하여 소규모 연구 팀으로 만났다. 학생들의 반응은 매우 열정적이었고 그 프로젝트 팀에게 이러한 유형의 연구에 대해 마음에서 우러나는 지지를 보냈다.

국방정보학교와 군대의 산업대학은 정보 및 국가 안전보장 과목들에 있어서는 대학원 수준의 통신교육과정들을 제공한다.

2.1.2 종합교육개발 프로그램(GED)10)

이제 실제적으로 고등학교 졸업과 동등한 시험 준비의 의미를 갖는 종합교육개발 프로그램은 본질적으로 경험 있는 전문직 교육 전문가들에 의한 일반교육지침(general guided education)으로 하나의 전체적인 프로그램으로서 실행하기 위해서 육군에 의해 개발되었다. 그 프로그램은 모든 영역에서, 즉 독서와 화학과 같은 고등학교 수준의 과정들로부터 군사주특기(MDS) 교육요구사항과 관련된 직업교육과정,

---

9) Elizabeth W. Stone, Eileen Sheahan, and Katherine J. Harig, Model *Continuing Education Recognition System in Library and Information Science with Provision for Nontraditional Studies and the Development of a Prototype for Home Study Programs*(New York: K. G. Saur, 1979)

10) 한국에서의 '검정고시'와 유사한 제도로, 고등학교 졸업장이 없는 사람이 대학을 가기 위해 자격을 따는 시험과 같은 것(역자 주).

대학교수들의 지도를 받는 대학과정에 이르기까지 자격 있는 민간 교사와 강사들의 지원을 받았다.

크고 복잡한 교육프로그램의 네트워크 운영을 위해 육군은 전 세계적으로 300개가 넘는 육군교육센터를 지었고 전문적으로 훈련되고 경험 있는 경력직 민간 교육지도자들을 직원으로 두고 있다. 교수 방법은 주특기 교육관련 과정의 모둠별 학습으로부터 오디오-비디오 교육과 컴퓨터 지원 학습을 이용한 외국어 훈련에 이르기까지 다양하였다. 육군 규정621-5(1964)에는 "모든 지휘관들이 외국어 교육을 위한 시간을 부여할 수 있는 권한을 가질 수 있도록 하고, 육군 대원들이 적어도 한 가지 외국어에 능숙할 수 있도록 촉구한다."[11]는 것이 명문화되어 있다. 독일에서는 이것이 'Head Start' 프로그램[12]을 통하여 수행되었다. 육군의 종합교육개발 프로그램의 주요한 사명은 군무원들이 육군에 있는 동안 계획한 교육을 발전시키고 계속할 수 있도록 돕는 것이다."[13] 1960년 평가에 따르면, 어떤 정해진 날에 종합교육개발 후원 학급에 참가한 인원은 육군의 15%였다.[14] 종합교육개발 프로그램은 모든 군인들이 고등학교와 동등한 자격을 취득할 수 있도록 고무시켰던 1970년대에 가속화되었다. 또한 모든 군인들이 이러한 목표를 추구할 수 있도록 근무시간 중에 교육 시간이 주어졌다. 1986년 펜타곤은 "하사관급(E-5)에 대한 승진을 위한 최소 교육 필수 조건을 고등학교 졸

---

11) Arvil N. Bunch, "The Army's Open Door to Learning", *Army Information Digest* 18(November 1963): 36.

12) '유리한 스타트'라는 뜻으로 남보다 빨리 출발하여 시간적으로 우세한 것을 말함; 미국에서는 영세민층 미취학 자녀교육에 활용되고 있음(역자 주)

13) Ibid., p.37.

14) Tom Compare, ed., *The Army Blue Book*(New York: Bobbs-Merrill, 1960), p.171.

업 또는 고등학교 상당자격으로 끌어올렸다."[15] 모든 군인들은 그들의
첫 번째 재입대 전에 고등학교 졸업 상당의 자격을 획득하도록 장려되
었다. 펜타곤은 한층 더 나아가서 육군 선임 하사관들은 그들의 군 복
무 14년 또는 15년차에 최소 2년제 대학 또는 전문학교 수준을 마치게
한다는 것을 고려하였으나, 그 당시 법제화되지는 못했다.[16]

군대 교육수준에 엄청난 영향을 미칠 만한 중요한 발전이 1987년에
일어났다. 군대인력정책(Military Manpower and Personnel Policy)의
선임 임원인 Colonel R. W. Lind가 만든 지침은 신병모집 정책에 있
어서 교육적 필수요건에 관한 다음과 같은 변화들을 명시하고 있다:

- 교실교육에 참석하고 일일 프로그램을 완수하고 고등학교 졸업
  장을 받은 잠재적 신입병사 그리고 성공적으로 대학의 학기를
  마친 사람들만이 고등학교 졸업 상태와 관계없이 '우선적으로
  고려될 수 있다.'
- '자격심사 선택 폴더(Alternative Credential Holders)'는 종합교
  육개발 또는 다른 검증된 고등학교 상당의 졸업장을 소지하고
  있는 사람들과 출석에 기초한 증명서 또는 졸업장을 갖고 있는
  사람들을 대상으로 할 것이다. 자격심사 선택 폴더들은 입대 목
  적을 위한 두 번째 범주에 들어가게 될 것이다.

이러한 분류는 1987년 10월 1일에 효력을 발생하였다.[17] 미국 교육

---

15) Dennis D. Perez, *The Enlisted Soldier's Guide*(Harrisburg, PA: Stackpole
   Books, 1986): p.45.

16) Ibid.

17) R. W. Lind to Lee R. Powers, "Regarding Educational Enlistment
   Standards", (mimeographed and attached to memo from Naomi Reed

부에서 성인교육 분과장의 직무대행을 했던 Karl O. Haigler는 이 새로운 정책에 대해 다음과 같이 말하였다.

국방부 정책은 성인대상 2차 교육프로그램의 일부 참가자들에게 영향을 미칠 수 있을 것이다. 그러한 학생들은 병역 서비스의 일환으로 받게 된 그들의 기회를 강화하기 위해 중등 과정 후의 교육프로그램에 등록함으로써 대학 졸업자격을 얻을 수 있다는 것을 고려할 수 있을 것이다.[18]

이 새로운 정책은 많은 성인들이 이 프로그램을 고등학교 수준을 졸업하는 방법으로 당연하게 생각할 수 있도록 영향을 미쳤다. 분명히 신병 입대자의 교육수준과 전체 미군의 수준에 광범위한 영향을 미쳤을 것이다.

2.1.3 비전통적 교육 지원을 위한 방위 활동
(DANTES: Defense Activity for Non-Traditional Education Support)

현재 비전통적 교육 지원을 위한 방위 활동(DANTES)은 군대의 개개인들이 시험을 통하여 대학 자격에 도달할 수 있도록 하는 프로그램들을 제공한다. 비전통적 교육지원을 위한 방위 활동은 대학자격 검정 시험 프로그램(CLEP)을 운영하는데 이것은 비즈니스, 역사, 과학, 언어 분야와 같은 영역에서 40개의 과목을 포함하고 있다. 그 시험들 중에 하나를 성공적으로 끝마친 후에, 개별적으로 이수학점을 위해 3학기

---

to Adult General Education and Adult Basic Education Administrators, February 25, 1987). p.2.

18) Karl O. Haigler to State Directors of Adult Education, January 13, 1987, in Reed, ibid.

의 시간을 가질 수 있다. 메릴랜드 대학교와 같은 일부 대학교들은 그들 기관에서 학사 수준의 그러한 이수자격을 위해 60학기의 시간을 허용하고 있다. 비전통적 교육지원을 위한 방위 활동은 자체적인 교과목 표준 검정시험(DSST)을 관리하였는데, 보다 전통적인 대학과정뿐만 아니라 직업 및 기술 관련 영역에서도 시험이 치러졌다. 비전통적 교육지원을 위한 방위 활동은 또한 간호, 경영, 회계와 같은 교과목 분야에서 미국대학 입학 학력 테스트 프로그램(ACT)을 운영한다.

비전통적 교육지원을 위한 방위 활동은 교육센터와 공식적인 교실로부터 멀리 떨어져서 학습을 해야만 하거나 그렇게 하기로 선택한 육군 대원들을 위해 독립적인 학습기회를 제공한다. 육군은 대학과정에 적용하는 동일한 규정하에 이러한 과정들을 위한 수업을 지원했다.[19]

2.1.4 육군 계속교육제도(ACES)

육군은 계속교육과 평생학습을 추구하는 군인들을 도와주기 위하여 하나의 제도로서 교육안내와 상담을 제공한다. 개별 군인들은 근무지에 도착한 날부터 30일 이내에 적어도 한 학기를 필수적으로 육군 계속교육 시스템 카운슬러와 같이 참석하도록 요구되고 있다. 육군 계속교육 시스템이 운영하는 많은 프로그램들은 3년 이상 육군이 수행한 조사결과로 평가받았다. 이러한 결과들은 1985년 5월 7일 32,545명으로부터의 유효한 반응들로 다음과 같다.

1. 거의 조사대상자의 반(49%)인 15,947명이 그들의 현재 부대시설에서 적어도 1회는 육군 교육프로그램에 참석하였다.

---

19) Ibid., p.47-48.

2. 전체 20%에 약간 못 미치는 현역 의무병들은 대학 프로그램 가운데 하나에 등록하였다.

3. 군인 6명당 1명꼴로, 전체 5,424명이 주특기(MOS) 향상과정에 등록하였다.

4. 약 12%(전체 응답자 중 3,905명)가 기초기술 교육프로그램(BSEP)에 등록하였다.

5. 육군 계속교육 시스템(ACES) 프로그램에 참가한 사람들 중에 거의 79%가 프로그램에 대한 만족감을 표시하였다.[20]

2.1.5 컴퓨터 원용교육(CAI)

현재 전 세계의 많은 교육센터들은 컴퓨터 원용 교육을 제공할 수 있다. 컴퓨터 원용교육 팸플릿이 서독 프랑크푸르트에 있는 아브람스 교육센터에서 발행되었는데, "이 프로그램은 군인들과 가족들의 교육 요구에 따라 그들을 지원하기 위해 만들어졌다. 자료는 기초 기술로부터 대학 수준까지 이르고 있으며, 자기 진도 학습 방식으로 이용할 수 있도록 고안되어 있다."고 기술되어 있다.[21]

육군교육센터의 특징은 군인들과, 이용할 공간이 있다면 그 부양가족들을 위해 대학수준자격시험 프로그램(GLEP), 종합교육 개발 프로그램(GED), 학습능력적성시험(SAT) 그리고 대학원 진학희망자시험(GRE) 등을 포함하는 모든 주요 시험들의 연습뿐만 아니라, 타이핑 훈련, 독해와 어휘 구축, 자연과학, 역사와 통치 같은 과목들에 대해

---

20) *Morale, Welfare and Recreation World-Wide Survey Analysis*(Alexandria VA: U.S. Army Community and Family Support Center, 1985), pp.9-10.

21) "CAI Project", (Frankfurt, West Germany: Abrams Education Center, n. d. mimeographed brochure).

컴퓨화된 교육을 실시한다는 것이다. 부가적으로 아브람스 교육센터 (Abrams Education Center)와 같은 교육센터들은 군인학생들이 그들 의 요구와 목적을 위해 스스로에게 잘 맞는 하나의 공식교육프로그램 을 선택할 수 있도록 컴퓨터 프로그램들을 이용할 수 있다.

서독일 호엔펠스에 있는 교육센터는 근무시간 이후뿐만 아니라 근 무시간 동안에도 운영되는 거대한 컴퓨터실을 포함하여 최고 기술 수 준의 장비들을 갖고 있었다. 독일 교외 지역에 있는 육군 훈련센터의 중앙에 자리 잡고 있는 이 작고 격리된 센터는 비록 정규 병력이 1,000 명의 군인보다도 적지만 하나의 모범적인 커리큘럼을 갖고 있다. 그러 나 그곳의 병력은 기동훈련 동안에는 20,000명 이상일 것이다.

호엔펠스에 있는 교육센터장인 Gail Walrath는 병사들이 그 센터의 가장 중요한 이용자들이라고 말하였다. 그들에 대한 동기부여는 승진 과 출세이다. 그녀의 업무는 '교육생들이 프로그램을 선택하게 하는 것'이다. 그 센터에서 제공하는 프로그램은 다음과 같다.

- 기초기술 교육프로그램(BSEP), 보스턴대학교 과정, 공군지역 전문 대학, 육군 통신교육과정, 대학 자격검정시험 프로그램 준비, 주특기 (MOS)시험 대비 그리고 가장 최근에 개설된 레이저 디스크 과정.

Walrath는 활동적으로 임무 지원과 관련된 요구사항들을 연구하고, 그 결과들을 관찰하여, 종종 일정치 않은 스케줄과 요구사항을 갖고 있는 군인들에게 나름의 해결책을 제시해 주었다. 그녀는 자신의 임무 수행을 위해 전문적으로 훈련된 교수직 그룹에 도움을 받았다. 그녀는 이러한 모범적인 시설을 그녀에게 제공한 것에 대해 그녀의 사령관에 게 신뢰를 보냈지만, 보다 큰 신뢰는 Gail Walrath와 그녀의 훌륭한 직원들과 같은 센터 지휘관들에게 돌아가야 할 것이다.[22]

2.1.6 헤드스타트 프로그램(The Head Start program)

1950년대에, 아이젠하워 대통령은 그의 '피플 투 피플' 프로그램을 활성화시킴으로써 국민들 간에 이해와 협력을 촉구하였다. 그는 군이 그 일에 참여하도록 촉구하였다. 1960년대에는 육군에서 '언어 친밀화 과정(Language Familiarization Course)'이라고 명명된 프로그램이 개발되었다. 오늘날 유럽에서 유럽주둔 미군은 '헤드 스타트'라고 부르는 유사한 프로그램을 갖고 있다. 주둔 근무지에 따라 다른 방식으로 해석되긴 했지만, 근본적인 아이디어는 주둔국(host country)을 이해시키고 감상하게 하는 것이었다. 일반적으로 2주 과정이 필요했는데, 주둔국에 새로 갓 전입한 군인에게는 워크숍 및 포괄적인 교육을 실시했다. 교육생들은 그 지역의 사회적 풍습에 대해 가르침을 받았고 그들은 주둔국 사람들과 친해지기 위한 '생존을 위한' 어귀, 친숙하고 공손한 대화에 유용한 단어들과 같은 기초 어휘를 배웠다. 그들은 또한 경제적으로 가게에서 물건을 사는 방법과 달러 변동률을 해석하는 방법을 배웠다. 추가적으로 그들은 하나의 사회적 환경하에서 해당지역 사람들을 만나게 되고 그 지역 군대와 주둔지역 민간 기관들에게 소개되었다. 이 프로그램은 활용 공간 여지에 따라 부양가족들도 이용할 수 있었다. 아이젠하워 대통령이 긍지를 가질 만한 일이었다.

2.1.7 외국어 과정들

군은 군인들이 적어도 한 가지 이상의 외국어를 공부하도록 권유하였다. 군인들이 그 목표에 도달할 수 있게 하기 위하여 군은 세계에서

---

22) Gail Walrath, Education Director, U.S. Army Education Center, Hohenfels, West Germany, in an interview with the author, October 11, 1987.

가장 훌륭한 언어 프로그램을 만들어 냈다. 현 전투부대의 40% 이상이 외국에 주둔하고 있으므로, 외국어 훈련은 군대에 있어서 필수적인 것이다. 군인들의 언어 필요성을 충족시키기 위해 육군은 육군언어학교(Army Language School)를 설립하였는데, 그 기관이 지금은 캘리포니아주 몬트레이에 있는 국방언어연구소(Defense Language Institute)가 되었다. 몬트레이에서 가르쳤던 과정들은 가벼운 워크숍이 아니라 '실제적인 외국어 능통자'로 졸업하게 하려는 목표를 갖고 한 강도 높은 훈련이었다. 국무부 또한 어떤 언어를 실제 유창하게 구사하게 되기를 원하는 사람들을 위하여 면밀한 통신교육과정을 제공하였다. 군인－언어학자들은 본국 군대와의 정보활동과 연락에 있어서 자긍심을 가질 만큼의 활동을 함으로써 그들의 나라에 봉사해 왔다. 모든 주둔지에서 그들 군인들은 현재 위치에서의 활용 또는 향후의 어떤 지위를 위해 언어를 공부하고 있었다. 무료 독학용 '서바이벌(survival)' 외국어 테이프 세트들 또한 배 위에서나 돛대 꼭대기에서나 군인들이 활용할 수 있는 것이었다.

2.1.8 오디오－비주얼 대학교육

많은 교육센터들은 비즈니스 개론, 일반 심리학, 생물학 총론, 인간과 환경 같은 주제들로 시카고－유럽 시립대학(City Colleges of Chicago－Europe)에 의해 만들어진 것과 같은 비디오카세트들을 교육 과정에 제공했다. 시립대학으로부터 제공된 또 다른 재미있는 것은 오디오카세트 교육과정인데 예를 들면, '철학 215'는 전쟁에 관한 철학이었다.[23]

---

23) City Colleges of Chicago－Europe, "Schedule Term Ⅱ: 26 October－18 December 1987", brochure, unpaged.

2.1.9 공식교육프로그램들

보다 비공식적인 교육 수단에 대해 덧붙이면, 실제적으로 세계 어느 곳에 주둔해 있든 간에 비번인 군부대 구성원들은 공식적으로 캠퍼스 밖의 확장교육 프로그램에 참석할 수 있고 수료증명서를 획득하거나 준학사 또는 학사과정을 마칠 수 있었다. 메릴랜드 대학교는 교육센터를 통하여 해외에 그러한 과정을 제공하는 데 있어 육군과 오랫동안 관계를 맺어 왔다. 1949년에 유럽에 그리고 1956년에 아시아에 그러한 교육과정을 처음으로 제공하였다. 컴퓨터 연구(Computer Studies)에 관한 최신의 팸플릿은 "매년 800명 이상의 남녀가 유럽지구(European Division)를 통하여 메릴랜드 대학교 학사학위를 취득한다."[24]고 소개하고 있다. 그 대학은 크게 메릴랜드 대학 캠퍼스 칼리지 파크뿐만 아니라 유럽 지구와 아시아 지구로도 유지되기 때문에 군인들이 그들의 교육을 계속하기 위하여 다른 주둔지로 옮기는 것은 어렵지 않았다. 유럽 지구 메릴랜드 대학의 학생 뉴스레터에 게재된 한 기사는 노동청의 최근 통계에 기초하여 학생들에게 교육이 금전으로 평가될 수 있다고 말했는데, 이것은 1986년에 "고등학교 졸업자의 실업률이 6.9%로, 대학졸업자의 2.3%와 비교된다."[25]는 것을 나타내고 있었다.

미군 특무상사 Dennis D. Perez의 유익한 책, "병사들을 위한 안내(*The Enlisted Soldier's Guide*(1986))"에는 전 세계적으로 육군에게 교육과정을 제공하는 대학 시설들이 열거되어 있다. 미국 본토의 목록들은 길게 19페이지에 달하며, 직업 및 기술학교, 지역대학, 대학, 종

---

24) University of Maryland, European Division, "Computer Studies", brochure dated September 1987, unpaged.

25) "College Degrees Boost Employment Rate and Level", *University of Maryland European Division Student Newsletter*, 8(Winter 1987): 1.

합대학교들이 포함되어 있다. 3개의 대학과 2개의 대학교가 400개의 원격지와 유럽 주둔군에 대한 대부분의 교육과정을 제공하고 있다. 병력이 주둔해 있는 대부분의 나라에 있어서 대학교육이 주둔지에 제공되었다. 프로그램의 수는 아래 〈표 3-1〉과 같이 나타났는데, 준학사 (AA), 학사과정(UG), 학사(GR), 대학원과정(PG)을 포함하고 있다. 이 통계의 출처는 *The Enlisted Soldier's Guide*[26]이다.

〈표 3-1〉 학위과정 프로그램 수

구 분	AA	UG	GR	PG
유 럽	5	5	5	1
일본과 오키나와		1		2
파나마	2	2	2	
푸에르토리코	1	6*		
한 국	2	1	2	

* 비주둔지 교육과정

2.1.10 과도기 관리 교육(Education Transition Management)

이 새롭게 향상된 프로그램은 육군을 떠나 있는 봉사대상자에 대한 상담을 제공하며, 개별적으로 향후 사회활동 시에 학교교육에 대한 계획을 세우는 데 도움을 주기 위해 고안되었다. 군 복무 중에 이수한 이전의 교육과정, 관련 시험점수, 퇴역군인의 교육적 수혜에 대한 정보 및 특정의 목적, 병역기간 동안의 성적증명(학습경험평가) 신청서 그리고 관심을 가질 수 있고 편리한 곳에 위치해 있는 대학과 다른 직업학교에 대한 정보들이 개별 군인들에게 패키지 형태의 사본으로 제공된다.[27]

---

26) Perez, *The Enlisted Soldier's Guide*, pp.53-74.

27) "Doing It In Deutschland", mimeographed. Reprinted from Special Inserts

육군은 부대 홍보의 가장 중요한 부분은 새로운 신병들에게 그들이 입대했을 때 이용할 수 있는 교육과 훈련기회에 대한 정보를 제공하는 것에 달려 있다는 것을 잘 알고 있었다. '육군: 미래의 힘(Army: Force of the Future)'이라고 이름 붙여진 최근의 팸플릿에서, 육군부는 육군을 "최근 역사에 있어서 가장 잘 훈련되고, 가장 잘 양성되어 있으며, 가장 자신감 있는 군대로서 가장 잘 교육되어 있다."[28]고 묘사하고 있다. 42쪽으로 밝게 채색된 책 속에는 독자들이 앞선 무기시스템, 컴퓨터 시뮬레이션, 위성통신시스템, 레이저 유도 헬리콥터, 화이어화인더 레이더(Firefinder Radar) 시스템들 속에 빠져들게 해 놓았다. 그들은 또한 "잘 훈련된 사람들, 정교한 장비와 첨단의 정책들이 미군을 강력한 전투부대로 만든다."[29]는 것을 깨닫고 있다. 이러한 정교한 시스템들과 사명의 중요성은 국가의 자유를 방위하기 위한 '계속적인 준비태세'로 여전히 남아 있으므로, 육군은 전투병을 훈련시키고 교육시키며 그들이 군 밖에 나가서 출세할 수 있도록 장려하는 데 소비되는 모든 비용들은 정당화될 수 있다. 교육프로그램들은 군의 가장 큰 장점의 하나이며, 그들은 사서들의 계속적인 지원을 필요로 한다.

---

to the Stars and Stripes for participants in the 7th ATC Headstart/ Gateway Orientation Program, Army Continuing Education System, August 1987, p.50.

28) Department of the Army, *Army: Force of the Future* (Washington: U.S. Government Printing Office, February 1986), p.10.

29) Ibid., p.8.

2.2 공군에서의 교육

최근에 고도의 기술적 배치를 위해 새로운 신병들을 훈련시키는 공군의 능력에 대해 질문을 던졌을 때, 공군 신병은 "선생님, 공군의 모든 현장이 하이테크 입니다."라고 대답하였다. 그 대답은 공군에서 훈련과 교육을 제공하는 데 종사하는 사람들이 다년간 그렇게 높은 질을 유지시키기 위해 애써야만 하는 이유를 가리킨다. 공군은 비기술적 자리가 있다 하더라도 매우 소수이다. 모든 공군 신병들은 다른 상대 부서보다 입학성적이 더 높아야 한다. 신병 모집자는 고등학교를 졸업한 사람만 참가하고 고등학교 상당의 자격을 갖은 사람들은 신청하지말 것을 권고했다고 한다. 이러한 결정은 최근 전체 군에 의해 인정받았다. 다음은 공군의 교육프로그램에 관한 기술이다.

2.2.1 공군대학교

알라바마 몽고메리에 있는 맥스웰 공군기지는 1946년 개교한 이래로 공군대학교의 본거지이다.

공군대학교는 미 공군 장교들을 위한 통합된 전문교육프로그램을 제공한다. 이 프로그램은 공군을 통해 보다 중요한 직위와 참모직을 진보적으로 맡을 수 있도록 하기 위해 필요한 지식과 기술을 장교들에게 갖추어 주기 위해 계획되었다.[30]

---

30) George J. Stansfield, "Libraries of Military Educational Institutions in the United *States*", *Special Libraries* 51 (March 1960): 110.

공군대학 시스템 안에는 공군대학도서관뿐만 아니라 다양한 교육
공급기관(Air Wary College, Air Command and Staff College, Air
Force Institute of Technology, Civil Air Patrol, Extension Course
Institute, Center for Professional Development)이 존재한다.

2.2.2 공군기술연구소(Air Force Institute of Technology)

항공 기술 훈련은 군대에서 오랜 역사를 갖고 있다. 육군항공대전술
학교(Army Air Corps Tactical School)가 제1차세계대전 이후 곧 바
로 버지니아주 랭글리 필드에 설립되었다. 공군기술연구소는 1919년
오하이오주 데이튼시 근처 맥쿡필드에서 시작되었다. 육군항공대기계
공학학교(Air Corps Engineering School)는 개칭되어 1927년에 라이트
필드 근처로 옮겨졌다. 이 학교는 제2차세계대전 동안에는 운영되지
않았지만 전쟁 후에 다시 설립되었는데, 그 당시 "육군 항공대 일부
장교들이 학식이 부족하고 충분한 기술적 능력을 갖추고 있지 못했
다."[31]는 것은 사실이었다. 그 학교는 확장되어 1947년에 다시 공군기
술연구소로 개칭되었고, 1950년에는 공군대학의 통제하에 놓여졌다.
이 연구소는 1964년에 방위무기시스템 운영학교(Defence Weapons
System Management School) 사업을 떠맡았다. 여기에서 장교들과
민간인들이 고도의 기술적인 무기 시스템 관리에 관한 기술들을 습득
할 수 있었다. 연구소의 다른 프로그램들은 항공공학, 시스템관리, 천
문학과 같은 중요한 고급 학위과정을 제공한다. 1965년에 공군은 1974
년쯤 "22,000명의 장교들이 과학, 공학 그리고 발전된 정교한 무기 시
스템을 개발하고, 조달하고, 지속시키고, 사용하기 위한 관리상의 특수

---

31) Shelburne and Groves, *Education in the Armed Forces*, p.74.

성에 관한 기술교육 강화를 요구하게 될 것이다."[32]라고 내다보고 있었다.

1964년부터 1979년까지 공군기술연구소(AFIT) 학위지원과정에 배정되었던 인원은 298명의 재학생들로부터 '공학, 물리학과 기술관리를 대단히 강조'한 바 있는 503명의 석사학위 과정과 37명의 박사학위 과정으로 확대되었다.[33]

2.2.3 사관학교후보생 훈련기회(Cadet Training Opportunities)

공군에서의 기초훈련은 텍사스주 랙크랜드 공군기지에서 실시한다. 6주간에 신병들은 공군과 일반적인 군대생활의 관례를 소개받는다. 기초훈련 후에 젊은 사관학교 후보생들은 6개의 기술훈련센터 중의 하나에서 훈련을 받거나 그들의 첫 번째 배정지에서의 현장 직무연수를 위해 보내진다. 최근의 한 팸플릿은 공군기술학교에서 가르치는 교육과정이 4주에서 52주까지 다양한 범주에서 1,000개가 넘는다고 소개한다. 공군은 "모든 공군 기술의 90% 이상이 민간에 상응하는 직업이 있다."[34]는 점을 주목시키고자 한다.

자격을 갖추고 입대한 공군 대원들은 장교후보생 훈련 지원을 권유받았다. 이 랙크랜드에서 주어진 12주의 교육과정을 공군은 '하나의 리더십 실험실'로 묘사하였다. 사관학교 후보생들은 그들을 공군장교들로 만들기 위해 준비가 필요한 리더십과 커뮤니케이션 기술을 습득한다.[35]

---

32) Ibid., p.76.

33) "AFIT Selection Board Set", Airman 22(August 1978): 8.

34) "Aim High: Your Future in the Air Force", brochure produced by the U.S. Air Force Recruiting Service, 1985, unpaged.

35) "Officer Training School in the United States Air Force", brochure produced by the U.S. Air Force Recruiting Service, 1981, unpaged.

2.2.4 공군대학공개강좌연구소(Air Force Extension Course Institute)

1950년에 공군대학의 일부로서 조직된 공군대학공개강좌연구소는 알라바마에 있는 군터 공군기지에 위치해 있다. 1961년쯤 등록자 수가 318,096명으로 성장했고 매년 150,000명이 졸업장을 받았다. 교육은 통신교육 과정을 통해서 이루어졌고, 모든 병사들과 장교들이 자유롭게 이용할 수 있었다. 그 교육과정은 입대원들의 장교후보자 교육과정, 지휘자 관리과정 그리고 병사들과 장교들 양쪽 모두 이용할 수 있는 공군의 전문영역을 책임지는 400개 이상의 과정을 포함한다. 추가적으로 공군은 대령급 장교들을 위한 교육과정도 제공하였다. 또한 공군대학교의 공군전투대학(Air War College)은 선임 장교들이 연구논문을 완성할 수 있도록 돕는 고도의 군사문제들을 취급하는 과정을 제공하였다. 공군대학공개강좌연구소가 제공하는 과정에 등록한 공군대원들은 연간 약 250,000명 정도로 추산되었다.[36]

2.2.5 근무시간 외 교육(Off-Duty Education)

공군 대원들은 1942년 12월에 시작된 미군교육기관(USAFI)과정에 들어갈 수 있었다. 추가적으로 많은 젊은 공군병사들은 공군의 지역대학이 제공하는 교육과정을 이용하였다. 이 제도는 "하나의 전 세계적인 대학으로 6개의 주요 공군기술훈련 센터들과 수백 개의 대학과 대학교들로 구성되었다.…… 프로그램들은 5개의 주요 학문 영역에서 제공되었는데, 모두 준학사 학위로 이끄는 것이었다."[37]

---

36) Haorld F. Clark, *Classrooms in the Military*(New York: Columbia Unifersity, 1964), pp.75-76, and Robert Rafferty, *Careers in the Military*(New York: Elsevier/Nelson Books, 1980), p.95.
37) "Community College of the Air Force", brochure produced by the U.S.

제공된 교육과정은 항공기 및 미사일 정비, 전자공학과 텔리커뮤니케
이션, 경영과 논리학, 보건의료학 그리고 사회봉사와 지원 서비스 등
이다. 이 프로그램들은 전적으로 학교 및 대학 남부연합(Southern
Association of Colleges and Schools)에 의해 공인된 것이었다. 공군지도
지원프로그램(Air Force Tuition Assistance Program)은 지도비용의
75%까지 지불될 수 있었다. 공군의 팸플릿은 또한 "공군에 입대한 모든
비행사의 95%가 이러한 교육 과정들에 참석한다."[38]고 명시하고 있다.

2.3 해군과 해병대 내에서의 교육

해군에서의 교육프로그램들은 길고 독특한 역사를 지니고 있다. 오늘
날의 해군과 해병대 교육프로그램들은 해군교육훈련(Naval Educational
and Training) 담당 지휘관에 의해 감독된다. 해군과 해병대 소속 대원들
은 후원 교육과정인 비전통적 교육지원을 위한 방위활동(DANTES)과 종합
교육개발을 포함하여 위에서 언급한 많은 프로그램에 참가할 자격이 있다.

2.3.1 해군 프로그램들

◑ 병사훈련

해군 신병들은 그들이 해군생활에 대해 배워야 할 기초훈련을 8주
간 받는데, 윤리적 지침과 공민권으로부터 배 위에서의 위험 통제에
이르기까지 여러 주제들에 대해서 물리적 훈련과 교육을 받는다. 그들
은 또한 시민생활로부터 군대생활로 바뀌어 가는 것을 배운다.

그다음 해군의 많은 기술학교들 중 한곳에서 도제식 교육을 받거나

Air Force Recruiting Command, July 1, 1986, p.3.
38) Ibid.

기술학교 훈련을 받는다. 최근의 한 팸플릿에는 해군은 백 개 이상의 기초기술학교 또는 고급기술학교를 갖고 있다고 기술되어 있다. 고등학교 졸업장이나 동등 자격을 갖고 있는 사람들에 대해 해군은 "세 가지 중요한 기술영역: 핵 분야, 고도화된 전자 분야, 고급기술 분야"에서 훈련을 시키고 있다.[39] 다른 군 분야에서처럼, 해군 대원들은 이들 과정 중 일부에서 대학자격을 취득할 수 있다. 대단히 많은 훈련이 근무지 내 현장 훈련으로 선상에서 이루어지며, 통신교육과정과 정규 근무시간 동안의 업무 예정표에 따라 실시되기도 한다. 이러한 많은 과정들이 대단히 성공적인 것은 학생들에 대한 동기부여가 높고, 그 과정에서의 성공이 일부 근무시간 외에 행해지는 교육과정과 다르게 직접적으로 승진이나 발전의 기회와 상호관계가 있기 때문이다. 대부분의 통신교육과정은 뉴욕, 스코티아에 있는 해군통신교육과정센터(Navy Correspondence Course Center)의 관리하에 있다.

◐ 해군캠퍼스

이 특별한 프로그램은 해군대원들이 어디에 있든, 곧 바다에 있을 때조차도 유효 학점을 잃지 않고 그들의 교육을 계속할 수 있게 한다. 최근의 한 해군 팸플릿은 "해군의 우선적인 목표는 입대한 모든 병사들에게 복무기간 중에 준학사 학위를 획득할 수 있는 기회를 제공하는 것"이라고 기술하고 있다.[40] 400여 개의 민간대학과 대학교들을 포함한 제휴학교의 대부분은 거주요건에 제한을 두지 않았다. 해군 교육전문가들은 시험서비스(testing service)에 관한 상담, 재정지원 프

---

39) "The Adventure", brochure produced by the Navy Recruiting Command, 1986, p.9.

40) "Education Opportunities, Navy", brochure produced by the Navy Recruiting Command, July 1, 1986, p.3.

로그램들에 대한 정보, 이용할 수 있는 교육과정들을 제공한다. 팸플릿 속에 한 병사가 "나의 전문가가 나에게 제안한 커리큘럼은 매우 유용하였다. 여러분은 당신 자신에게 적절치 않은 어떤 과정을 가려내는 데 전혀 시간을 낭비하지 않아도 된다."[41]고 언급하고 있다. 그 프로그램은 근무 중에 선택할 수 있는 일부 해군교육과정의 대학자격인가를 포함하여 병사들의 교육프로그램에 관한 모든 다양한 측면들을 잘 정리해 놓았다. 육군과 공군의 교육센터에서 시행된 것과 같은 많은 동일한 방식의 서비스들이 해군 캠퍼스 서비스에도 들어 있다.

2.3.2 대학교육을 위한 해상 프로그램
(Program Afloat for College Education: PACE)

이 해상 캠퍼스는 몇몇 대학교와 대학으로부터 교수들이 실제 함대에 승선하여 하나의 교실환경에서 교육과정을 강의하는 것이었다. 만약 선상에 교육자가 없을 경우에는 학생들의 학습 지침과 제시되어 있는 과제에 따랐다. 항공모함에 탑승한 해군 대원들이 이들 과정의 가장 중요한 이용자들이었지만, 대학교육을 위한 해상프로그램 과정은 각 반에 10명의 대원들이 등록할 수 있었으며, 어떤 배에서도 이용할 수 있는 것이었다. 이 프로그램에 계약한 대학들은 태평양함대(Pacific Fleet)와 같이 어떤 정해진 사령부에 500강좌 정도를 제공하였다.

2.3.3 해병대에서의 교육과 훈련

해병대에서의 훈련은 미 해군의 지휘 아래에 있다. 해군과 달리 해병대는 개별적 전투를 하는 훈련부대에 소속된다는 점이 다르다. 해병

---

41) Ibid., p.8.

들을 위한 신병훈련소는 이러한 유형의 군대생활에 필요한 정신교육
및 교화뿐만 아니라 기초체력훈련을 실시한다. 그러한 훈련의 혹독함
에 대한 기술은 많이 있었지만, 그 도전은 젊은 신병들에게 거의 잊을
수 없는 경험을 갖게 한다. 병사들의 기본 훈련은 사우스캐롤라이나의
패리스 섬이나 캘리포니아에 있는 샌디에고에서 실시된다. 해병대 비
행사를 제외한 모든 해병 장교들은 버지니아 쿠안티크에 있는 해병대
교육센터(Marine Corps Education Center)에 있는 초급해병대학교(Basic
marine Corps School)에 다닌다.

기본 훈련 후에 새로운 해병대 병사들은 500개 이상의 교육과정이
있는 해병대 군사직업전문(Marine Corps Military Occupational Specialty)
프로그램을 통한 특수훈련을 위해 보내진다. 오늘날의 해병은 항공교
통관제, 신호(암호)정보, 논리학, 전자공학(데이터시스템) 등을 포함한
36개의 직업 분야 중에서 어떤 것이든 통달할 수 있도록 선택할 수 있
다. 그들은 배를 타거나 헬리콥터를 타거나 또는 보병부대에 속해 있을
수도 있다.

해병들은 또한 기초기술교육프로그램(Basic Skills Education Program:
BSEP)에 참가할 자격이 있었는데, 그것은 그들이 근무시간 동안 읽
기, 수학, 국어 훈련을 받기 때문이다.

2.3.4 해병대의 자원교육프로그램
(Marine Corps Voluntary Education Program)

이 프로그램은 고등학교 졸업 또는 대학원 학위과정을 이끌어낼 수
있는 교육과정을 제공하는 것으로 거의 300개의 대학협동과정에 속해
있다.

2.3.5 근무시간 외 교육

다른 병역 종사자들과 같이 해병들은 비전통적인 교육지원을 위한
방위활동(DANTES), 대학자격 검정시험프로그램(CLEP) 테스트와 준
비, 종합교육개발과정, 고등학교 동등자격과정 등을 통한 교육과정에
참여함으로써 그들의 교육을 계속할 수 있게 한다.[42]

2.4 현역군인의 교육기회를 제공하는 대학
(Servicemen's Opportunity Colleges: SOC)

현역군인의 교육기회를 제공하는 대학(SOC) 프로그램[43]은 모든
병역 분과의 현역 부대원들이 대학교육을 추구할 수 있도록 거주요건
의 유연성과 전속정책을 받아들인 360개 이상의 대학과 대학교를 하
나의 네트워크로 하여 구성되었다. 이 프로그램 사령부는 워싱턴 D.C.
에 있는 미국 주립대학 및 대학교 협회(American Association of State
Colleges and University)에 있다.[44]

2.5 사관학교와 예비역장교훈련단(ROTC)

이러한 파노라마식 교육프로그램에 있어서, 병무학교와 ROTC가 잊
혀질 수는 없다. 사관학교에는 다음이 포함된다: 뉴욕에 미 웨스트포

---

42) "Marines Education Opportunities", brochure produced by Headquarters,
   Marine Corps, n. d., unpaged.
43) http://www.soc.aascu.org/socgen/WhatIs.html(역자 주: 이 사이트에서
   SOC에 관한 전체 내용을 참조할 수 있음)
44) Richard E. Peterson and Associates, Lifelong Learning in America(San
   Francisco: Jossey-Bass Publishers, 1979), p.37.

인트 육군사관학교(1802년 설립), 메릴랜드에 미 아나폴리스 해군사관학교(1845년 설립), 코네티컷에 뉴런던 연안경비대사관학교(1876년 설립), 버지니아에 미 쿠안티코 해병대학교(1920년 설립), 뉴욕에 미 킹스포인트 해군(Merchant Marine)사관학교(1942년 설립) 그리고 콜로라도에 미 콜로라도스프링스 공군사관학교(1954년 설립). 이러한 학교들에 대한 허가는 이전 사관학교 출신의 자식으로서 지위를 갖거나 ROTC훈련을 수료한 경우에 미 대통령 또는 부통령 또는 국회의원의 추천서에 의한다.

사관학교에서는 군부대의 엘리트 요원들이 부대 전통을 배우며, 가치 있는 우정을 쌓으며, 강력한 지도자가 되어가며 내일의 군 장교가 되기 위해 훈련받는다. 그들은 또한 군대의 훈련 관련 과목과 대학 학위과정에 기초한 사관학교 교과과정을 이수받는다.

ROTC훈련은 대학에 출석하고 그들의 정규대학 교과과정에 추가하여 군사교육 이수를 통해 장교가 되기를 원하는 젊은 남녀에게 실시된다. 학생들은 대학 4년 동안, 리더십과 관리자과정들을 포함하여 유효한 군사훈련을 받아야 한다. 4년간의 ROTC훈련 후에 졸업하면 장교로서 임관된다.

군대는 교육을 제공하는 세상에서 가장 크고 복잡한 시스템의 하나로 종사한다. 문제는 때때로 대단히 비일상적인 업무일정과 빈번한 학생들의 이동성, 공부를 위한 조용한 장소의 부족, 거주요건 충족의 어려움, 프로그램의 질적 유지문제 그리고 필요한 자원들로부터의 거리 등에 있다. 이러한 문제들 중에 일부는 특별히 패키지화된 통신교육과정과 컴퓨터 지원 프로그램들로 그리고 민간 대학과 대학교를 통한 협력적 사업을 통하여 뛰어나게 위기를 극복해 왔다.

이 프로그램들이 납세자의 돈을 효율적으로 쓰게 하고 있는지에 대

한 프로그램 효과의 평가가 빈번하게 있었다. 최근에는 민간 인력시장
으로의 군사기능 훈련의 이동 가능성에 관한 신문기사와 텔레비전 프
로그램이 있었다. 당시 *Wall Street Journal* 기사는 이러한 훈련은 '민
간의 성공으로 이를 길이 없다.'고 기술한 바 있다 1987년에 Stephen
L. Mangum과 David E. Ball은 그러한 훈련이 사실상 민간생활로 전
환될 수 있는지에 대한 연구 결과물을 발표하였다. 거기에서 그들은
그러한 훈련은, 민간인의 직업훈련과 '똑같다': 남성은 그들의 군사훈
련을 여성보다 좀 더 쉽게 옮길 수 있다; 그러나 군사훈련은 민간의
직업훈련이 지역의 상업적 비즈니스로서 갖게 되는 고정적인 '연계'를
갖지 않는다고 결론지었다. 그들은 민간의 인력 시장에 들어간 군부대
직원들이 그들의 군사훈련의 대부분을 민간에서 이용할 수 있도록 상
호 연계를 강화시키는 방법들의 탐구를 건의하였다.45)

2.6 군대에서의 문맹퇴치(Literacy Efforts)

우리가 군이 제공한 현행 교육프로그램들의 기술 내용과 그러한 프
로그램들의 일부 과거 역사에서 본 것처럼 군대는 군의 모든 대원들
을 위해 확고하게 교육기회를 만들어 내는 데 헌신적이었다. 그러나
1973년부터의 완전 모병제(All‒Volunteer Force)의 실시는 군대에서
복무하는 사람들의 교육수준 상황을 여러 면에서 변화시켰다. 그 서비
스들은 이미 전투 부대의 일부였던 사람들의 교육수준을 향상시키기

---

45) "Rude Awakening: Many Veterans Find Military No Road to Civilian
Success", *Wall Street Journal*, 9 October 1985, Eastern edition, and
Stephen L. Mangum and David E. Bell, "Military Skill Training: Some
Evidence of Transferability", *Armed Forces and society* 13,3(Spring
1987): 438‒39.

위해 교정훈련 프로그램을 반복적으로 제공하였는데, 종합교육개발 같은 프로그램들도 이미 육군과 다른 군에서도 실시되었다. 그러나 특별히 육군과 해군은 그들 부대원과 해병들의 문자해득 수준을 높이기 위하여 문자해득 교육과 성인 기초교육에 착수하였다.

군의 문자해득 프로그램의 연구와 발전에 기여한 두 명의 지도자는 Thomas M. Duffy와 Thomas G. Sticht였다. 이러한 주제에 관한 논의는 그들 연구의 초점이었다. 이 장에서의 자료는 '군대에서의 문자해득 교육(Literacy Instruction in the Armed Forces)'이라고 제목 붙여진 Duffy의 1985년 논문에 부분적으로 기초한 것이다. 카네기-멜론 대학교의 학부 교수인 Duffy는 군대에서의 문자해득교육(리터러시교육)은 "교육 기회로부터 훈련 요구로까지 서서히 발전되어 왔다."[46]고 말하였다. 또한 Duffy는, 전 국민의 평균적인 독서 수준인 9.6과 비교할 때 모든 군에 입대한 신병의 읽기 등급의 중앙값은 9.5이고, "약 40%가 9등급 이하 수준이며, 6%는 7등급 이하 수준이다."[47]라고 확언하였다. 따라서 군이 실제적으로 문자해득교육(리터러시교육) 프로그램의 계획, 실행, 평가에 열중해야만 되었던 것은 놀랄 일이 아니었다.

8주간의 기본 훈련 후에 신병들은 일종의 기술훈련에 들어간다. 다양한 서비스들이 9,000개 이상의 기술교육과정으로 제공되며, 그들은 모두 어느 정도 직장 내 훈련과 실제 체험(현장학습)에 의존하지만, 모든 교육과정에서 읽고 이해할 수 있도록 매뉴얼, 설명서, 편람 등이 준비되어 있다. 기술훈련 과정에서 대부분의 학생들은 그들의 훈련과정을 위해 하루 평균 2시간을 독서로 보낸다.[48] Thomas Sticht와 그

---

46) Thomas Duffy, "Literacy Instruction in the Armed Forces", Mimeographed abstract.

47) Thomas M. Duffy, "Literacy Instruction in the Armed Forces", *Armed Forces and society* 13.3(Spring 1985) : 438.

의 동료들은, '해군에서의 독서의 역할(*The Role of Reading in the Navy*)'라는 보고서에서 "이 독서량은 대부분의 민간 고용자들이 그들의 업무를 위해 독서로 보내는 시간량의 2배에 달한다는 사실을 발견하였다"고 하였다.[49) 기술문헌들은 배, 비행기, 탱크의 수리, 유지 보수, 운영에 필수적이므로 이러한 업무를 성공적으로 완수하기 위해서는 독해력과 어휘공부가 따라가게 된다.

군은 먼저 1918년에 문자해득 능력에 문제가 있다는 것을 깨달았는데, 그때 육군은 첫 번째 시험검정 프로그램을 시작하였다. 1918년에 테스트를 받기 위해 선별된 군인들 중에 30%가 서식을 완성하기에 충분한 정도의 문자를 잘 읽지 못했다.[50) 초기의 문맹탈피운동(Literacy Effort)은 오로지 신병 수준에서 계획된 것이었고, 9등급과 10등급 수준에서 만들어진 고급 기술 매뉴얼이었지만, 최소한의 문자해득 수준에 그친 제한된 범위 내의 것이었다.

1970년대 이후에야 독서와 쓰기훈련은 독서의 본질에 대한 변화하는 가설에 기초하여 바뀌기 시작했다. 독서는 독자가 독서로부터 이해를 얻는 방편으로 그 문장 속에 내포되어 있는 의미 있는 단어들에 대한 실마리를 찾아내는 독자의 하나의 행위로서 보다 잘 설명될 수 있다.

---

48) S. Sander and Thomas Duffy, *Reading Skills, Reading Requirements, Learning Strategies, and Performance in Navy Technical Schools*, NPRDC TR 82-55, (San Die해: Navy Personnel Research and Development Center, August 1982), quoted in Duffy, "Literacy Instruction".

49) Thomas G. Sticht, *The Role of Reading in the Navy*, NPRDC TR-77(San die해: Navy Personnel Research and Development Center, September 1977a).

50) Ibid., p.440.

독서의 목적은 탐구를 통해 좀 더 나은 이해를 하기 위한 시작이다. Thomas Sticht는 1975년에 무엇인가를 하기 위한 독서와 배우기 위한 독서의 차이를 구분해 놓았다. 무엇인가를 하기 위한 독서에 있어서 독자는 직무상 업무수행을 돕는 자료 중에서 필요한 단서를 빠르게 찾고자 하는 것이다. 배우기 위한 독서에 있어서는 독자가 사실(fact)들을 조직하고 앞으로의 이용을 위해 축적해 놓아야 한다.[51] 독해력은 독자가 현재의 텍스트의 이해를 돕기 위해 과거의 지식을 이용하는 것에 따른 하나의 복잡한 해독과정으로 살펴볼 수 있다.

E. D. Hirsch, Jr.는 그의 최근의 베스트셀러 '문화적 리터러시(*Cultural Literacy*)'에서 의미의 이해에 대한 공유된 지식의 중요성에 대해 썼다. 그는 '폭넓은 배경 정보의 부족'은 오늘날 사업상으로 부딪히게 되는 많은 몰이해의 원인으로 기업 쪽에서 발견되고 있다고도 언급하였다.[52] Hirsch가 말하는 이러한 사태의 결과는 학교에서의 '교양과 문화활용 능력'을 가르치는 데 있어서의 어떤 불균형으로부터 초래되었다는 것이다. 그는 교육에 있어서 독특한 활동계획을 요구하였는데, 하나의 교과과정은 폭넓은 지식 영역의 확장된 정보를 나누어 주는 것에 기초해야 한다는 것이었다. 그러한 정보는 학생들이 읽는 것의 문맥을 이해할 수 있도록 도울 것이고 그들의 독서능력을 향상시킬 것이다. 그의 책은 "What Literate Americans Know"의 한 리스트를 포함하고 있다. Hirsch가 쓴 책은 아마 80년대에 가장 시사하는 바가 많은 책들 중의 하나일 것이다.

---

51) Thomas G. Sticht, *Literacy and Human Development at Work: Investing in the Education of Adults to Improve the Educability of Children*, HumPRO-PP-2-83, (Alexandria VA: Human Resources Research Organization, February, 1983), p.21.

52) E. D. Hirsch, Jr., *Cultural Literacy*(Boston: Houghton Mifflin Co., 1987), p.8.

2.6.1 기능적 리터러시 훈련
(Functional Literacy Training; FLIT)

교육 상담역이며 독서 기술 연구자인 Thomas Sticht는 리터러시와 직업기술훈련 영역에 있어서 군에 대한 폭넓은 연구를 수행하였는데, 그의 동료들과 같이 육군의 기능적 리터러시 훈련(Functional Literacy Training) 커리큘럼을 개발하였다. 그 과정을 위한 자료들은 48시간 동안 현역들이 자신의 업무에 관한 독서 요구에 대해 Sticht가 행한 인터뷰에 기초한 것이다. 단계적으로 실행해야 할 독서에는 절차적인 정보와 해설문뿐만 아니라 내용목차, 색인, 도표, 서식의 예들이 포함된다. 이러한 모든 것들은 단지 직무와 관련된 독서 자료들에 기초한 것이다. 군인들이 사전테스트를 통과한 경우에는 이 과정을 이수할 필요가 없었다. 단계적으로 배워야 할 독서는 군인들의 다음 근무지에서 필요로 하는 기본 지식들을 확립시키기 위해 개발되었다.

군인-학생들은 또한 주제관련 사항을 좀 더 잘 이해할 수 있기 위해 그래픽 또는 산문과 같은 대표적 자료들을 선택적으로 이용하는 방법을 배웠다. 또한 주 방위군과 공군은 'FLIT'모델을 기초로 하여 유사한 교육과정을 개발하였다.

1977년 감사원(GAO)은 군에서의 리터러시 프로그램을 재검토하고 그 프로그램들이 직업과 관련성을 가질 수 있도록 하라고 권고하였다. 각 군의 모든 부처에서는 감사원의 지시에 따르기 위한 변화가 일어났다. 해군은 이제 3개의 해군 신병훈련소에서 쓰고 있는 하나의 커리큘럼을 개발하였다. 육군은 기초기술교육프로그램(BSEP) Ⅰ과 Ⅱ과정을 만들어 냄으로써 감사원의 권고에 응하였다. 직업관련 교육에 기초한 것으로 생각되는데 감사원은 1983년에 기초기술교육프로그램과정들을 재검토하였고 육군에도 다음과 같이 권고하였다.

1. 그 프로그램이 수정될 때까지 군부대 시설에서의 모든 기초기술 교육에 대한 계약 갱신을 연기하라.
2. 실행이 가능한 곳이라면, 기초기술 교육은 단지 근무시간 외의 시간에만 제공하라.
3. 개개의 군대 직무수행을 위해 요구되는 특정의 기초기술을 분명하게 정의하라.
4. 주어진 예상시간과 자원제한, 기대되는 독서와 미래의 육군 신병들의 수학능력으로 희망하는 기술이 도달 가능한 것인지를 결정하라.[53]

그러한 문제 사항에 대한 많은 결정 후에, 육군은 기초기술 교육프로그램과정을 모니터하는 것에 동의하였다. 그러나 실제 커리큘럼의 변화는 개발 중에 천천히 이루어졌다.

Duffy는 1980년쯤, 군의 각 부처에 21만 명의 대원들이 독서지향 기초기술 프로그램을 받고 있었고, 그것을 위해 납세자들은 7,000만 달러 이상의 대가를 치렀다고 우리에게 말하였다.[54] 리터러시 훈련을 위한 더 많은 돈이 입수되었고, 육군은 그들의 기초기술 프로그램들의 교육자와 관리자들을 하나의 네트워크로 서비스하기 위한 기초기술자원센터(Basic Skills Resource Center)를 개발해 내었다. 기초기술자원센터는 그 과정들을 지원하는 데 있어 자료의 배포처일 뿐만 아니라 그 프로그램들을 위한 하나의 커뮤니케이션센터, 자문센터 그리고 평가센터로서 활동하기 위하여 설립되었다.

---

53) United States General Accounting Office, *Poor Design and Management Hamper Army's Basic Skill Education Program* GAO/FPCD-83-19(Washington, GAO, June 1983), pp.22-23.
54) Duffy, (1985), "Literacy Instruction", p.450.

2.6.2 직무지향 기초기술프로그램
(Job Oriented Basic Skills Program: JOBS)

해군은 고도의 기술영역에서 기초기술 훈련을 위한 FLIT모델의 성공에 기초한 직무지향 기초기술프로그램(JOBS)을 개발하였다. 교육과정들은 고도의 기술적 위치를 감당할 수 없는 대원들이나 낮은 적성을 갖고 있는 대원들을 위한 분야를 주요 내용으로 해서 개발되었다. 1983년에 해군이 수행한 한 연구에서 직무지향 기초기술프로그램 훈련을 받은 학생들 중에 79%가 그들의 기술훈련 과정을 졸업하였다고 밝힌 바 있다.

2.6.3 직무기술 교육훈련프로그램
(Jobs Skills Education Program: JSEP)

이것은 육군에 있어서의 기초기술 교육프로그램 I과 II의 현재 통용되는 형태이다. 마이크로컴퓨터들은 PLATO와 이미 쓰이고 있는 다른 컴퓨터 프로그램들을 통하여 원격지에 교육 패키지의 50%를 배달하는 것을 돕는 데 이용되고 있다.

2.6.4 컴퓨터 기반 리터러시 운동

이 장의 초기에 육군 교육센터에서 컴퓨터지원 교육방법들이 이용되었다고 기술한 바 있다. 컴퓨터들은 또한 군대에서 리터러시 훈련에 비중 있게 이용되고 있다. 이렇게 된 데에는 많은 이유가 있지만 우선적으로 두 가지 혜택이 존재하기 때문이다. 컴퓨터는 학생들 자신의 학습 속도에 맞추어 이용할 수 있고, 교육을 필요로 하는 사람이 단지 소수이고 원격지라도 자료들과 교육 지도가 전달될 수 있다.

가장 높은 동기부여 요소를 갖고 있는 군의 리터러시 컴퓨터 프로
그램이 'STARS'인데, 하나의 컴퓨터/레이저 상호 작용 디스크 프로그
램으로 육군에서 개발되었다. 그 프로그램 안에서 군인학생들은 어떤
지정 공간의 팀에 한 승선멤버가 된다. 레이저 디스크로 된 기본 프로
그램은 학생들의 독해능력을 테스트한다. 만약 학생이 게임/프로그램
이 요구하는 어떤 임무에 실패하게 되면, 학생은 그 배의 선장의 교육
하에 마이크로컴퓨터에서 적절한 기초능력 교육 모듈을 이용하도록
지시받는다. 이러한 동기유발적 프로그램은 교육자를 활용할 수 없을
때 이용될 수 있다.55)

2.6.5 육군의 휴대용 가정교사

군대의 많은 영역에서 복잡한 전문용어를 이해하거나 배우기 위해
전문가가 필요하였다. 육군에 의해 요구된 어휘 구축 시스템은 일터에
있는 동안, 병영에서 그리고 고립된 지역에 있는 동안 학생들이 그것
을 이용할 수 있도록 휴대가 가능하고 작고 쓸모 있게 설계될 필요가
있었다. 그 해법은 배터리로 작동될 수 있고 서류가방에 넣을 수 있는
하나의 마이크로컴퓨터 개인지도 시스템이었다. 1983년과 1984년에 조
지아 포트 스튜와트에서 시험된 프로그램은 학생들에게 단어능력테스
트, 단어의 구어번역과 단어의 정의들을 제공하였다. 그 프로그램의
두 번째 부분에서는 학생들이 필수장비 부분들에 이름을 붙여주도록
유도하였다. 그 프로그램의 마지막 부분에서 학생들은 적당한 정의를
적절한 단어에 꼭 들어맞게 해야 하는 것이었다.56)

---

55) Ibid., pp.454-455.
56) Ibid., pp.454-456.

2.6.6 동기부여 게임 구성

해군은 학생들에게 동기를 부여하고 정확성과 속도향상을 돕는 경마, 스키점프와 같은 게임 구성을 기초로 한 독서학습프로그램을 고안하였다.

80년대 중반에 해군 인사연구개발센터(Navy Personnel Research and Development Center: NPRD)는 영어능력 컴퓨터지원 교육프로그램(LaSCAI)을 만들었다. 마이크로컴퓨터를 이용하여 학생은 어휘력 모듈과 이해력 모듈을 통하여 언어능력을 기를 수 있다. '게임을 하기 위한 종자돈(play money)'이 동기부여용 '후크(hook)'로서 이용되었다. 어휘 모듈에서 학생들은 각각 정확하게 철자된 어휘 단어에 대해 교사로부터 35달러를 받는다. 부정확하게 철자된 단어에 대해 각각 2달러가 공제된다. 정의 내리기 연습에서 학생들은 화면 위에 방금 나타난 정의를 복원하기 위해 애써야 한다. 개개의 실수에 대해 6달러가 공제된다. 전체 계산에서 21달러 이하를 갖고 있는 학생들에 대해서는 재시험과 특별한 복습이 실시된다. 이해력 모듈에서는 학생들에게 1백 달러가 주어지는데 그 돈은 문장 구축 시 오류가 생길 때마다 차감된다.[57]

영어능력 컴퓨터지원 교육프로그램은 1984년과 1985년에 '문헌정보학국가위원회'에 의해 시작된 하나의 프로젝트를 통하여 한 시골과 한 도시의 2개의 공공도서관에 시연됨으로써 민간 환경에 성공적으로 이전되었다. 이 프로젝트는 군의 연구가 민간으로 이전된 한 사례이다.

결론적으로, 요점은 현행 이론들이 군대에서의 리터러시 훈련에 좀더 명확하게 이용될 수 있도록 만들어져야 한다는 것이다. 정부 전체의 많은 기관들이 조사와 개발에 참여하였고 문맹자 해결을 위한 연구

---

57) Thomas Duffy, "The Language Skills Computer Assisted Instruction Packet", mimeographed(San Diego: Navy Personnel Research and Development Center, 1983), pp.9-10.

에 수백만 달러가 지출되었다. 현재의 생각으로는 리터러시와 기술훈련은 통합되는 것이 더 효과적일 것이라고 본다. 이러한 개념은 바로 이해될 수 있을 것이다. 이전에는 기술 분야에 들어가기 위하여 그 분야의 꽤 높은 수준의 읽고 쓰기 능력을 갖추어야만 한다고 생각했었다. 지금의 조사는 읽고 쓰는 교육과 기술훈련을 통합함으로써, 수학과 언어에서 한계능력에 달한 학생들이 오히려 기술과목에 숙달될 수 있도록 배울 수 있다는 것을 보여주고 있다. Thomas Sticht는 이러한 개념을 '기능적 상황법(functional context method)'이라고 불렀다. Sticht는 이 방법은 "배우는 것은 항상 의미 있는 것이어야 한다."는 가정에 기초한 것이라고 말하였다. 그는 덧붙여 "이것은 학생은 무엇에 대해 배우는지에 대한 이해와 왜 배우고 있는지 그리고 그것이 어떻게 어떤 환경하에서 이용될 수 있을 것인지에 대한 인식을 가지고 학습경험 속으로 들어갈 수 있어야 한다는 것을 의미한다."고 말하였다.[58]

Thomas Duffy는 군대에서의 리터러시 훈련은 여전히 주변적인 소수 병사들을 위한 주로 단기간의 교육으로 생각되고 있다는 점에 경고를 보냈다. 군대는 아직까지 많은 군인들이 직업으로서 그들의 기술적 지식뿐만 아니라 그들의 어휘와 이해능력을 계속적으로 갱신할 필요가 있다는 것을 깨닫지 못하고 있다. 군대가 통신교육과정과 컴퓨터교육과 같은 영역들을 개척하였고, 군인들 속에 평생학습을 촉진시키기는 했지만, 아직까지 문자해득교육(리터러시교육)은 단기간에 위탁될 수 없고 개개의 새로운 기술훈련과 동반해야만 한다는 것을 분명하게 이해하지 못하고 있다. 이것은 리더십 부재에 있다.

---

58) Thomas Sticht, "Integrating Literacy and Technical Training", p.8. Also Sticht, *Literacy and Human Development*, pp.26-27.

Sticht는 기술적 리터러시에 대한 미래의 교육과정의 완성을 통하여, 고도의 기술업무를 수행할 재능을 사전에 갖지 못한 사람들과 효과적으로 이 사회의 인력 시장에 남을 수 없는 사람들은 자격을 얻을 수 있도록 해야 한다고 생각하였다. 원하는 것은 민간교육자들과 고용주들이 내일의 경제를 위하여 이 새로운 군대 내의 모든 잠재적 기술자들을 활용할 수 있어야 한다는 것이다.

3. 병영도서관의 군대 교육 지원현황

미군은 전 세계적으로 어디에 있든 간에 군대의 도서관을 군대 교육을 지원하기 위한 것으로 보고 있다. 그 지원현황은 다양한 전망하에 논의되고 있다. 병영사서들과 교육자들을 하나의 실무 팀으로 한 하나의 혁신적인 연구(1987년 1~5월)가 워싱톤주 군대교육자협회(Association of Military Educators of Washington State)에 의해 수행된 바 있다. 아래 목표들은 그 실무 팀의 연구를 위해 개발된 것이다.

- 대학교 학술프로그램들을 지원하기 위한 재정적 자원들의 조사
- 도서관 기금확보를 위한 방법개발
- 도서관 지원을 증가시키기 위한 필수항목 검토
- 도서관 시설공간을 확대할 수 있는 방안 조사
- 대학들과 군대 교육커뮤니티와의 계속적이고 항시 통용되는 커뮤니케이션 확보[59]

---

59) Association of Military Educators of Washington State, *Report of University Education Support for Libraries(USEFL) Action Team,*

이 중 단지 첫 번째 목표만이 완전하게 연구되었다. 실무 팀의 성과는 '도서관을 위한 대학교육지원에 관한 보고서(Report of University Education Support for Libraries(USEFL, 1987)'로 나타났으며 지금 검토되고 있다. 이 연구는 아직 불완전하지만 아래의 건의 내용들을 옮겨보았다.

- 교육서비스 장교는 대학프로그램을 지원하는 도서관에 대해 기금지원을 제공할 수 있도록 도와야 한다.
- 현재의 자원과 미래의 요구를 결정하기 위하여 필요한 수요평가가 수행되어야 한다.
- 도서관 지원에 대한 기금확보 방식 개발을 위한 제도 확장이 필요하다.
- 국가(또는 주) 기준이 없는 곳에서, "군대의 부대시설에 관한 제도들은 도서관 지원서비스의 골격을 만드는 것을 돕기 위해 대학 및 연구도서관협회의 캠퍼스 확장교육을 위한 도서관서비스 지침(*Guideline for Extended Campus Library Services*)"[60]을 검토하고 고려해야 한다.
- 개개의 부대시설에 대해 기금으로 운영되는 연락사서(liaison librarian)를 제도적으로 고려해야 한다.[61]

January–May 1987(McChord Air Force Base: Association of Military Educators of Washington States, 1987), p.2.

60) "Guidelines for Extended Campus Library Services", *College and Research Libraries News*, March 1982, pp.86–88.

61) "AMEWS Report", pp.2–4.

문제의 심각성은 제도적 지원(extension institution) 없이는 병영도
서관들이 북서부지역 학교연합회(Northwest Association of Schools
and Colleges)와 같은 지역 당국에 의해 요구되는 인가 기준들을 통과
할 수 없을지도 모른다는 것이다. 오프캠퍼스 프로그램들, 그 프로그
램들을 지원하는 도서관들은, 보통 개개의 이해 관계자가 다른 상대방
에게 제공할 것이 무엇인가에 관해 매우 명확한 양해각서를 작성하여
운영된다. 그러나 때때로 오프캠퍼스 제도에 의한 병영도서관 지원에
관한 이러한 각서들이 존재할 수 있겠지만, 그들이 '완전하게 용의주
도'하게 되어 있지 않을 수도 있다(또는 규칙에 따르지 않는). 도서관
을 위한 대학교육 지원에 관한 보고서(USEFL)는 위원회가 더 나아
가서 5개의 연구되지 않는 목표에 대해서도 검토할 것을 권고하였다.

육군 규정621-5는 중등과정 후의 프로그램을 제공하는 공공시설에
대해 다음과 같이 요구하였다.

> 공공시설들은 도서관장서와 다른 레퍼런스 그리고 교육수준에 맞추
> 어 필요한 학술조사 자료들을 제공하거나 정리해야 한다.…… (그리
> 고) 제공된 교육지원에 대한 타당한 기여를 보증하라: 즉 캠퍼스 내
> 교육(On-Campus)에 상응하는 수입부분만큼에 도서관 지원이 제공
> 될 수 있도록 하여야 할 것이다.62)

'제도적으로 제공되는 서비스와 교육(Services and instruction to be
provided by the institution)'이라는 제목하에 공군규정 213-1(1983)에
는 '도서관 레퍼런스 자원의 제도적 지원'63)이라는 문구가 나타난다.

---

62) Headquarters, Department of the Army, Army Regulation no. 621-5,
1986.
63) Headquarters, Department of the Air Force Regulation no. 213-1, 1983.

워싱턴 그룹의 경우에 있어서, 많은 대학들이 군대시설에서 캠퍼스 밖 교육과정을 갖고 있지만, 각 대학들이 병영도서관에 제공하는 지원 정도는 다르다. 한 학교의 경우, 도서관이 캠퍼스 밖 교육과정 학생들을 위하여 Lockheed와 DIALOG데이터베이스를 무료로 탐색할 수 있도록 요청했지만, 오히려 장비당 연간 2,000달러와 도서들에 대해 연간 2,500달러를 지불할 것을 요구하였다. 텍스트당 평균 25달러로 그것은 단지 연간 100권에 도서에 해당되는 것으로, 학생들에게 최신 자료를 공급하는 데는 충분하지 않다. 그 최초 학교에 의해 서명된 것보다 4년 일찍 양해각서에 서명한 또 다른 많은 작은 대학들은, 동일 도서관에 장비에 있어서 3,000달러, 도서에 대해 7,000달러 그리고 대학도서관 프로그램을 지원하는 한 명의 전문직 고용인의 봉사료를 추가하여 지불하도록 요청받았다.

버지니아 랭글리 공군기지는 오프캠퍼스 대학교들의 도서관 지원을 제공하는 측면에 있어서 순수하고 충실한 협력의 현장이었다. 1982년에 전일제 대학 사서가 랭글리의 사서장인 David Smith에 의해 고용되었다. 버지니아주 고등교육협의회(State Council of Higher Education for Virginia(SCHEV)에 의한 도움과 확실한 협상으로 랭글리에 있는 그 도서관은 랭글리, 포트유스티스 그리고 노폭에 있는 해군 암피비오스 기지를 위한 대학도서관으로 지명되었다. 최초 2년 내에, 대학사서는 장서에 접근하고, 교수들과 커뮤니케이션을 하며, 학생들을 위한 서지교육과 레퍼런스 서비스를 수행하는 프로그램을 만들었다. DIALOG 탐색은 학생들과 교수들을 위해 수행되었으며, 자료들은 공군과 더불어 OCLC를 경유하여 두 서비스가 제공하는 상호대차를 통하여 입수되었다. 대학사서가 의장을 맡은 도서관자문위원회(Faculty-Library Advisory Committee)가 의사소통 창구를 개설하였다. 고객들은 그 프

로그램에 대한 의견들을 제시했고, 그것은 '열광적인 비평'으로 받아들여졌다.[64]

우리는 육군 교육지휘관들, 군인들 그리고 사서들에 대해 1966년의 Margaret Montondo의 조사에서 본 것처럼, 병영사서들이 그들의 주둔지에서 가르치는 교육과정의 특정한 요구를 앞서 깨닫고 있을 때, 그 결과는 항상 훌륭한 서비스로 나타났다. 그러나 Montondo는 "다른 측면에서 사서는 계획들이 개발될 때 조언을 받지 못했고, 따라서 준비할 수 없었으므로 그 결과는 학생들이 필요한 자료들을 입수하기 위해 어떤 다른 수단들을 이용해야만 하였다."고 말하였다.[65]

해외의 군대에 대학 공개강좌 지원을 위해 도서관서비스를 제공하는 것에 특별한 문제가 발생하고 있지만, 그것은 모든 관계자들 간에 필요한 협력이 될 때 해결될 수 있을 것이다. 특별히 교육센터 장교들과 병영사서들이 협력할 때 도서관의 모든 자원들이 활용될 수 있다. 다양한 자료들의 광범위한 복제, 소장 자료의 종합목록, 개방적인 상호대차 혜택들은 학생들에게 확대될 수 있다. 1973년에 육군사서가 된 General Benade는 이러한 서비스를 제공하는 데 있어서의 문제점에 대해 이야기하였다:

> 우리가 25만 명의 장교들과 백만 명가량의 병사들이 보다 향상된 레퍼런스 센터에서 많은 혜택을 받도록 근무시간 외 교육에 열중하는 동안, 그들은 매우 다양한 과제들을 공부하게 되며, 더 나아가서 문제를 완화시킬 것이라는 것을 인식해야만 한다.[66]

---

64) "AMEWS Report", pp.33–34.

65) Montondo, "Support Given to the Army General Education development Program", p.8.

66) Benade, "People", p.11.

Benade는 '핵심 지역'에 위치한 중앙 집중형 레퍼런스 센터의 설립을 제안했다. 이것들은 유럽주둔 미군과 다른 주요 사령부들이 그들의 도서관을 자체 시스템의 하나로 인정하게 되었던 70년대 후반에 설립되었다. Benade는 시간이 중요한 요소라는 것을 인정했고 활용 가능한 소장 자료들로부터 자료 대출이 가능한 교육자들과 사서들 간에 긴밀한 협력을 권장하였다.

> 우리는 군부대 학생들의 이용을 위해 요청된 자료를 빌리거나, 임시 기지에 자료들을 비축해 놓기 위해 배열하는 일들, 즉 인근 지역 (공공)도서관들과의 협동 가능성을 간과할 수 없었다.[67]

그러나 문제의 핵심은 커뮤니케이션이라고 Benade는 말했다. 커뮤니케이션을 확보하기 위해 그는 개개의 부대시설에 속해 있는 교육관계자, 도서관직원, 인사참모로 구성된 하나의 '교육협의회'를 공식화할 것을 건의했다. 그러한 협의회는 하나의 전달 수단으로써 그로 인해 모든 기관들이 그들의 요구를 상호 간 전달하며 그들의 자원들을 공유할 수 있게 한다.

1987년 Harig의 조사결과들은 군사시설에 있는 교육자들과 사서들 간의 협력 수준을 강화할 필요가 있다고 지적한 바 있다. 조사에 응한 사서들 중 13%는, 그들은 결코 근무시간 외의 성인교육 학생들과 종합교육개발 후원 교육과정을 위한 오리엔테이션 시행을 요청받지 않았다고 말했다. 단지 자신의 주도로 성인들을 위한 오리엔테이션을 제공한 경우는 12%로 Montondo의 1966년의 조사에서의 26.4%와 비교되었다. 사서들의 80%는 교육센터와 약간의 접촉을 가졌지만, 사서들

---

67) Ibid., 13.

중에 16%는 전혀 접촉이 없었다.

오프캠퍼스 과정을 위한 도서관 지원 부문에서, 도서관 중에 단지 46.36%만이 주둔지에서 그들의 프로그램을 지원하는 단체들로부터 기금 또는 도서관 자료들을 받았다고 응답했다.

1966년의 조사에서는 해외에 있는 병영도서관의 88.4% 그리고 본국에 있는 병영도서관의 6.5%가 그러한 지원을 받았다고 보고했다. 본 국에서의 교육과정이 상대적으로 낮은 지원을 받은 것이 요인이 되었지만, 1966년의 육군도서관들은 전체 63.1%만이 군의 부대시설에 대해 주어진 교육과정의 후원 단체들로부터 일부 지원을 받았다. 어떤 분야에서는 협력이 늘어나고 있음에도 불구하고 1966년 이래로 16.74%의 지원이 감소한 채로 남아 있기도 하다. 데이터베이스와 레퍼런스 자료들과 같은 서비스들이 점차 늘어나고, 그 서비스 활용에는 엄청난 비용이 들게 됨으로써, 후원단체들로부터의 지원 부족은 점점 더 심각하게 되었다.

아마도 협력의 가장 손쉬운 방법은 교육자의 교수요목을 사서와 공유하는 것이다. 불행하게도 사서들 중에 53.70%가 그들의 부대시설에서 제공되는 교육과정에 관한 정보를 적시에 받을 수 없었다. 1987년의 이러한 수치는 1966년의 통계에 비해 29.1%증가하였다. 응답한 사서들 중 15.6%는 이렇게 상승하게 된 요인을 '향후 교육과정들에 대한 사전 고지'때문인 것으로 평가하였는데, 사전고지를 받음으로써 근무시간 외 교육과정의 성인 학생들에게 서비스를 제공하기 위한 사서들의 능력을 향상시킬 수 있었던 것이다.

위에서 언급한 분야에 추가하여 근무시간 외 교육과정, 확장 서비스를 제공하는 도서관들은 오프캠퍼스 도서관서비스(Off-Campus Library Service) 컨퍼런스에 대해 알고 있어야 했는데, 그것은 1982년 이래로 연례적으로 개최되어 왔다. 그들 컨퍼런스의 논문과 강의들은 회보로 중부 미시간대학교 출판부에 의해 매년 발행되었다. 이러한 회보들은 현저할 정도의 많은 연구량을 보여주고, 이 컨퍼런스 기간 중에 생기게 된 아이디어를 공유하게 한다. 병영사서들은 이 컨퍼런스에서 그들의 경험들, 집중해야 할 문제들과 그들의 요구를 나타내야 한다. 1986년의 컨퍼런스는 오프캠퍼스 도서관서비스를 위한 인가기준, 오프캠퍼스 교육과정 지원을 위한 장서 평가와 개발, 문헌 제공 그리고 프로그램 평가와 같은 영역들을 포함하고 있었다.[68]

병영사서들은 대학사서들이 어떻게 오프캠퍼스 도서관서비스를 지원하는 문제들을 해결하고 있는가에 대해 알기 위하여 학교사회를 주시해야 할 것이다. 특히 파견사서가 학생들의 도서관 요구에 봉사해야 하는 대학들에 있어서는 더욱 그러했다. 미국에서조차 민간학교에서 비전통적인 학생들을 위한 도서관 및 정보서비스들이 스스로 성장할 수 있는 교육 기회를 갖지 못했다. 사서들이 오늘날 군 대원들에 대해 서비스하기 위하여 제공된 교육 기회들을 유지시킨다면, 교육직 직원과의 진정한 협력은 착실히 발전할 수 있을 것이다.[69]

병영도서관들의 역할은 일부 변화를 겪고 있다. 1973년에 General Benade가 말한 것처럼, "그들은 하나의 교육개발의 필수적인 부분으로서 그리고 우리의 군 근무자들의 경력 발전을 위한 중요한 기능을 맡기 위하여 과거의 레크리에이션 독서센터로부터 변화하고 있다."[70]

---

68) Barton M. Lessin, *The Off-Campus Library Services conference Proceedings* (Mount Pleasant: Central Michigan University Press, 1986).

69) Connie Mulligan, "With a Little Help From our Friends: Librarians and Administrators as Partners in Off-Campus Success", in ibid, p.198.

70) Benade, "People", p.14.

아마도 병영도서관들은 Connie Mulligan이 '우리의 친구들로부터의 약간의 도움'이라고 불리는 것들, 근무시간 외 교육을 위한 교육자들과 공급자들을 필요로 할 것이다.[71]

동시에 레크리에이션 독서가 '과거의 것' 또는 그 중요성이 저하된 것으로 생각하지 않도록 '축받이'를 해야 할 책임은 병영사서에게 있을 것이다. 긴 안목으로 보면, 레크리에이션 도서로부터 파생된 즐거움이 독서 습관을 개발하고, 교양을 갖추게 하며 그들의 삶을 통하여 그들의 진로를 개발하고 발전시킬 수 있도록 하는 평생 독자를 만들게 한다.

4. 육군도서관의 공헌과 민간 공공도서관에 미친 영향

4.1 육군도서관들의 공헌

오늘날 육군 도서관프로그램은 군인과 군속 그리고 그들의 부양가족들의 교육, 레크리에이션, 정보요구를 지원하는 모든 유형의 도서관들의 광대하고 세계적인 네트워크를 구축하고 있다. 그들은 오랜 서비스 역사를 통하여, 독자들이 군대에서 어디에 있건 간에, 아무리 고립된 지역이라도 대단히 위험한 환경이라 할지라도, 사서들은 책과 독서 자료들을 제공했다. 그들은 오래된 공급라인의 어려움과 예산, 적절한 장비 그리고 직원 부족에 직면해서도 용기와 독창력을 보여주었다. 그들은 군대 환경의 구조 속에서 일을 처리하는 방법을 배움으로써 어떤 상황에서든 효과적으로 도서관을 운영할 수 있다는 것을 보여 왔다. 이들 도서관들, 실제적으로는 그 도서관들을 움직이게 하는 사서들은, 수

---

71) Mulligan, "With a Little Help", p.201.

년에 걸쳐 몇 가지 지침이 되는 원칙을 가지고 있었는데 다음과 같다.

- 단순함을 유지하라
- 책들을 독자들에게 이끌어라
- 고객들이 편안함을 느끼게 하라
- 융통성을 가져라
- 개개인으로 봉사하라
- 사명(임무 수행)을 지원하라

육군도서관 운영을 위한 첫 번째 지침으로서, 절차상의 단순성이 필요하다는 것이 강조되었다. 이 절차들은 북아프리카에 있는 한 텐트에서 또는 알래스카에 있는 한 이동도서관에서도 이용을 위해 적용될 수 있을 것이다. 종종 비전문직 사서들이 이러한 도서관서비스들을 맡고 있었는데, 그럴 경우 도서관 전문 언어가 거의 사용되지 않았다. 도서관의 사명, 즉 독자들에게 책을 제공하는 것에 있어서 성가시거나 사소한 도서관 규정이나 연체료 같은 것에 거의 방해받지 않아야 한다는 것이다.

도서관시스템들은 융통성이 있어야 한다는 것은, 도서관서비스를 대부분이 필요로 하는 군대 집결지로 나가서 그들과 어울릴 수 있게 해야 한다는 것이다. 나는 독일에 있는 육군도서관에서 '프랑스에 있는 육군의 재산'이라는 문구가 날인되어 있는 책들을 발견하고 경외심을 느꼈던 것을 기억한다. 이 책들은 몇 년 후에 다른 나라에서 여전히 군대에서의 독서의 즐거움을 제공하기 위하여 이용될 것이다.

모든 이러한 이동으로 인한 낭비는 거의 없었다. 베트남에서 육군이 1970년대 중반에 '휴전'에 대비하여 도서관 운영을 단계적으로 줄여

나갈 때, 육군도서관들의 책들, 가구, 장비들은 타일랜드에 있는 도서관과 태평양에 있는 다른 육군도서관들이나 육군들이 대부분이 필요로 하는 곳으로 보내졌다. 분명한 것은 일부 자료들은 남겨 두었지만 그해 내내 도서관들과 사서들은, 특별히 유럽과 아시아에서 때때로 수천 마일 떨어져 있는 다음 야영지로 부대를 따라갔다. 이를 위한 '도서관(책)의 압축하기'의 실제는 병영도서관들이 그들이 대부분 가치 있게 보는 자원들과 재원들을 압축하는 방법을 가리킨다. 이들 자료들을 고도로 축적해 놓기 위하여 지역별 저장소나 창고를 설립하여 그 시스템을 활용하여 고립된 지역들(때때로 한국이나 베트남에서처럼)로부터 수일 안에 도서관서비스를 제공할 수 있게 하기 위하여 빠르게 이동 또는 반응할 수 있도록 한 것이다.

북 키트(책 꾸러미)의 개념은, 책 상자가 열렸을 때 그 가치를 인정할 만한 준비가 되어 있는 이미, 조사와 분석이 되었던 책들로, 이 핵심장서를 토대로 하여, 고립된 군대를 위해 하나의 미니도서관을 만드는 것이다. 군대 도처에 독서에 대한 다양한 관심이 있다는 생각은 개개의 북 키트에 대해 조사하게 되었고, 도서 선택자들은 변화하는 독자의 관심에 기초하여 계속 이어지는 북 키트의 선택에 변화를 주기 위하여 집으로 보내지게 되었다.

확장 서비스의 문제들(소수의 고립된 군대에 대한 도서관서비스)은 여러 가지 방법으로 해결되었다. 그 방법에는 한국에서의 인간포터, 베트남에서의 논바닥 위 헬리콥터 안의 사서들, 알래스카 황무지에서의 북 모빌 서비스 그리고 풀다 갭(Fulda Gap)에 있는 전초기지와 서독에 있는 체코슬로바키아의 국경지역에서의 북 키트, 오디오와 비디오자료를 갖고 있는 원격지 도서관의 이용 등이 포함되어 있다.

육군사서들은 개별 고객들로부터 그들의 요구를 해결하는 데 전문적인 솜씨를 발휘하는 한편, 지역 부대 단위의 전체 사명을 늘 마음속에 기억하고 있었다. 어떤 고객을 위해 특별한 도서를 입수한다는 개념은 제1차세계대전 기간 중에 도서관 전시서비스에 의해 본격적으로 시작되었다. 아마도 독서에 대한 그러한 평가를 이미 해 왔기 때문에, 초기 병영사서들은 그들의 고객들을 잘 알게 되고, 곧 책을 입수하여 고객들에게 제공하는 데 있어 어떠한 방해도 받지 않게 되었다. 전쟁이 시작된 지 얼마 안 되어 독자에 대한 자문서비스에 대한 개념이 개발되었다.

또한 제1차세계대전 중에 병영사서들은 군대에 제공되어야 할 교육 과정에 그들이 후원자가 되어야 한다는 사실을 발견했다. 사서들은 현장 업무에서 기술적 훈련이 필요한 신병인지 퇴역을 준비하며 민간에서의 직업을 찾고 있는 고참인지에 따라 그들이 제공하는 자료에 있어서 융통성을 가져야 한다는 것을 배웠다. 병영사서들은 특수 장서를 개발하고, 도서목록을 고안하고, 특별히 곧 다시 민간 생활로 돌아갈 군인들을 위해 계획된 독서프로그램들을 수행하였다. 도서관은 민간에서의 직업을 준비하기 위해 어떻게 도서관을 이용할 것인가에 대해 군인들에게 조언을 해 줄 수 있는 특별히 훈련된 카운슬러를 제공했다. 이 과도기적 전략은 많은 군인들이 군대 밖에서 생산적인 삶을 위해 스스로 준비할 수 있게 도왔다.

최근의 미디어들은 퇴역 군인들의 높은 실업문제에 주목했는데, 민간인들보다 2%가 높았으므로, 군대를 떠나는 사람들을 위하여 민간 생활에 대한 준비를 강화할 것에 대해 특별한 필요성이 지적되었다.[72] 육군도서관과 민간 도서관들은 그들이 과거에 이용했던 것과 같은 서

---

72) Toni Joseph, "Rude Awakening: Many Find Service No Road to Success", *Wall Street Journal*, 9 October 1985, Eastern edition.

비스들을 한층 더 강조함으로써 이러한 요구에 부응할 필요가 있다. 도서목록, 특별히 훈련된 카운슬러, 일자리 은행과 같은 직업정보센터 들 그리고 다른 자원들은 평화 시에는 잊혀졌을지도 모를 돌아온 퇴역 군인들을 목표 독자로 삼을 필요가 있다. 이들 새로운 일반시민들은 또한 하나의 지역에 익숙하지 못할지도 모르며 따라서 이용할 수 있는 주택, 학교 그리고 다른 사회적 서비스들의 목록과 같은 추가적인 서비스들을 요구할 수도 있을 것이며, 이러한 것들은 도서관에서 쉽게 제공할 수 있을 것이다. 군사 시설 가까이에 있는 공공도서관들은 적절한 서비스를 개발하고 이들 서비스를 퇴역군인들에게 내놓을 수 있도록, 노력의 성과를 군사시설과 육군의 사서들에게 체계적으로 정리해 주어야 한다. 많은 육군 사령부들은 그러한 과도기적 카운슬링 서비스를 개발해 왔지만, 공공도서관에 대한 연결은 거의 연구되지 않았고 강조되지 않았다. 공공도서관들은 이들 퇴역군인들이 다시 시작한 민간생활의 문제들을 가볍게 처리할 수 있도록 하기 위해 이들과의 접촉하는 방법을 개발할 수 있도록 애써야 한다.

병영사서들은 또한 오프캠퍼스 교육을 도서관이 지원하는 문제에 봉착했다. 공공도서관협회 육군도서관분과의 현 회장인 Elizabeth R. Snoke는 "내 생각에 1968년은 대부분의 주둔 도서관들에게 있어서 레크리에이션과 교육지원 사이에 전환점이 되지 않은 것 같다."라고 말했다. 확실히 교육은 1970년대의 필수적인 사명이 되었다.[73] 전에 언급했던 것처럼, 육군도서관들은 민간 후원 단체가 재정, 자료, 직원을 제공하는 것으로 도서관들을 도울 수 있도록 하기 위하여 양해각서를 통해 협력적인 합의를 이루어 나갔다. 일부 학교들은 하나의 특별한 직원을 제공하였는데 이 직원은 그 도서관에 직원으로 복무하는 동안

---

73) Elizabeth R. Snoke, letter to the author, March 25, 1988.

학교를 위한 하나의 연락자로서 그리고 사서로서 행동한다. 사서들은 그러한 학교들과 도서관들의 협동할 수 있게 하기 위한 교육지원과 방법탐구에 대한 그들의 관심사를 표명하기 위하여 교육평의회에 가입하였다. 또한 많은 도서관들은 그들이 필요한 상호대차 자료들을 빠르게 입수할 수 있도록 하기 위해 민간 도서관 네트워크에 가입하였다. 다른 도서관들은 서독에서의 PALS와 같은 자체 네트워크를 개발하여 전자우편, 편목, 데이터베이스 탐색을 통한 커뮤니케이션을 제공하고자 하였다.

최근에 육군도서관들은 그들이 예산삭감(1985년의 Gramm-Rudman-Hollings Act에 의해 위임된 것과 같은), 인사관리국(Office of Personnel Management)에 의한 전문직 사서의 지위등급 강등에도 불구하고 살아남을 수 있다는 것을 군대 사회에서 명확히 보여주어야 한다는 것을 깨달았다. 육군도서관들은 학술지의 초록, 데이터베이스탐색, 주해된 서지의 편집과 특별한 레퍼런스 도구들의 요구와 같은 전문화된 서비스들을 제공함으로써 그들이 복무하고 있는 부대와 부대 사령관들의 지역적 사명을 지원하기 위하여 헌신하였다. 그러한 '사명 지원'은 그들을 매우 인정할 만한 사람들로 만들었고 그들이 복무하는 부대시설의 활동에 있어서도 그들은 필수적인 참가요원이라는 것을 보여주었다. 그러한 사려 깊은 서비스 마케팅으로 인해 많은 육군도서관들은 지역 수준에서 예산 결정을 할 수 있는 사람들의 지원을 차례로 받게 되었다.

가장 큰 기여 중의 하나는 육군도서관 사서들로서 자신들의 품성과 헌신성에 있었다. 일부는 군인들이었지만 대부분은 민간인이었고, 대부분이 여성이었다. 그들은 명료하게 사고하고, 중요한 결정을 혼자 힘으로 할 수 있도록 훈련되어 있었다. 그들의 업무는 도서관서비스를 대부분이 필요로 할 때, 그리고 그곳이 어느 곳이건 간에, 그들이 어떠한 방법으로 전달할 것인가? 로 묘사될 수 있을 것이다. 그들은 어떤 경우에는 하루 24시간, 일주일에 7일 그리고 크리스마스와 추수감사절을 포함하여 일요일과 공휴일도 없이 도서관을 열어 놓고 있는데, 그들의 도서관이 가족을 떠나 멀리 있는 사람들에게 '하나의 아주 작은 가정'이라는 것을 사서들이 알고 있기 때문이다. 그들은 독서를 할 수 있다는 것이 얼마나 중요한 것인가를 이해한다. 특히 외국에 주둔하고 있는 사람들, 그렇지 않으면 영어로 된 폭넓고 다양한 독서 자료들을 입수할 수 없는 사람들에게는 더욱 그렇다. 사서들은 카운슬러, 형제자매, 교육적 대부, 독자의 조언자, 연구자, 친구의 역할을 수행하였다. 그들은 용기 있고 용감한 이야기들에 귀 기울였고, 병원에 있는 환자들의 고통과 집으로부터 멀리 떨어져 있는 병사들의 외로움을 완화시키기 위해 도움을 주었다. 그들은 외국에서 스스로를 발견한 사람들이 시야를 확장하는 것을 도와주었고 교육을 통해 스스로를 향상시키기를 원하는 사람들에게 그들이 활용할 수 있는 기회를 설명해 주었다. 그들과 접촉한 사람들은 모두 사서들이 사기를 진작시키는 데 기여했음을 부인하지 않을 것이다.

4.2 민간 공공도서관과의 관계

그렇다면 어떻게 민간 도서관들이 이렇게 기여한 것으로부터 이익을 얻을 수 있고, 이들 병영도서관들과 완전하게 협력할 수 있었을까? 대화를 시작하기 위하여 민간 도서관들은 방문, 합동훈련, 그들 자원들에 대한 직원들과의 프로그램 작성 협의와 같은 직접적인 접촉을 통하여 그 지역의 병영도서관에 대해 배워야 했다. 그들은 종종 2가지 유형의 도서관들 사이에 존재하는 분리된 사고방식과 싸워야 했다. 1987년 조사에서 초기에 기술된 것을 보면, 응답한 사서 111명 중 32명은 지역 공공도서관과의 접촉이 없었다. 공공도서관과 접촉한 사서들 79명 (71.17%)은 그들의 일상적인 반복 업무에서 유사성이 있으며, 상호 간의 협동으로부터 더 많은 것을 얻을 수 있다는 것에 주목하였다.

1987년 조사에서 언급된 특별한 협력 분야는 민간도서관과 병영도서관 간에 합동계속교육과 직업훈련(training venture) 분야였다. 이것은 다른 사서들과 같이 직업적 성장이나 발전을 위한 접촉이 거의 없는 고립된 지역이나 교외지역에 배치된 사서들에게는 특히 중요하다. 훈련패키지들이 전문직원들과 보조직원들에게 공유될 수 있었다.

지역 육군사서들은 그들의 민간 상대역들에 의해 주(국가)와 지역의 전문직 도서관 조직에 가입해서 조직의 회원들이 줄 수 있는 가치 있는 접촉을 가질 것을 적극적으로 권고받았다. 다시 말해서 그들은 지역 전문직 도서관 커뮤니티에서 배제되지 않고 포함되어야 한다는 것이다. 유타의 한 공군사서는 민간 도서관들은 더 이상 '기지 도서관들을 무시하지 못할 것이다.'라고 보고한 바 있다.

공공도서관들은 육군도서관들의 경험으로부터 많은 것을 배웠다. 많은 대규모의 도시 도서관들은 인구 이동에 따라 가능한 서비스 규모를 축소하거나 이를 그들 도서관에 적용시키는 것이 이제 어렵다는 것을 발견하였다. 그러한 의사결정과정에는 분명한 사회적 정치적 관심들이 있었지만, 대규모 시스템으로서의 유연성 부족이 그러한 변화에 빠르게 적응할 수 없도록 막고 있다는 사실이 여전히 존재한다. 공공도서관들은 그들이 주민들을 평가하는 방법을 다시 생각해야 했고, 그들이 서비스를 제공하기 위한 새로운 기회를 맞이했을 때 빠르고 효율적으로 대응하기 위해 노력하였다. 그들의 서비스를 대부분의 사람들이 필요로 하는 곳으로 옮기기 위해 서비스를 '압축'하는 대규모

육군도서관 시스템들의 이러한 능력은 이들 도서관들을 만족시켜 왔
으며 필요 없는 낭비는 제거해 왔다.

지역적 저장소 또는 책 창고(depot)에 대한 아이디어는 몹시 매력
적인 것이다. 1년도 지나지 않은 자료들이 너무 많이 다른 도서관에
의해 이용되지 않고 있지만, 그들이 구입한 가격보다 아주 싼 가격으
로 주민들에게 팔린다는 것도 문제이다. 이것은 매우 대중적인 서비스
이지만, 또한 도서관에는 재정 부담을 주는 것으로, 이전 연도의 베스
트셀러들의 다수의 복본을 포함한 이들 자료들을 다른 도서관 조직에
서 이용할 수 있게 만드는 것이 더욱 바람직한 방법일 것이다. 이러한
유형의 사업은 도서관 간의 협력과 기획이 요구될 것이다. 그것은 비
슷한 관할 범위에 있어야 활용할 수 있는 자원들이 좀 더 잘 이용될
수 있을 것이다. 그러한 저장소는 또한 휴가와 과학프로젝트 도서들
그리고 여름독서목록 작품들의 다수의 복본과 같은 계절용 자료들을
저장하는 데 이용될 수 있을 것이다. 따라서 현재 필요한 항목들을 위
해 귀중한 공간을 활용할 수 있게 만들 것이다.

훌륭한 시설들이 훌륭한 도서관서비스를 위해 중요하지만, 육군도서
관의 경험들은 독자들에게 자료를 입수해 주는 것이 가장 중요한 목
표라는 것이 입증되었다. 이것은 커다란 건물에서 성취될 수 있는 것
이 아니다. 쇼핑몰 안의 간이 건물을 통하여 또는 소형 트럭의 뒷부분
에서부터라도 도시 환경에서도 제공될 수 있는 것이다.

잡지 구독과 오디오 및 비디오 자료를 집중적으로 구입하여 완료되
는 월별 도서키트 제공의 발상은 탁아시설, 사립요양원, 경로당 그리
고 병동과 같은 장소의 특별한 주민들에게 제공하거나 공공도서관의
서비스를 보충하는 데 이용될 수 있다는 데 있다. 월별 조사 형식을
갖는 것은 봉사대상 주민의 요구를 향후 자료수집 계획에 포함하여

조정할 수 있게 하는 하나의 장치를 만들어 놓은 것이다.

4.3 성인 학습자에 대한 도서관서비스 제공의 역할

육군도서관들은 어린이들을 위한 서비스를 포함하여 전체 군대 사회를 위해 봉사를 제공해 왔지만, 그들의 가장 큰 공헌은 성인들에 대한 서비스 분야에 있었다. 독자에 대한 조언, 교육과 서지 봉사를 통한 개별 성인에 대한 서비스의 제공은 제1차세계대전 중에 전시 도서관의 성과에서 기인한 것이다.

그때까지 서비스들은 고객그룹에 집중되어 있었다. 그러한 서비스들은 이제 대부분의 공공도서관에서 평범한 것이 되었다. 그러나 이러한 서비스 분야가 공공도서관에 우선권을 두어야 하는가에 대해서 대단히 많은 논의가 남아 있다. 극단적으로 바쁜 공공도서관에 있어서 고객과 같이 보내는 시간량은 확실히 고객이 받아야 할 가치가 있는 만큼의 시간보다 훨씬 더 짧을 수 있다. 사실 독자에 대한 자문 봉사는 단지 고객들과 빈번한 접촉들이 있는 곳에서 일어날 수 있거나, 아주 가끔은 독자의 조언자로서 임명된 특별한 직원의 이용을 통해 일어날 수 있다.

1930년대에, 그때는 독자에 대한 자문 봉사가 시작되었고 번성하였으며, 성인들은 실직자가 많았으므로 소비할 수 있는 시간이 많이 있었다. 그러한 서비스들은 전쟁기간 동안에 군 복무를 자원한 많은 사서들에 의해 습득된 기능에서 생겨났다.

Marilla Waite Freeman은 1937년에 성인 고객들에 대한 교육적 관심을 기초로 한 장서수집으로 인정받고 있는 클리블랜드 공공도서관의 성과에 대해 기술했다. 그녀는 대규모 공공도서관의 인문학 분야와 같은 주제 분야별 도서관(divisional library)에 대해 그 부서장이 "진실한 의

미의 집단별 기능(community faculty)의 시작이다."[74]라고 한 William S. Learned 박사의 말을 인용하였다. 이러한 기능들은 독서그룹들과 예비 연설자들의 계획과 개발, 예정된 회의들 그리고 성인학습자를 위한 다양한 관심주제에 관한 도서목록 편집에 있어서 중요하다.

도서관은 지역의 성인교육 기회에 대한 정보를 제공하는 구심점 또는 클리어링하우스(Clearinghouse; 연구과제 정보제공 서비스기관)로서 생각되었다. 이 서비스의 중심에 '개별적 독서계획'을 시작하기 위한 방법들에 관해 고객들이 사서들에게 형식에 구애되지 않고 자문을 구할 수 있는 독자들을 위한 상담석이 있었다. Freeman은 어떻게 고객이 사서들과 의논할 수 있었는지를, "그가 그를 그의 서클 친구들에게 소개하는 것처럼 그의 취향을 관찰한 친구와 같이 그에게 좋아하는 책들을 소개시켜 주는 것"으로 묘사하였다.[75]

독자를 위한 자문 봉사는 또한 때에 맞추어 어떤 주제에 관한 토론 그룹을 시작하기를 원하는 근로자들 또는 도서관 고객들에 대한 올바른 도서를 제공하는 데 문제가 생긴 분관 사서들과 같은 그룹들에도 제공된다. 오늘날의 많은 현장사서(practicing librarian)들은 독자에 대한 자문 봉사가 제1차세계대전 후에 존재했던 것처럼 지금도 바로 그만큼 필요하다고 믿고 있다. 1933년 Marion Hawes가 에녹 프래트 프리(Enoch Pratt Free)도서관의 독자 자문관이 되었을 때, 공립학교가 후원한 야간 학급들은 주간 학급의 교육만큼 바쁘게 움직였다. 오늘날 지역사회 대학과 비공식적 '개방대학교' 유형의 교육적 협동이 대부분

---

74) William S. Learned quoted in Marilla Waite Freeman, "The Organization of a Public Library to Meet Adult Education Needs", in Louis R. Wilson, *The Role of the Library in Adult Education*(Chicago: University of Chicago Press, 1937), p.160.

75) Freeman, "Organization of a Public Library", p.178.

의 지역사회에서 존재한다. 교육과정들은 우편에 의해, 텔레비전으로 그리고 컴퓨터와 비디오를 통해 이용될 수 있다. 공공도서관은 고객 – 학생들이 어떤 성인교육과정 또는 계속교육과정을 선택해야 할 때 좀 더 '지식에 기초를 둔 소비자'가 될 수 있도록 돕는, 그러한 교육정보를 위한 하나의 클리어링하우스로서 아직까지 기능해야 한다.

1970년대에 많은 공공도서관들은 그들 군대의 상대 도서관들과 같이 성인들이 배우는 것을 돕는 데 보다 적극적인 역할을 취하기 시작했다. 일부 도서관들은 그들 직원 중에 '학습자의 상담역'이라는 신분을 만들어냈다. 1920년대와 30년대의 개념에 기초하여, 이들 사서들은 성인학습이론에 대해 훈련받았으며, 성인들이 그들의 교육목표에 따라 독서계획을 스스로 짜는 것을 도와줄 수 있도록 훈련받았다. 1970년대 초에 달라스공공도서관의 자율학습프로젝트(Dallas Public Library's Independent Study Project)는 이러한 프로젝트들 중에 하나이다.

1960년대 중반, 대학입학시험 위원회가 시작한 대학평가 검사프로그램(College Level Examination Program)을 하나의 모델로 이용하여, Dallas는 성인들에게 도서관 내에서의 그들의 계속 교육을 위한 하나의 방법을 제공할 수 있었다. 학습 안내서를 만들었고 고객 – 학생들의 목표에 기초하여 학급을 편성하였다. 시카고 공공도서관은 시카고 무제한 시민대학과정(Chicago's Study Unlimited Citywide College Courses (또한 CLEP수료와 연결된 것으로))에 의해 부분적으로 후원되고 있는 학습자 자문봉사를 실시하였다.[76] Jean A. Reilly는 "성인 학습자의 상담역으로서의 공공도서관 사서(*The Public Librarians as Adult Learner's Advisor*(1981))"라는 책에서 성인학습자와 관련하여 사서들에게 필요

---

76) Jean A. Reilly, *The Public Librarian as Adult Learners' Advisor*(Westport, CT: Greenwood Press, 1981), p.45.

한 기술뿐만 아니라 많은 이들의 교육과정을 기술하였다. 볼티모어에 있는 에녹 프래트 프리도서관(Baltimore's Enoch Pratt Free Library)과 같은 많은 공공도서관들은 종합교육개발시험을 준비하는 고객들을 위한 교육과정을 제공했고, 도서관에서의 성인 기초교육(Adult Basic Education)을 제공함으로써 문맹교육 그 자체를 손대게 되었다.77) 이러한 노력들은 오늘날에도 계속되고 있다. 이러한 학급 과정들을 도서관이 제공해야만 하는가 아니면 단순한 도서관서비스로 지원해야 하는가에 대한 논쟁 또한 계속되고 있다. 대부분의 장소에서 그 학급 과정들은 이제 도서관에서 양도한 특별기금으로 고용된 훈련된 교육자들에 의해 제공된다. Lynn E. Birge는 그의 통찰력 있는 연구, "성인 학습자에 대한 봉사: 공공도서관의 전통(Serving Adult Learners: A Public Library Tradition(1981)"에서 교육적 관점에서 사서들의 역할에 대해 그가 생각하는 것을 말하였다.

　　그러므로 사서는 학생에게 그가 배워야만 하는 것을 말해야 하는 선생님의 역할을 맡아야 한다는 인식이 전제되어 있다 하더라도……오늘날의 사서는 안내자 또는 상담자로서 존재하기를 그렇게 많이 요구받지 않는다. 그 대신, 학습자의 상담자 역할은 어떤 학습자의 관심을 자극할 수 있는 촉진자의 역할이고 학습자의 목적과 목표를 명확히 하는 것을 돕는다.…… 사서는 기본적인 지침과 자원을 제공할 수 있고, 학습 목표를 향해 나아가는 학생의 진도를 평가하는 것을 도울 수 있다.78)

---

77) Anna Curry, "Adult Learner Services at the Pratt Library: An Evaluative Treatment", Library Trends 31(Spring 1983): 585-597.

78) Lynn E. Birge, Serving Adult Learners: A Public Library Tradition (Chicago: American Library Association, 1981), pp.143-144.

많은 사서들은 그들의 기존 역할에 그러한 업무의 추가에 대해 마음 편하게 생각하지 못했다. 저항의 핵심은 이 새로운 역할이 그들의 '정상적' 직무들로부터 얼마나 많은 시간을 할애해 가느냐는 것이다. 어떤 사서들은 그들이 '상담역'이라는 새로운 역할을 해 나갈 수 없을 것이라고 느꼈다. 이것은 그들이 '어떤 대학을 갈 것인가?' 또는 '나의 인생을 어떻게 해야 할 것인가?'와 같은 대단히 진지한 주제에 대해 어떤 사람이 '자문'받기를 요청할 때 더욱 심각하게 느껴졌다. 사서들은 단순히 어떤 자문 성격의 그러한 질문에 대답하는 데 적임자라고 받아들일 준비가 되어 있지 않았다.[79] 그러나 병영사서들은 대부분의 경우에 고객들이 요구할 때만 그 역할을 하게 되지만, 그러한 역할은 매우 정기적으로 해야 되는 것으로 생각하는 것 같았다. 1987년 조사에 응답한 사서 중 87.62%는 스스로를 교육적 대부의 역할을 가지고 있다고 생각했다. 많은 육군사서(70.75%)들은 그들이 그들 고객들의 학습행위에 대한 '대부 노릇'을 할 수 있게 하기 위해서는 성인학습이론에 관한 더 많은 이해가 필요하다고 느꼈다. 그러한 훈련은 '대부제(멘토링)' 역할에 대한 확신을 불어넣어 주고, 그러한 역할에서 스스로를 찾는 사람들에게 준비를 시켜주며, 그 일을 떠맡는 것에 대해 자신감을 느낄 수 있게 할 것이다.

프로그램 기획과 훈련 분야에서, 민간도서관과 병영도서관 모두는 성인교육에 대한 도서관 지원을 향상시키기 위해 주목해야 한다. 교육과 도서관의 연계는 단순히 다음에 국가보조금을 신청하는 문제에 있는 것이 아니고, 상호 협력할 수 있는 장기적인 서비스 계획에 있어야

---

79) An excellent discussion of the learners' advisory services in public libraries can be found in New York Public Library, *Continuing Education Services: How Public Libraries Can Expand Educational Horizons for All Americans*(Garden City: Doubleday, 1979).

한다. 도서관 대학원들은 성인학습 이론을 가르쳐야 하며 학생들에게 학습자의 상담역의 역할을 실습하는 경험을 갖게 해야 한다. 워크숍 형태의 계속교육과 통신교육과정들은, 현장 사서들이 이러한 역할을 수행하는 데 필요한 기술들을 향상시킬 수 있도록 고안되어야 한다. 가장 중요한 것은, 모든 도서관들이 성인교육과 문맹교육을 지원하는 데 있어서 그들의 역할을 명확히 정의해야 한다는 점이다.

문맹은 1980년대에 도서관이 부딪힌 특별한 문제였다. 그 당시 도서관들은 이 문제를 완화시키기 위한 프로그램으로 군대에서 수행된 연구에 대한 기대를 갖고 의지하였다.

국립문헌정보학위원회가 후원한 컴퓨터 지원 언어프로젝트에서 논의된 것처럼 Thomas Duffy의 감독하에 공공도서관 환경에서의 그 연구는 발전적으로 시험되었다. 많은 도서관들은 Stevenson-Wydler의 기술혁신법(Technology Innovation Act of 1980(공법 96-480))에 의거, 가능해진 그러한 협력으로부터 혜택을 누릴 수 있는 방법을 찾아내야 했다.

군대에서의 문맹교육과 기초기술훈련에 대한 Thomas Sticht와 다른 사람들의 연구는, 현재의 민간인 노동인구의 훈련과 군의 관련성을 검토해 볼 필요성을 갖게 했다. Sticht는 1983년 인간자원연구협회(Human Resources Research Organization) 보고서에서, 직업훈련과정에서 거의 문맹 수준에 있는 사람들을 배제하기보다는 오히려 고용주들은 문맹교육과 직업기술훈련을 연계한 통합교육과정을 개발해야 한다는 그의 신념을 차근차근 설명하였다.

그는 노동자의 업무 성과에 있어서 독서의 중요성을 강조하였다. 그는 또한 그 연구에서 2-3등급의 독서 수준을 단지 높이기 위해 단기적인 문자 해득 학급을 운용하는 것보다는 업무와 관련된 장기적인 문자 해득 프로그램을 개발하는 것이 더 비용-효과적이라는 것을 보여주고 있다. Sticht는 그러한 훈련의 장기적인 이익은 "성공한다면, 이러한 유형의 성인교육에 대한 개입이야말로 세대 간의 문맹해결로 연결되어 어린이들에게 중대한 영향을 미칠 수 있을 것이다."라고 말하였다.[80]

모든 유형의 도서관들이 향후 문맹해결 프로그램을 개발하려고 할 때 이 연구에 대해 충분히 인식해야 할 것이다. 이러한 필수적인 주제와 함께 또한 성인들과 어린이들의 독서향상 문제도 모든 도서관들이 관심을 갖고 주목하고 있었다.

만약 성인들에게 군대와 사회생활에서 학습을 계속할 수 있는 기회가 주어진다면 그들은 잘 훈련된 사서들과 특별히 장서가 잘 축적되어 있는 도서관들을 요구할 것이다. 가장 작은 도서관일지라도 도서관 고객들을 위한 교육지원 자료들을 입수할 능력을 갖고 있어야만 한다. 이 능력은 대부분의 도서관의 소장 자료를 이루고 있는 데이터베이스와 네트워킹을 통하여 촉진되고 강화될 수 있다. 도서관 간의 협력 장애는 민간도서관과 병영도서관 사이에서 최소화되어야 한다. 민간사서들은 성인학습과 문맹해결 이론에 관해 이제 군대를 통한 대부분의 연구들이 활용될 수 있도록 고무해야 하며 오늘날 직면하고 있는 일부 문제들을 해결하기 위해서도 육군사서들이 이용한 방법들을 검토해야 할 것이다.

Alvin Johnson은 1937년에 성인교육에 있어서 공공도서관의 역할에 대해 이야기하였다:

---

80) Thomas Sticht, *Literacy and Human Resources Development at Work: Investing in the Education of Adults to Improve the Educability of Children*(Alexandria, VA: Human Resources Research Organization, 1983), p.vii.

공공도서관은 필수적인 민주주의의 도구이다. 그 시초부터 공공도
서관은 교육상의 – 성인 교육으로서 생각되어 왔는데, 사실……민주주
의는 정치적, 사회적, 경제적 지식 그리고 기술적 상황이 소수 특권층
에 독점된다면 결코 공공도서관으로서 실제 할 수 없을 것이다.[81]

비록 오늘날 성인 교육의 많은 공급자가 있지만, 1937년 Johnson의
성명은 아직까지 효력이 있다.

성인교육 제도를 이끌어 나감으로써 도서관의 전략적 지위는 가장
강력하다. 성인교육의 다른 형식들이 나타나고 커다란 성공에 도달할
수 있을지도 모르지만 – 그들은 도서관과의 밀접한 협력 속에서 그 일
을 수행함으로써 최선의 성공을 거둘 수 있을 것이다.[82]

1980년대 후반에, 병영도서관들과 시민도서관들은 여전히 성인교육
에 있어서 그들의 역할을 검토하고 있었다. 공공도서관에 있어서 데이
터베이스와 다른 기술의 진보는 이들 도서관들이 '정보제공자'로서 그
들의 역할을 이행할 수 있도록 하였으며, 이에 따라 성인교육에 있어
서 그들의 역할이 다소 감소되었다. 기술 분야가 도서관이 더 빨리 그
들의 고객 – 학생들에게 서비스를 제공할 수 있도록 도울 수 있지만,
그들은 잘 훈련되고 박식한 전문사서들의 역할을, 평등한 상태에서의
인간적 요소들을 잊지 말아야 한다.

---

81) Alvin Johnson in Wilson, *Role of the Library in Adult Education*,
   pp.294 – 95.
82) Ibid., pp.300 – 301.

5. 시사점과 결론

이 장은 앞서의 미국의 병영도서관의 역사와 발전과정을 통해 얻은 다양한 지혜와 지식 그리고 그들이 현 시점에서 요구하는 문제들을 정리한 것이다. 일견 과거의 미국 병영도서관 역사에서 얻을 수 있는 교훈이 있는가 하면 새롭게 탐구되어야 할 문제들이 제시되고 있다. 과거의 역사를 오늘의 현실에 어떻게 접목시켜 발전시켜 나갈 수 있는가를 묻는 듯하다. 미국은 1970년대 이미 모병제 국가로 우리나라 군대와는 본질적으로 다른 측면이 많이 있지만 여전히 배우고 적용해야 할 철학적 원칙과 봉사 프로그램들이 많이 남아 있다. 다음은 그 주요 내용들을 정리한 것이다.

- 미국의 육군사서들은 오랜 세월 동안, 대부분이 기록으로 남겨지지 않은 군대와 도서관 커뮤니티에 가치 있는 공헌을 해 왔으며, 이는 일반 공공도서관 사서뿐만 아니라 대부분의 민간 사서들에게도 거의 알려지지 않았다.
- 육군도서관들과 직원들은 종종 민간사서들에 의해 무시당해 왔다: 그들은 프로그래밍, 네트워킹, 훈련과 상호대차 등 서비스를 위해 지역과 주정부 계획에 포함될 필요가 있다. 부분적으로 육군도서관들은 민간도서관들과 접촉을 시도하고 적극적으로 네트워킹을 추구해야 했는데, 그것은 그러한 관계를 통해 그들이 더 많은 이익을 얻을 수 있기 때문이다.
- 육군도서관들은 지역 교육센터 직원과 근무시간 외 교육과정을 제공하는 단체의 교원과 긴밀한 협력관계를 모색해야 했다. 이 도서관들은 근무시간 외 교육과정 학생들을 위하여 '신입자를

위한 브리핑'과 도서관 오리엔테이션과 같은 특별서비스를 시도
해야 했는데, 이것은 도서관이 학생들과 교원들 모두에게 도서
관의 자원을 발견할 수 있도록 하게 하기 위한 것이었다.

- 군대시설에서 근무시간 외 교육과정을 제공하는 대학공개수업은,
육군도서관과의 양해각서를 통하여 그곳 학생들을 위한 도서관
서비스를 지원할 필요가 있다는 것을 알아야 한다. 그러한 각서
가 작성될 때, 인가 기준에 맞추어 자료와 데이터베이스, 공간
할당 그리고 지역 도서관의 특수직원에 관한 기금 조항 등에 관
한 서비스와 자원 제공이 고려될 수 있어야 할 것이다.

- 육군사서들은 그들 스스로 계속교육 기회 추구에 적극적인 관심
을 가졌는데, 특히 성인학습이론과 학습자에 대한 상담서비스 분
야에 관심이 많다. 그러나 종종 이러한 교육과정에 대한 유용한
정보를 입수하거나 그 과정에 참가하는 것은 어렵다. 그것은 사
서들이 그러한 계속교육 제공자들로부터 멀리 떨어져 있기 때문
이다. 그러므로 교육과정과 워크숍은 통신과정, 원격지간 회의 또
는 이제 육군이 근무시간 외 교육과정에서 제공하고 있는 것과
유사한 컴퓨터 지원 학습과 같은 비전통적 수단을 이용하여 고안
되어야 한다. 그러한 교육과정들은 육군사서들이 어느 곳에 주둔
하고 있든 간에 모두에게 이용될 수 있을 것이고, 그들의 전문지
식을 갱신하는 하나의 비용 대비 효과적인 방법이 될 것이다.

- 즐거움을 위한 독서, 레저독서의 습관은 군인들과 그들 가족들이
군대를 떠난 오랜 후에도 그들에게 남아 있을 것이고, 계속해서
그들을 평생 독자로 만들 것이다. 이러한 독서는 고무되어야 하
는데, 그것의 장점들은 1990년대 도서관 장서개발이 정보센터에
서 전개될 때 병영사서들과 사령관들에 의해 인정되었다.

- 오늘날 공공도서관들은 군대 가족들과 새로운 퇴역 군인들에게 봉사하지만, 어떤 특별한 서비스들이 이 그룹을 목표로 존재하는지 또는 특별한 요구를 갖고 있는 것으로서 그들이 인정되는지에 대해 최근의 문헌에는 거의 증거로 삼을 만한 자료가 없다.

- 공공도서관들은 기지 밖에 살고 있고, 군대의 서비스 범위 밖에 있는 그리고 다른 파견된 가족들과도 분리되어 있는 군대 가족들의 요구를 인식하고 있어야 한다. 이 가족들은 종종 단기 체류로 이어지고, 그들이 어떤 지역을 떠날 준비가 될 때까지 그 지역의 자원들을 발견하지 못한다. 특히 군대에 새로운 젊은 병사의 가족들에게 있어서 이것은 사실이다. 지금은 기지에서 제공하지만, 어린이를 돌보는 일은 일정치 않은 업무 스케줄과 운반수단의 어려움 때문에 하나의 문제였다. 이러한 그룹들을 목표로 하는 것은 봉사 대상이 일시적이므로 어렵다. 어떤 그룹을 위해 서비스를 개발하는 것과 같이, 도서관들은 군인 가족들이 그들의 현재 서비스를 알도록 하여야 하며, 특별한 서비스들은 바로 그들을 위해 개발되어야 한다. 육아, 가계, 스트레스, 취학 전 프로그램에 관한 도서관 프로그램들은 모두 이러한 그룹들을 목표로 삼을 수 있다. 군대 시설 내의 사령관과 부대 장교들, 병영사서들 그리고 가족 서비스 카운슬러들과 협력함으로써, 이러한 서비스들은 기지 밖에 살고 있는 군대 가족들에게 도달하도록 개발되고 촉진될 수 있다.

- 공공도서관들은 그들의 지역사회에 있어 새로운 퇴역군인들과 그 가족들의 특별한 요구들을 알고 있어야 한다. 1940년대와 50년대에 수천 명의 퇴역군인들이 민간생활로 되돌아 왔을 때, 지역사회는 그들의 문제들을 더 많이 인식하고 있었다. 여기에는 재배치에

대한 정보요구, 직업 상담과 구직 기회, 사회복지사업 지정구역, 문화 단체와 시민 조직, 보건의료에 관한 정보와 요구들이 있었다. '웰컴 왜건(Welcome Wagon)' 자원봉사자 같은 특별한 커뮤니티 프로그램들은 새로운 거류민들을 마음 편하게 해 주었으며 필요한 정보들을 말해 주었다. 최근에 재향군인회의 한 회원은 공공도서관이 그렇게 이용할 수 있는 많은 자원들을 가지고 있었다는 사실에 대해 진실로 놀라워하였다. 우리가 이러한 서비스들을 마케팅 하는 것에 대해 논의했을 때, 그는 특별히 기지 내에 있는 도서관들, 교육센터들, 영내 매점 그리고 기지 밖에 있는 식료품점들, 버스터미널, 아파트단지 안 그리고 부동산업자들을 통하거나, 새로운 거주자들이 선택할 수 있는 어느 곳이거나 전시할 수 있는 홍보물을 개발하자고 제안하였다. 새로운 거주자 등록 패킷(residents' packets) 또한 도서관카드에 서명하는 사람들에게 도서관에서 지급될 수 있었다. 군대와 다른 도서관 환경에서 개발된 독서습관을 장려하기 위하여 도서관서비스에 대한 오리엔테이션이 퇴역군인들을 포함하여 새로운 거주자들에게 제공되어야 했다. 퇴역군인들에 대해 혜택을 주는 일은 때때로 몹시 복잡하였다. 공공도서관 사서들은 이러한 혜택들에 있어서 가장 최근의 변화 특히 교육, 보건, 부양가족들과 관련된 것들에 대해 최신성을 유지해야 하며, 퇴역군인들과 그들 가족들을 더 나아가 도울 수 있도록 참고할 만한 팸플릿들과 다른 자원들을 갖고 있어야 한다. 지역군대시설들과의 협력으로 재향군인관리국사무소, 병원 그리고 지역재향군인센터(Vet Center)들은 약품과 보건상담을 제공하고, 공공도서관들은 퇴역군인들의 교육 및 직업에 관한 요구와 사회적 요구 그리고 건강에 대한 관심사들을 지원하는 것을 목적으로 하여 프로그램을 내놓았다.

- 공공도서관들은 퇴역군인들이 그들의 교육적 혜택의 대부분, 즉 그들이 군대에 있는 동안에 받은 훈련과 경험을 스스로 평가할 수 있도록 돕게 하기 위하여 그리고 이러한 훈련에 상응하는 민간의 직업을 찾게 하기 위하여 필요한 자원들, 레퍼런스 자료들 그리고 데이터베이스를 입수해야 하고, 공공도서관 사서들은 이들 분화된 직업과 직업경력 자료들의 이용에 대한 훈련을 받아야 한다.

- 공공도서관 사서들은 군대에서의 독서가 지녔던 교육을 위한 독서와 즐거움을 위한 독서 양쪽 모두에 대한 가치를 인식하고 있어야 하고, 이러한 독서습관의 대부분이 길들여지도록 지켜보아야 한다. 따뜻한 분위기를 만들고 개별적인 관심사를 갖게 하는 것은, 도서관을 부담 없이 가서 훌륭한 책이나 잡지와 같이 편안하게 쉬는 곳으로 만들며, 특별한 관심사에 기초한 독서토론 그룹에 가입하도록 만들며, 무엇보다도 전체 가족들이 평생 동안 학습과 정보 그리고 즐거움을 위해 돌아갈 수 있는 곳으로 만들어야 한다.

- 민간사서들은 군대의 교육적 노력, 특히 언어영역과 문맹자 교육에 대해 배워야 한다. 사서들은 그들의 도서관들이 군대에서의 교육적 연구와 개발의 성과에서 얻게 된 정보의 기술적 이전으로부터 혜택을 얻을 수 있는 방법들을 찾아내야 한다.

- 민간사서들은 육군사서들의 헌신성, 유연성 그리고 용기로부터 많이 배워야 한다. 그들은 병영사서들이 민간 환경에서 응용이 가능하도록 이용해 온 혁신적인 기법들과 방법들을 검토해야 한다. 이러한 혁신들 중의 일부에는, 요구가 가장 많은 도서관 자료의 융통성 있고 효율적인 제공을 위한 텔리스코핑서비스(망원경 통처럼 겹으로 자료를 싸서 압축·보관하는 방식; telescoping of service),

가치 있는 자료들의 재활용을 위한 지역적 도서관 보관소의 활용, 고립된 지역 주민을 위한 북 키트의 개발 그리고 학술잡지의 초록과 일정 기관에 대한 최신정보주지 자료서비스와 같은 전문화된 '임무 지원' 서비스 제공 등이 있다. 민간 사서들은 그들 자신의 유사한 문제들에 대해 이러한 해결방식을 응용해야 한다.

• 모든 사서들은 행정예산관리국(Office of Management and Budget)이 주도한 연방 사서들의 민간서비스 등급의 강등에 저항하는 노력에 있어서 미국도서관협회를 지원해야 한다.

• 결과적으로, 선택된 그리고 임명된 공무원들은 육군도서관들이 군대의 교육과 사기진작에 있어서 수행한 중요한 역할에 대해 잘 알고 있어야 한다. 이 도서관들은 개인과 지역의 군대 모두에게 매우 유익한 서비스를 제공한다. 그들은 그들이 봉사하고 있는 군인들과 그 부양가족들을 더 풍부하게 하고 훈육하는 하나의 '안전한 즐거움'의 근원이다. 그들은 종종 영어로 된 자료들을 유일하게 이용할 수 있는 자원으로 갖고 있었으며, 해외에 주둔하고 있는 사람들을 위해 본국과 문화적으로 연결시킴으로써 봉사하였다. 군 사서들은 문헌 전달, 데이터베이스의 개발, 개별적인 정보접근에 관한 논의에 참여하고 있어야 한다. 이러한 문제들은 지역적으로 주별로 연방 수준에서 새로운 세기를 위한 정부의 정보 정책적 차원에서 규정되어야 할 것이다. 사서들은 그들이 군복을 입고 있는 동안에 남자나 여자나 할 것 없이 귀중한 서비스를 제공한 노력에 대하여 인정받아야 하며, 사서들에게 최신의 장비 유지를 위한 기금지원, 서비스 수행에 필요한 충분한 자원제공 그리고 적정한 직원 수준을 유지하기 위한 노력에 대해 지원해 주어야 한다.

◑ 후속 연구를 위한 주요 참고문헌

[제1차세계대전 동안의 전시도서관서비스]

American Library Association Bulletin Library Journal for the years
 1917 – 20, Annual conference proceedings reports.

Theodore W. Koch, Books in the War: The Romance of Library War
 Service(Boston: Houghton Mifflin, 1919).

American Library Association, War Committee, Reports(Boston: Houghton
 Mifflin, 1919).

Arthur P. Young, Books for Sammies: The American Library Association
 and World War I(Pittsburgh: Beta Phi Mu, 1987).

[제2차세계대전 동안의 전시도서관서비스]

Irving Lieberman, "Soldiers Do Read in the European Theater", Library
 Journal 71(March 1, 1946): 307 – 12.

Leon B. Poullada, "Army Library Service in the Pacific: The Lessons
 Learned at Kwajalein", Library Journal 71(April 15, 1946): 562
 – 566.

John Jamieson, Books for the Army: The Army Library Service in the
 Second World War(New York: Columbia University Press,
 1950).

John Y. Cole, Books in Action: The Armed Services Editions(Washington:
 Center for the Book, Library of Congress, 1984).

[현행 군대도서관의 역사]

"Armed Forces Libraries", in the American Library Association Yearbook of Library and Information Services(Chicago: American Library Association, 1977–85).

[해군도서관의 역사]

Harry Robert Skallerup, Books Afloat and Ashore: Libraries and Reading among Seamen during the Age of Sail(Hamden CT: The Shoe String Press, 1974).

[육군도서관의 역사]

Doris W. Gillbert, "The Army Library Today", (Unpublished MSLS thesis, The Catholic University of America, 1961).

Shirley Havens, "A Day with the Army", Library Journal 91(February 15, 1966): 894–900.

[공군도서관 역사]

Mary Elizabeth Stillman, "The United States Air Force Library Service: Its History, Organization and Administration", (Unpublished Ph, D. diss. University of Illinois, 1966).

[다른 군대도서관의 역사]

Harry F. Cook, "Army Air Forces Technical Libraries", Library Journal 71(May 15, 1946): 718–20.

Frederick L. Anderson, "Military Features Technology", Library Journal 72(November 15, 1947): 1573–77.

Paul Jean Burnette, "The Army Library", Library Quarterly 27(January 1957): 23–36.

Robert K. Johnson, "Characteristics of Libraries in Selected Military

Educational Institutions in the United States", (Unpublished Ph. D. diss., University of Illinois, 1957).

George J. Stansfield, "Libraries of Military Education: Institutions in the United States", Special Libraries 51(March 1960): 108–11.

Jerrold Orne, "Great Academic Libraries of the Military Establishment", Library Journal(February 15, 1974): 458–63.

A. A. Norton, A History of the US Military Academy Library(Garden City Park: Avery Group, 1986).

[군대에서의 교육]

Arvil N. Bunch, "The Army's Open Door To Learning", Army Information Digest(November 1963): 32–44.

Harold F. Clark, Classrooms in the Military(New York: Columbia University Press, 1964).

James C. Shelburne and Kenneth J. Groves, Education in the Armed Forces(New York: The Center for Applied Research in Education, 1966).

Thomas G. Sticht, Reading for Working: A Functional Literacy Anthology(Alexandria: Human Resources Research Organization, 1975).

Thomas G. Sticht, Literacy and Human Development at Work: Investing in the Education of Adults to Improve the Educability of Children, HumRRO–PP–2–83(Alexandria: Human Resources Research Organization, February, 1983).

Thomas M. Duffy, "Literacy Instruction in the Armed Forces", Armed Forces and Society 13.3(Spring 1985): 437–67.

[군대에서의 교육에 대한 도서관 지원]

Henry Bartlett Van Hoessen, "Libraries in the Army Education Program", Education 40(February 1920): 343–51.

Margaret C. Montondo, "Support Given the Army General Education Development Program by the Army Library Program", (Unpublished MSLS thesis, The Catholic University of America, 1969).

The Association of Military Educators of Washington State, Report of University Educational Support for Libraries(USEFL) Action Team, January–May 1987(McChord Air Force Base: Association of Military Education of Washington State, 1987).

[도서관에서의 평생학습]

Louis Wilson, role of the Public Library in Adult Education(Chicago: University of Chicago Press, 1937).

Cyril O. Houle, Libraries in Adult and Fundamental Education(Paris: United Nations Educational, Scientific, and Cultural Organization, 1951).

Margaret E. Monroe, Library Adult Education: The Biography of an Idea(New York: Scarecrow Press, 1963).

Robert Ellis Lee, Continuing Education for Adults through the American Public Library, 1833–1964(Chicago: American Library Association, 1966).

Jean S. Brooks and David L. Reich, The Public Library in Nontraditional Education(Homewood: ETC Publications, 1974).

Helen H. Lyman, Literacy and the Nation's Libraries(Chicago: American Library Association, 1977).

New York Public Library, Continuing Education Services: How Public Libraries Can Expand Educational Horizons for All

Americans(New York: Doubleday, 1979).

Lynn E. Birge, Serving Adult Learners: A Public Library Tradition(Chicago: American Library Association, 1981).

Jane A. Reilly, The Public Librarian As Adult Learners' Advisor: An Innovation in Human Services(Westport CT: Greenwood, 1981).

An excellent bibliographic essay on the subject is Daniel H. Gann's "The Lifelong Learning Movement and the Role of Libraries in the Past Decade: A Bibliographic Guide", Public Libraries 24, 1(Spring 1985): 6-12.

[평생학습과 성인학습이론]

Cyril O. Houle, The Inquiring Mind(Madison: University of Wisconsin Press, 1961).

Richard E. Peterson and Associates, Lifelong Learning in America(San Francisco: Jossey-Bass, 1979); Stephen D. Brookfield, Understanding and Facilitating Adult Learning(San Francisco: Jossey-Bass, 1986).

Alan B. Knox, Helping Adults to Learn(San Francisco: Jossey-Bass, 1986).

E. D. Hirsch, Jr., Cultural Literacy: What Every American Needs to Know(Boston: Houghton Mifflin, 1987).

제 4 장

　이 글은 2005년 한국학술진흥재단의 지원으로 이화여대 차미경
교수와 공동으로 연구한 "우리나라 병영도서관의 운영모델 연구"에
관한 내용을 담고 있다. 이 연구는 병영도서관의 설립과 운영을 위
한 기준 마련에 목적을 두고 병영도서관의 조직, 시설규모, 예산,
장서, 인력현황과 이용자 요구 등을 분석하여 우리나라 실정에 맞
는 병영도서관의 양적 기준과 질적 기준을 제시하고자 하였다. 일
부 내용은 제2장과 중복되고 있는데 글의 전개과정에 필요한 부분
이어서 살려 두었다.

Ⅳ. 우리나라 병영도서관 운영모델 연구

1. 서 론

1.1 연구의 목적 및 필요성

우리나라는 남북한 간의 대치 상태로 인해 어느 나라보다 국가적으로 병역의 의무를 당연시해 왔고 이를 기피하는 사람들에 대해 법적으로 책임을 물을 뿐만 아니라, 사회적으로도 홀대하고 배척하여 왔다. 헌법 제39조 제1항에서 '모든 국민은 법률이 정하는 바에 의하여 국방의 의무를 진다.'고 국방의 의무를 명문화하고 있고, 이를 근거로 병역에 관한 사항을 구체적으로 규정한 병역법이 있다. 여기에서 헌법상 국방의 의무라 함은 외적으로부터 국가를 보위하여 국가의 정치적 독립성과 영토의 완전성을 지키는 국토방위의 의무를 말한다.[1] 이에 따라 우리나라 병역법은 만 18세부터 40세까지의 모든 남자는 특별한 결격 사유가 없는 한 병역에 복무할 의무가 있다. 병역의무는 강제성을 갖고 있긴 하지만 국가의 주권과 영토를 수호하고 국민의 생명과 재산을 보호할 목적으로 어떠한 위험도 감수하고 사명을 다해야 한다는 윤리적 충성심을 바탕으로 하고 있기 때문에 그 숭고성과 존엄성이 다른 의무보다 더 강조된다는 특성이 있다.[2] 따라서 병역은 대한민국 남자의 의무이자 곧 자신과 가족, 더 넓게 나아가서는 국가를 지

---

1) 허영. 한국헌법론, 서울: 박영사, 1995. p.567.
2) 소충호. 인구변화와 병역자원 수급방안에 관한 연구, 한남대학교 행정정책대학원 석사학위논문. 2002. p.8.

키고자 하는 자발적 권리의 성격을 갖는다고도 볼 수 있다.

그런데 왜 우리의 많은 젊은이들이 군대에 가는 것을 싫어하는 것일까? 우리는 병역의 의무를 강조하면서도 이에 대한 근본적인 의문과 해결방안을 제시하는 데는 소홀했던 것 같다. 특히 급속한 사회 환경의 변화에 따라 청소년의 가치관과 의식구조가 과거의 환경에서는 예측할 수 없을 만큼 많이 변해 왔기 때문에 그러한 현상은 더욱 심화되고 있다. 각종 연구에 따른 신세대 장병들의 사고방식과 행동양식에는 자기중심적이며 합리적이고, 현실적 이해타산과 득실에 민감하다는 특성이 있다.3) 따라서 병역의무를 당연한 것으로 받아들이겠다는 비율도 약 40% 수준에 불과하다.4) 군 입대를 편하지 않게 생각하는 데는 여러 가지 이유가 있겠지만 가장 큰 이유 중의 하나는 역시 군대 내의 생활이 사회로부터 심각할 정도로 고립되어 있다는 데 있다. 체력적으로나 정신적으로 가장 왕성한 활동을 시작하는 젊은 시절을 가족과 친구들 그리고 이 사회에서 정들은 모든 것들과 떨어져서 살아가야 한다는 것은 누구에게나 심리적으로 위기감을 갖게 하는 일일 것이다.

그러면 이 사회적 문화적인 고립감을 조금이라도 해소할 방법은 없을까? 바로 이러한 생각, 즉 도서관을 통해 문화적 소외감과 사회적 고립감을 해소해 보겠다는 기본 인식이 발단이 되어서 시작한 것이 '군부대에 도서관을 지어주자'는 운동으로 발전한 것이며, 최근 사회적인 합의를 형성하게 된 것이다. 그런데 국방부 통계에 의하면 우리나라 군부대에도 많은 도서관이 있는 것처럼 보이지만, 일반 병사의 입장에서 보면 우리나라 군부대에는 사실상 도서관이 없다. 내무반 내의

---

3) 정정문. 한국병역제도의 발전방향에 관한 연구. 한남대학교 행정정책대학원 석사학위논문. 2002. pp.59-60.

4) 한국국방연구원. 21세기 병무행정비전 및 정책방향.(정정문. p.61에서 재인용)

개인 관물대 안이나 중대본부 또는 대대본부의 작은 공간에 책을 일부 보관하고 있기는 하지만 이들이 도서관의 역할을 실제적으로 대체하지 못한다. 많은 사람들이 군부대에서 더러 문학서를 탐독하고 개인적으로 공부도 많이 한다고 하지만 그 책들은 군부대 내에서 빌려 본 것이 아니고, 휴가 때 자비로 또는 가족들이 구입해 준 책들이다. 또한 요즈음 병영의 선진화를 추구하면서 군부대 환경이 과거와는 상당 부분 달라졌다고는 하지만, 독서환경에 있어서는 별로 차이가 없고, 군대에서 무슨 독서냐 하는 반론도 만만치 않은 것이 현실이다. 숨 돌릴 틈 없는 교육훈련, 일과 후면 어김없이 찾아오는 '군기잡기 집합', 꼬리를 무는 훈련 등으로 한눈 팔 새 없는 군 생활 속에서 어떻게 책을 읽을 수 있을까? 최상의 전투력을 유지해야 한다는 지상목표에 자칫 장병들의 독서가 걸림돌이 되지는 않을까 하는 생각들을 여전히 가지고 있기 때문이다.

그러나 군 경험자들의 의견이나, 연구결과[5]를 종합해 볼 때, 많은 병사들이 어려운 군대 생활 가운데서도 틈틈이 보았던 그 책들이야말로 역경을 이겨내고 꿈을 키워나가는 데 적지 않은 힘이 되었다는 데는 이의가 없다. 또한 군부대의 독서환경은 예나 지금이나 열악하기는 하지만, 병사들의 지적 수준이 높아졌고 부대 지휘관들의 지휘 통솔방식도 달라지고 있다. 사병들의 60-70%가 전문대 이상의 대학을 졸업했거나 재학 중에 군에 입대하고 있고,[6] 각급 지휘관들도 독서를 장려하고 있다. 따라서 우리 군은 가장 왕성한 체력과 풍부한 감수성과 창의력을 갖고 있는 20대 초반의 젊은 지적자원, 즉 이 나라의 미래를 담

---

5) 연구 항목 '내무 생활에서 가능한 행동' 중에 '내무반에서 책을 마음대로 읽을 수 있다.'는 응답이 66.8%나 되었다.(윤영호. 국군 복무 청소년 육성 정책에 관한 연구, 경기대학교대학원박사학위논문. 1999. p.124)

6) 중앙일보 · 진중도서관 건립 국민운동.(중앙일보, 03/1/23)

보한 69만 명의 든든한 장병들을 확보하고 있는 예비적인 엘리트 집단이라고 해도 지나친 말이 아닐 것이다. 그러므로 이들을 문화적 사각지대에 남겨 놓는다는 것은 크나큰 국가적 손실이 아닐 수 없을 것이다.

이에 그동안 민간단체 중심으로 병사들의 지적 호기심을 충족시키고 자기계발 촉진의 기회를 제공하고자 병영 내에 도서관 설치를 지원하는 움직임이 시작되었고, 2003년 5월 29일 개정 공표된 '도서관 및 독서진흥법'에 따라 병영도서관을 특수도서관 범주에 추가함으로써 커다란 전기를 마련하게 되었다. 이 법에 따라 병영도서관은 '병영 내 장병 등에게 교육, 학습, 연구 및 문화활동 등을 위한 도서관 봉사를 제공함을 주된 목적으로' 설립하게 되었으며, '자료를 수집 정리 보존 축적하여 장병들에게 도서관봉사를 제공하고, 다른 도서관 및 문고와의 협력과 자료의 교환 등을 수행'하도록 되었다.

따라서 이제까지 군부대에 책 보내기 운동, 군부대 작은 도서관 만들기 운동 등 주로 민간단체에 의해 주도되어 오던 병영도서관 건립은 국가적으로 수행할 수 있게 되었다. 법제화와 맞물려 병영도서관 건립운동이 빠르게 진전되는 가운데, 국방부는 2005년부터 병영현대화 대대급 이상 통합막사 개선 사업을 통해 매년 병영도서관 시설을 단계적으로 80~100여 개 부대에 설치하는 것을 국방중기계획에 반영하여 추진하고 있다.

그러나 이처럼 병영도서관의 설립이 가속화되고 있는 데 반하여, 우리나라 병영도서관에 적합한 시설 규모나 자원, 인력에 관한 연구나 지침 없이, 단순한 기계적 계산 방식에 의해 일률적 획일적 방식으로 도서관 면적 등 외형적인 시설 규모와 양적인 도서보급의 기준을 마련해서 시행하는 수준에 머무르고 있다. 병영도서관이 종합적인 문화 공간으로 발전할 수 있도록 하기 위해서는 그리고 항구적으로 군부대

구성원들에게 실질적인 혜택을 주는 기관으로 성장하기 위하여서는 군부대의 특수한 환경을 반영하고 이용자들의 요구에 적합한 운영모델의 개발이 시급하다. 따라서 본 연구는 이러한 연구의 필요성에 의해 다음과 같은 연구의 목적을 설정하였다.

첫째, 우리나라와 미국의 병영도서관 관련 현황, 그 역사와 발전과정을 조사하여 분석한다.

둘째, 병영도서관의 시설 규모, 종류, 예산, 장서, 인력현황 등 관련 환경을 파악한다.

셋째, 병영도서관 이용자의 요구를 조사 분석하여 수요자 요구를 반영한 운영 기준 설정을 위한 기초 자료를 제공한다.

넷째, 병영도서관 관련 환경과 이용자의 요구에 맞는 운영모델을 제안한다.

1.2 연구의 내용 및 제한점

1.2.1 연구내용

본 연구는 이론 연구 부분과 현황 조사 및 이용자 요구분석으로 이루어진다. 이론 연구에는 병영도서관의 역사와 철학적 배경, 발전과정에 대한 분석이 이루어지며, 현황조사에서는 군부대 병영도서관 실사를 통한 현장 조사와 도서관운영의 기본 요소(장서, 시설, 인력, 예산 등)별 기준에 관한 문헌 조사 등이 포함되며, 집단 면담과 개별 면담을 통한 이용자 조사가 이루어진다.

1.2.2 연구범위 및 제한점

현재 우리나라는 병영도서관 역사가 일천할 뿐 아니라 그 현황에 대한 실사가 제대로 이루어지지 않은 상황이다. 여기에는 일반에게 공개하기 어려운 군부대라는 특수성과 이에 따른 방문 조사의 어려움이 있다. 이러한 점 등을 고려하여 본 연구는 국방부의 협조를 얻어 연구를 수행할 수 있는 전국의 병영도서관 가운데 제(가)사단과 제(나)사단의 예하의 병영도서관 일부를 조사대상으로 제한하였다. 또한 본 연구에서의 병영도서관은 기본적으로 대대급 제대의 병영을 대상으로 하는 것이며, 사병의 이용을 전제로 한다. 군별 특성과 제대별로 그 기준이 다르게 적용될 수밖에 없음으로 본 연구에서는 먼저 각 군의 80% 이상을 자치하고 있는 육군을 대상으로 하고, 또한 그 육군 구성의 80% 이상을 차지하며, 가장 도서관 혜택을 필요로 하는 사병을 중심으로 한 병영도서관을 연구대상범위로 제한하였다.[7]

1.3 기대효과 및 활용도

병영도서관의 운영모델은 현재 설립하여 운영 중이거나 앞으로 설립될 병영도서관의 실질적인 운영과 계획에 활용될 수 있을 것이며, 2005년에 발표할 예정인 병영도서관 기준 설정의 기반이 될 수 있을 것이다. 이 연구를 시작으로 장서, 이용자 봉사, 인터넷을 활용한 봉사 등 다양한 측면의 병영도서관 서비스 모델에 관한 연구가 이루어질 것으로 보인다. 또한 연구 결과는 병영도서관 운영 및 발전방안 수립을 위

---

7) 현재 우리나라의 군별 간부와 사병 간의 비율은 대략 육군의 경우 약 18:82이고, 해군은 약 42:58, 공군은 약 44:56을 나타내고 있다. (http://www.dapis.go.kr/jour/200310/j83.htm 참고)

한 연구 등 정책적인 연구의 기초 자료로 활용될 수 있을 것이다.

1.4 선행연구

그동안 군 교육기관에 있는 도서관에 관한 연구[8]는 일부 있었지만 '병영도서관' 관련 연구는 많지 않다. 군 내부 문건으로 혹 조사된 것이 있을 수 있겠지만 국내 학술지에 게재된 자료는 찾을 수 없었다. 이에 국내에서 선행연구를 찾지 못한 필자는 2003년 가을, 국내 신문에서 입수한 정보와, 인터넷을 통해서 찾을 수 있는 미국과 유럽의 병영도서관 관련 홈페이지 그리고 진중도서관 건립운동을 펼치고 있는 (사)사랑의책나누기운동본부의 내부 문건을 조사하여, "병영도서관의 역사와 발전방향"이라는 첫 번째 논문을 내놓았다. 다음, 2004년 가을, 한국도서관협회에서 개최한 제42회 전국도서관대회에서 현재 사랑의 책나누기운동본부 본부장인 민승현은 '이제 새로운 군대(軍大)를 이야기 하자'라는 제목으로 주제 발표를 한 바 있다. 이 글에서 군에서 추진 중인 병영도서관 운동의 사례와 국방부의 향후 계획이 일부 밝혀졌다. 이후 2004년 12월 13일 국회의원회관에서 '병영도서관 독서운동 어떻게 할 것인가에 대하여'라는 타이틀로 토론회가 개최되었다. 이 토론회 자료집에서 필자는 '미국의 병영도서관의 역사와 발전과정'이라는 글을 통해 2003년도 논문에서 밝히진 못한 한국전쟁기간 동안의 미군의 병영도서관 활동 등 여러 가지 자료를 찾아내어 병영도서관

---

8) 대부분 군 관계자의 학위논문으로 1) 홍복일. 한국 군도서관의 재조직에 관한연구(연세대학교 교육대학원 석사학위논문, 1973), p.137., 2) 오수국. 군도서관의 운용방법 개선방안에 관한 연구(성균대학교대학원 석사학위논문, 1984), p.56., 3) 오수국. 군교육기관에서 학술정보 이용에 영향을 미치는 요인분석(성균관대학교대학원 박사학위논문, 1991), p.94. 등이 있다.

역사관련 진전된 연구를 이어갔다.

　국외연구도 군이라는 제한적 특성이 그대로 반영되어 많은 연구가 선행되지는 못했다. 따라서 병영도서관 선진국인 미국의 사례를 찾는 데 중점을 두었다. 미국의 병영도서관에 관한 연구로 가장 대표적인 연구는 Katherine J. Harig의 저작으로 1917년부터 미국의 병영도서관의 발전사를 1980년대까지 종합해 놓았을 뿐만 아니라 전 세계의 미군 주둔지에 있는 사서들을 직접 만나는 한편 설문 조사를 통해 병영도서관의 일반적인 현황 및 서비스 프로그램, 교육지원 프로그램 등 그 운영현황을 조사하여 세밀하게 분석하였다.9) Harig의 저작에 영향을 미친 자료로는 Mary Stillman이 쓴 "미군도서관 서비스: 그 역사, 조직과 관리"라는 박사학위 논문이 있었다.10) 그러나 이 연구는 공군 병영도서관 서비스에 국한된 것이었고, 1960년대까지의 짧은 역사만을 다루고 있다. 비교적 중요하게 다루어진 이 박사학위 논문 한 편을 제외하고는 육군도서관의 역사를 다룬 Doris W. Gilbert의 "오늘날의 육군도서관"11)과 군대에서의 교육에 대한 도서관 지원 문제를 다룬 Margaret C. Montondo의 "육군도서관프로그램의 육군종합교육개발 프로그램 지원"12)등 두 편의 미간행 석사논문이 있는데 그 주제들이

---

9) Katherine J. Harig, *Libraries, the Military, & Civilian Life*, Library Professional Publications, 1989. p.194.

10) Mary Elizabeth Stillman, The United States Air Force Library Service: Its History, Organization and Administration(Unpublished Ph. D. diss. University of Illinois, 1966).

11) Doris W. Gillbert, The Army Library Today(Unpublished MSLS thesis, The Catholic University of America, 1961). Gillbert의 논문 외에 육군도서관의 역사에서 참고할 만한 자료로는 Shirley Havens의 글이 있다. "A Day with the Army", Library Journal 91(February 15, 1966): 894 -900.

12) Margaret C. Montondo, Support Given the Army General Education

폭넓게 다루어지지 않았고, 이들이 다룬 내용은 Harig의 저작에 포함
되어 있다. 이 밖에 해군도서관의 역사를 다룬 Skallerup의 역작[13]과,
군대에서의 교육과, 평생교육의 문제를 다룬 여러 편의 논문이 있었지
만 본고의 주제의 깊이와는 차이가 있어 다루지 않았다.

2. 미국의 병영도서관 조직과 서비스 현황

2.1 미국의 병영도서관 현황과 조직

앞 장에서 병영도서관의 역사에서 살펴본 것처럼 미국은 1920년대
에 이미 미국 본토와 세계 각처의 주둔지에 228개의 병영도서관을 설
치하였다. 현재에도 미 국방부 산하에 등록된 것만 260여 개의 도서관
이 있을 만큼 도서관은 군부대에 없어서는 안 될 대표적인 서비스기
관으로 자리잡고 있다. 주한 미군이 자리잡고 있는 우리나라에도 22개
의 병영도서관이 있을 정도이다. 이 도서관들은 대부분 네트워크로 연
결되어 있어 자료와 정보를 모두 공유하고 있다.

이들 병영도서관을 전체적으로 관장하는 공식 부서는 국방부 내의
육군부(Department of the Army)로 이곳에서 병영도서관 업무를 총
괄하고 군부대 사서를 모집하고 교육하기도 한다.[14] 대표적인 지원

Development Program by the Army Library Program(Unpublished
MSLS thesis, The Catholic University of America, 1969).

13) Harry Robert Skallerup, *Books Afloat and Ashore: Libraries and
Reading among Seamen during the Age of Sail*(Hamden CT: The
Shoe String Press, 1974).

14) 특수도서관협회의 군사서분과의 병영도서관 목록은 미국과 기타 지역으

기관은 미국 특수도서관협회 내의 군사서분과(Military Librarians Division: 이하 MLD)이다. MLD는 특수도서관협회 내에 1953년에 설립되었으며 병영도서관 서비스의 향상에 관심을 갖는 모든 사항을 다루고 있다. MLD 조직은 이사회와 집행부가 있고, 그 밑에 8개의 위원회(Award, Bylows, Membership, MLW Planning, Nominating, Publications, Resources Management, Strategic Planning)가 있다. 회원은 모든 미군(U.S Military Services), 캐나다 3군통합군(Canadian Combined Armed Forces), 다른 국가 군부대 서비스들, 기타 국방부 에이전시, 계약자와 판매자 그리고 군부대의 도서관사업에 관심을 갖고 있는 모든 사람들로 구성되어 있다.

이 분과의 목적은 협회의 조직 내에서 그리고 좀 더 넓게는 세계적으로 직업적 위상을 높이는 것이고, 또한 이 새로운 지식경영시대에 요구되는 핵심 경쟁력을 개발하기 위하여 회원들을 지원하려는 것이다. 이곳의 운영은 병영도서관 사업에 관한 아이디어와 정보를 교환하는 하나의 포럼형식으로 진행되며, 봉사대상자들에 대한 서비스를 증진시키는 것을 돕는 각 부대의 회원들을 지원하기 위한 프로젝트를 고안해 내고 수행한다.

따라서 회원들의 전문직으로서의 발달을 장려하고 성공적인 국가방위를 위해 도서관의 중요성을 강화시키는 일에 종사하는 것을 궁극적으로 지향하고 있다. 이러한 목적을 달성하기 위해 MLD는 연례 ALA회의, 자체의 연례분과회의, 정기적인 컨퍼런스와 워크숍(Military Librarians Workshop), 네트워킹, 위원회 참여, 뉴스레터 ‘*The Military Librarian*’

로 나누어 그 리스트를 제공하고 있는데, 일부 조직도 소개되어 있다.
〈http://www.sla.org/division/dmil/millib.html〉
또한 육군도서관프로그램을 운영하는 웹 팀의 조직도 나타나 있다.
〈http://www.libraries.army.mil/contact.htm〉 [cited 2005.2.12].

(계간)의 발행 등 각종 프로그램 후원을 통해 움직이고 있다.15)

이 외에 미국도서관협회의 라운드테이블로 운영되는 '연방/군도서관 라운드테이블(Fedral and Armed Forces Libraries Round Table: 이하 FAFLRT)'은 군에 근무하는 사서들로 조직된다. 이 FAFLRT는 미 연방정보 및 군 지역사회 내에서 도서관 및 정보서비스와 관련한 전문 업무를 촉진시키고, 연방/군도서관과 정보시설 및 자원들의 적절한 활용을 장려하는 조직이다. 또한 이 조직을 통해 연방/군도서관 계획과 개발 및 운영과 관련된 연구와 발전을 진작시키고 있다.16)

2.2 미국의 병영도서관 서비스 프로그램

미국은 20세기 이후 다양한 전쟁에 참여한 여파로 군부대에 대한 지원도 그만큼 다양하며 전문화되어 있다. 특히 도서관지원프로그램은 크게 사기 진작과 복지, 레크리에이션이라는 종합적인 틀에서 제공되고 있다. 대표적인 군부대 도서관프로그램으로 미 국방부(펜타곤)의 육군도서관 프로그램(Army Library Program: 이하 ALP)이 있다.17)

이 프로그램은 여러 관종(학술연구도서관, 통합도서관, 일반도서관,

---

15) http://www.sla.org/division/dmil/AboutMLD.htm [cited 2005.2.12].

16) A round table of the American Library Association, FAFLRT is dedicated to promoting library and information services and the LIS profession within the U.S. federal government/military community, encouraging appropriate utilization of federal and military library and information facilities and resources, and stimulating research and development related to the planning, development, and operation of federal and military libraries. FAFLRT publishes the quarterly news letter Federal Librarian. ⟨http://lu.com/odlis/odlis_f.cfm#faflrt⟩ [cited 2005.2.12].

17) http://www.libraries.army.mil [cited 2005.2.12].

사령부지원 도서관, 법률도서관, 의학도서관, 과학기술도서관, 기타 미
군역사연구소 등)을 포함하는 전 세계적인 네트워크를 통해 군부대
(Army Community)가 전자도서관서비스를 경유하여 선택된 웹 자원
에 접근할 수 있게 하는 것이다. 이 프로그램의 비전은 "현재와 미래의
하나의 전략적 지식경영 제공처로서, 군부대의 성공적인 사명완수를
위한 관문으로서 봉사하는 것"이고, 그 사명은 "군대가 군인, 군속 및
그 가족들을 위해 교육, 연구, 훈련, 자기개발, 복지, 봉사활동, 평생학
습을 동시에 용이하게 수행할 수 있도록 광범위한 지식을 얻게 하고
유지시키게 하는 전략적인 지식경영자원으로 존재하게 하는 것"이다.

이러한 비전과 사명을 제시하고 실행하는 기관으로 '병영도서관 프
로그램부'가 있다. 이 부 안의 병영도서관 사서는 260개의 도서관과
정보센터의 전략적 계획, 정책 그리고 그보다 많은 ALP의 전 세계
네트워크의 지지를 위한 책임을 지도록 되어 있다. 이들 병영도서관
사서들의 본부 사무실은 1997년부터 워싱턴 펜타곤에 자리 잡고 있다.

이 ALP가 제공하는 육군도서관 프로그램의 웹사이트는 '육군전자
도서관서비스'(Digital Army Library Service: 이하 DALS)라는 포털
사이트로 설계되어 있다. DALS는 현재 개발 중에 있는데, 완전히 실
행되면 ALP를 통해 이용할 수 있는 광범위한 디지털 전자정보자원에
접근할 수 있도록 되어 있다. DALS 서비스는 OPAC 제공과 전자 레
퍼런스 서비스, 전문자료제공을 포함하고 있다.

ALP는 궁극적으로 이러한 협동적인 공동의 노력이 병영도서관 사
서들의 전문적 지식과 부대의 지식경영지원과 원거리 학습 주도 등으
로 결합되어 군 네트워크를 통해 전 세계에 분포되어 있는 군의 개별
도서관의 장서구성에 영향을 미칠 것으로 내다보고 있다.

ALP와 함께 소개할 수 있는 또 하나의 군부대 지원 도서관프로그

램 서비스로 미 육군일반도서관프로그램(U.S. ARMY GENERAL LIBRARY PROGRAM)이 있다.[18) 이 프로그램은 1984년 11월 육군부(Department of the Army)에 의해 설립된 미 육군 및 가족지원센터(U.S. Army Community and Family Support Center : CFSC)의 지원으로 이루어지고 있다. 이 프로그램에 의해 지원되는 육군 병영도서관들은 CFSC를 통해 관리된다. 미 육군 일반도서관 네트워크는 군부대의 지적 요구를 충족시킨다. 약 127개의 일반도서관들이 세계 14개 국가에 있는 군 광역망을 통해 이용될 수 있다. CFSC도서관프로그램 사무처는 정책, 프로그램 방향과 기준[19)을 제공한다. 또한 전체 서비스도서관들의 평가와 조언, 도서관 활동과 서비스의 통합과 조정, 사서들의 경력개발과 관련된 하나의 자원으로서의 법령 등도 제공한다. 부가적으로 CFSC 도서관프로그램사무처는 중앙집중식 수서 서비스를 통해 각 도서관의 도서와 전자참고도서의 구입을 지원한다.

이 밖에 현재 미군은 한국 내에서도 주한 미군과 부속기구 직원 그리고 각 미군에 배속된 한국 군인들을 위해 병영도서관을 운영하고 있다. 현재 인터넷을 통해 운영되고 있는 프로그램을 보면, IMA KORO MWR Libraries[20)라는 온라인 전자도서관 형식이 오프라인 도서관과 병행하여 지원되고 있다. 이 프로그램은 개별 도서관 시스템이라기보다는 도서관 협력망이다. 따라서 이곳은 우리나라 각 지역에 분산되어 주둔하

---

18) http://www.armymwr.com/corporate/programs/recreation/libraries/ [cited 2005.2.12].

19) 관련 기준으로 1) Army Morale Welfare and Recreation Baseline Library Standards, 2) Department of Defense Morale Welfare and Recreation Library Standards 등이 있는 데, 다음 사이트에서 찾아볼 수 있다. ⟨http://www.armymwr.com/corporate/programs/recreation/libraries/librarystandards.asp⟩ [cited 2005.2.12].

20) http://eusa.library.net [cited 2005.2.12].

고 있는 22개소의 미군을 위해 동일한 시스템으로 지원하는 하나의 도서관인 셈이다. 패스워드를 부여받은 사람은 누구나 이 시스템에 포함된 22개의 도서관 중 어느 도서관에서라도 자료를 대출받을 수 있다.

3. 우리나라의 병영도서관 역사와 현황 분석

3.1 민간단체의 병영도서관 건립 및 지원활동

우리나라 군부대 내의 도서관, 즉 병영도서관이라고 할 수 있는 도서관은 사실상 없었다. 과거 대대본부의 정훈과 감독하에 소규모의 문고형태가 있었고, 국방대학원과 사관학교의 도서관과, 육군 본부나 사단급 이상 부대에 일부 도서관이 있지만, 이는 장교들이나 간부 후보생들을 위한 것이지 일반 병사들을 위한 도서관은 아니었다. 사실상 병영도서관의 주요 대상이 되는 병사들을 위해서는 대대급 이하의 도서관이 반드시 있어야 한다.

과거 신문 기록을 보면, 대략 30-40년 전인 1970년대부터 '군부대에 책 보내기 운동'을 한 독지가가 여럿 있었다는 것은 알 수 있지만, 그 자세한 내용은 알 수 없다.

실제적인 군부대의 도서관 설립은 1999년 4월 5일 '사랑의책나누기운동본부'가 발족되면서 시작되었다고 보아도 지나치지 않을 정도로 그동안의 활동이 비공식적 비조직적으로 이루어져 왔다. 2001년 9월까지 모두 12곳의 병영도서관을 건립한 이 민간단체는 비영리 민간단체의 힘으로서만 이 일을 펼쳐나가는 데는 많은 어려움을 느끼게 되었다. 도서관을 만들어준다는 사실이 각 군에 전해지면서 육·해·공군

가릴 것 없이 전국 각지에서 공문과 전화, 심지어 눈물어린 편지까지 쇄도했지만, 이 단체의 역량상 이를 더 어찌해 볼 수 없다는 한계를 절감한 것이다. 분명한 사실은 현재의 69만 장병이 문화에 책에 굶주리고 있다는 것이었다.[21] 이후 이 단체는 병영도서관 문제가 국가 정책적으로 이루어져야 할 일이라는 인식을 갖게 되었고 진중도서관 법제화를 위한 의안 발의안을 정병국 의원실에 제출하고, 이를 논의하기 위한 진중도서관 건립을 위한 국회조찬토론회 자리를 기획하게 된다.[22] 이어서 2002년 10월 25일 병영도서관 건립을 위한 공청회[23]가 마련되었고, 2002년 12월에는 언론사와 공동 캠페인을 이끌어 내기에 이른다. 이에 2003년 중앙일보 10대 사업에 선정, 중앙일보와 공동으로 병영도서관 건립을 위한 국민캠페인을 시작하였다.[24] 국민 캠페인

---

21) 김종해 육군3사관학교 정훈실장은 이를 두고 '군대는 춥지도 배고프지도 않다. 그러나 아직 지식문화에는 목마르다!'라고 표현했다. 1960·70년대 위문편지와 함께 치약 등 생필품을 위문품으로 보내던 당시와 오늘의 군 환경은 분명 다르다. 하지만 군 문화환경에 있어서는 1만 불 시대의 대한민국 군대일까 싶을 정도로 환경이 열악한 측면이 있는 게 또한 사실이다.

22) 2002년 3월 26일 오전(7:30-9:30), 국회의사당에서 개최된 이 모임에는 김언호(한국출판인회의 회장, 사무국장 정광호), 김종수(출판협동조합 이사장), 노정용(파이낸셜뉴스 기자), 도정일(책읽는사회만들기 공동대표), 민승현(사랑의책나누기운동본부 본부장), 윤무장(국방부 정훈공보관, 김기삼 국방부 정훈공보실), 정동렬(이화여대 문헌정보학과 교수), 정병국(한나라당 국회의원) 등이 참석하였다.

23) 육군회관에서 개최된 이 토론회의 발제는 1) 진중도서관의 시대적 전망과 문화적의미(탐라대 김재윤 교수), 2) 군 독서의 실태와 가능성 모색(육군3사관학교 김종해 정훈 실장) 이었으며, 토론자로 전여옥(작가, 인류사회 대표), 홍은희(중앙일보 논설위원), 해성(책읽는사회만들기국민운동 사무처장), 이용훈(한국도서관협회 기획부장) 등이 참석하였다.

24) 2002년 10월 25일 토론회 이후, 이 운동을 보다 조직적이고 광범위하게 해 나가야 할 필요성을 느끼게 되어 사단법인 사랑의책나누기운동본부

을 벌이던 중 병영도서관법안은 국회 문화관광위원회 소위를 거쳐 2003년 4월 30일 본회의에서 통과되어 5월 29일 '도서관 및 독서진흥법 개정법률안'이 공포되게 된다. 이로써 병영도서관 건립에 제도적 근거를 마련함으로써 병영도서관 건립운동은 역사적인 한 획을 긋게 된 것이다. 특히 '군부대 안에 병영도서관을 설치할 수 있다.'는 내용의 의미는 제도적으로 군부대 내에 병영도서관을 설치할 수 있는 법적 근거를 마련한 것으로, 군부대 장병들의 독서환경 조성에 크나큰 공헌을 한 것으로 볼 수 있다. 이 운동이 사회적으로 이슈가 되고 법제화 과정을 거치는 데 만 4년이 걸렸고, 그동안에 한 단체의 지속적인 노력이 계속되었다는 것을 알 수 있다. 이후 여러 시민 단체와 정부기관, 각계 인사들의 후원을 통해 지금까지 '군부대 작은 도서관 만들기' 운동으로부터 '진중도서관 설립' 운동을 추진해 왔다. 2007년 6월 말 현재, 전국적으로 48개의 병영도서관을 개관시켰다. 또한 그 과정에서 '군부대 작은 도서관 개설운동', 군 장병을 대상으로 한 '작가·명사와의 만남', '진중도서관건립 국민캠페인', '북 매거진 월간 나눔의 책 발행', '포스터 제작을 통한 홍보', '지하철 책 열차 매트로 북 메세 운영' 등 전략적이고 내실 있는 기획을 통해 독서운동의 사회적 이슈화와, 진중도서관 건립의 법제화에 성공할 수 있었음을 알 수 있다.

이렇게 볼 때, 우리나라의 병영도서관의 역사는 대부분 민간 차원에

는 한 개의 도서관을 일선장병에게 기부하는 차원이 아니라 우리가 가꾸어 온 이 운동의 대의와 명분과 비전을 사회에 기부하는 심정으로 '진중도서관건립국민운동'을 발족하고 추진위원회를 결성하기에 이른다. 이 조직은 운동본부의 여러 독서문화사업들 가운데 병영도서관 관련사업만을 분리하여 보다 조직화하려는 것으로 이수성 전 국무총리(고문), 김성재 전 문화관광부장관(이하 공동대표), 박원순 아름다운재단 상임이사, 이동희 예비역 준장, 장만기 한국인간계발연구원 회장, 현명관, 전국경제인연합회 상근부회장 등 각계 인사가 참여하였다.

서 이루어진 것으로 공식적으로는 대단히 일천할 수밖에 없다. 또한 현재 설립된 병영도서관도 전통적으로 도서관 구성의 3요소라고 하는 전문직원과, 시설 그리고 장서가 골고루 갖추어져 있느냐에 대해서는 여전히 많은 의문의 여지가 있을 것이다. 따라서 앞으로 그동안의 발전과정에서 간과된 부분에 대한 보완작업이 잇따라야 할 것이다.

3.2 국방부와 군부대의 병영도서관 지원현황 분석

3.2.1 국방부 및 군부대의 병영도서관 지원현황

앞서 민간단체의 병영도서관 건립현황에서 살펴본 것 이외의 군 자체에서 자체계획과 예산을 가지고 설립한 병영도서관은 국방부 본부나, 각 군 사관학교 등 대학교 수준의 기관 그리고 사단급 이상에서 살펴볼 수 있으나,[25] 병사들의 대부분이 집단적으로 복무하고 있는 대대급에서는 찾아볼 수 없다는 것이 군 관계자의 일반적인 시각이다. 본 연구에서는 이러한 시각을 뒷받침하기 위한 현장 조사로서 2005년 4월 8일 군부대 병영도서관 방문조사[26]를 실시했다. 육군 제(가)사단

---

25) 군 관련 '도서관'이라고 이름 붙일 만한 시설은 대부분 군 교육기관 도서관이다. 국방부 직할의 국방대학원, 국방참모대, 국군정신교육원, 국군간호사, 공군에 교육사, 공군대학, 정신교육원, 공사, 육군에 교육사, 제병협동교육본부와 각급 병과학교, 육군대학, 육사, 3사, 여군교, 학생중앙군사학교, 육군하사관학교 그리고 해군에 교육사, 해군대학, 해사 등 30여 개 기관에 도서관이 있다.(오수국. "한국 군 교육기관 도서관의 특징에 관한 연구", 육군사관학교 화랑대 연구보고서, 1995, p.6. 참고)

26) 이 조사는 (사)사랑의책나누기운동본부의 협조 요청을 통해 국방부와 군부대의 협조로 이루어졌으며, 2005년 4월 11일(사)사랑의책나누기운동본부 본부장, 국방부 병영도서관 담당사무관, 본 연구 팀 2명이 공동으로 참석하여 수행하였다.

과 제(나)사단 내의 5개 병영도서관을 실사했으며, 부사관급 이상 장교 10여 명과 사병 40여 명과의 집단 면담을 실시했다. 다음은 국방부 제공 자료와 실사를 통해 조사한 현황자료를 중심으로 병영도서관 부문별로 그 내용을 분석한 것이다.

(1) 병영도서관 설치(시설) 부문

군 관련도서관은 국방부의 자료에 따르면 전군에 전체 248개의 도서관이 설치되어 있는 것으로 나타나는데, 이는 숫자상으로는 상당히 많은 도서관이 설치된 것으로 볼 수 있다. 그 현황은 다음의 〈표 4-1〉과 같다.[27]

〈표 4-1〉 군 관련 도서관 설치현황[28]

설치제대	설치관수	운 영	도서보급	활 용	비 고
계	248개				
군사령부급 이상	43개	예산/인력편성			
학교기관		예산소액편성			중장급 학교기관
군단급					기타학교기관
사단급 이하	205개	문고형태관리 (지휘관 재량에 따라 소수부대는 사서병 배치)	진중문고:연1회 10여 종 12,000질 (중대급) 정기간행물:매월 5종 30,000부 (소대/중대급)	간부교육준비용 교범위주 비치, 공간 협소로 도서관 기능 확대	기타 자체 및 외부지원설치
연대급					
대대급					
중대급			행정반 및 내무실 비치, 교육자료로 활용		
소대급					

27) 최근 2006년 말 기준으로 국방부에서 비공식적으로 제출한 자료에 따르면 병영도서관이 총1,361개 이며, 대대급 규모는 1,154개로 나타나는데 이는 본 연구시기와 차이가 있어 참고자료로만 밝혀준다.

그러나 〈표 4-1〉에서 보여주는 현황과 실제 상황과는 상당한 괴리가 있다. 2002년에 보고된 병영도서관 설치를 위한 공청회 자료[29]에 따르면, "현재, 군에서 정식으로 인가된(예산지원이 되는) 도서관은 군단급 이상 부대에 한정되어 있으며, 사단급 이하 부대에서는 각급 지휘관의 재량에 따라 간이 도서관형태[30]로 운영되고 있으며, 전문직 사서와 기능을 갖춘, 즉 도서관 관리시스템을 보유한 상태에서 그나마 분기별로 최소한의 신간서적(20권 내외)을 확보할 수 있고, 사병들을 대상으로 대출이 가능한 제대는 군단급 이상이다."라고 발표한 바 있다.

따라서 앞의 〈표 4-1〉에서 43개의 예산이 지원되는 도서관들은 대부분의 일선 장병들이 이용한다는 것은 사실상 불가능하다는 것을 뜻한다. 정확히 말해서 학교기관의 도서관이라 함은 군 교육기관의 도서관으로 병영도서관의 의미와는 본질적으로 다르다. 병영도서관은 그야말로 "육군, 해군, 공군 등 각급 부대의 '병영 내 장병' 등에게 교육, 학습, 연구 및 문화활동 등을 위한 도서관 봉사"를 뜻하는 것으로, 기본적으로 대대급 이하의 제대를 의미한다. 나머지 205개의 사단급 이하 도서관들도 사실상 예산지원이 전혀 없는 소규모의 문고차원에서 관리되거나, 아니면 오래된 도서를 보관하고 있는 실정이다. 만약 위의 국방부 제공 통계가 의미가 있는 것이라면, 앞서 그 발전상을 자세하게 소개했던, 미 국방부에 등록된 병영도서관 260개와 우리나라의 현황이 무슨 차이가 있겠는가?

본 연구의 조사대상이 된 육군 제 (가)사단과 제 (나)사단의 병영

---

28) 국방부 정훈실 제공자료(2004년 기준)

29) 2002년 10월 25일 사단법인 사랑의책나누기운동본부가 육군회관에서 마련한 진중도서관 건립을 위한 공청회에서 발제자로 나온 당시 육군3사관학교 정훈공보실장 김종해 중령의 발제자료로 "군 독서의 실태와 가능성 모색" 이다.

30) 일종의 문고 형태로 초등학교의 학급문고와 비슷한 형태를 일컬음.

도서관 운영현황을 보면 다음과 같다.[31]

〈표 4-2〉 제 (가)사단 병영도서관 운영현황

구 분	관리병 운영	시설면적			보유 자료	관리 부서	비 고
		도서실	열람실	기 타			
통신대대 (전진 도서관)	병1명 (겸직)	12평	50석	컴퓨터 1대 책상	1,800	부대별 관리	본부대 통합운영
의무대 (으뜸 전진)	병1명	32평	50석	컴퓨터 1대 책상	1,754	인사과	
수색대대 (지혜의 샘)	병1명 (겸직)	10평	15석	·	1,840	정작과	
헌병대 (헌우글방)	병1명 (겸직)	7평	10석	컴퓨터 1대 책상	2,648	지원과	
xx연대 x대대 (율곡 도서관)	병1명 (겸직)	25평	10석	컴퓨터 1대 책상	3,136	정보과	
xx연대 x대대 (일월성 도서관)	병1명 (겸직)	15평	15석	·	2,012	교육과	
yy연대 y대대 (도라 도서관)	병1명 (겸직)	10평	9석	·	1,760	인사과	
yy연대 y대대 (마정리 도서관)	병1명 (겸직)	20평	20석	책상1	3,500	작전과	
zz연대 z대대 (으뜸 도서관)	병1명 (겸직)	20평	30석	컴퓨터 1대 책상	3,424	부대별 관리	
zz연대 z대대 (돌격 도서관)	중대별 관리	40평	40석	·	2,907	인사과	
zz연대 z대대 (책사랑 도서관)	병1명 (겸직)	10평	20석	컴퓨터 1대 책상	3,718	정보과	
xy포병대대 (백곰 도서관)	병1명 (겸직)	6평	15석	컴퓨터 1대 책상	2,722	교육과	
신교대대	병1명 (겸직)	8평	·	책상1	1,500	정훈	
정비대대	병1명 (겸직)	5평	5석	·	200		
xy포병대대	병1명 (겸직)	7평	7석	·	1,300		

31) 보안상의 문제로 각 사단을 직접 명기하지 않았고(가), (나)사단으로 표기하였음

〈표 4-2〉에서 보면 〈표 4-1〉의 군 관련 도서관 설치현황과는 달리 사단 예하의 대대급 및 독립 중대에 이르기까지 모두 병영도서관이 설치되어 있는 것으로 나타났다. 이는 2004년부터 국방부 지시에 따라 일률적으로 급조된 것으로 과연 병영도서관이라는 이름을 붙일 수 있을까 하는 근본적인 의문이 든다. 전체 45개 부대의 도서관 현황을 보면, 설치 면적이 1평에서 40평까지, 열람석은 0석에서 50석까지, 장서는 30권에서 8,027권까지 다양하게 나타나 있다. 앞서 여러 번 언급한 바 있지만, 강조하자면 기본적으로 도서관 설치기준에는 4대 구성요소가 포함되어 있어야 한다. 먼저, 도서관을 구성하는 장서가 있어야 하고, 이를 관리하는 전문직 직원이 있어야 하며, 봉사를 제공할 건물과 시설이 기준에 맞게 설계되어 있어야 하며, 이들 모두를 지원할 예산이 있어야 한다. 그런데 이러한 기본적인 구비조건을 무시한 채 수십에서 수천 권의 장서가 존재하고 있고, 그것을 읽고 있는 장병들이 존재한다고 해서 도서관이 존재한다고 하는 것은 도서관의 본질을 제대로 이해하지 못하는 데서 오는 잘못이다. 실제 이러한 상황에서 아무리 지휘관이 의지를 갖고 재량권을 발휘하더라도 별도의 기금을 조성하지 않는 한 지속적인 신간지원 및 관리는 기대할 수 없을 것이다.

〈표 4-3〉 제 (나)사단 병영도서관 운영현황

부 대	관리병 (운영방법)	장 소	면적	열람실	기 타	보유 자료	관리 책임관	비 고
사령부	부관부1명	기록물 관리실 내	30평	16석	책상1개, 소파1개, 서가대29개	8027권	부관 참모	
기갑 수색	정훈병1명	통합 막사 복도 내	4평	.	책장4개	1000권	인사 장교	대대 통합운영
공병 대대	중대모범 병	3층 내무실	8평	10석	서가대2개	1500권	인사 장교	대대 통합운영

부 대	관리병 (운영방법)	장 소	면적	열람실	기 타	보유 자료	관리 책임관	비 고
통신 대대	중대선발 병사1명	대대 공부방	8평	17석	책상2, PC1, TV1	1770권	행정 보급관	대대 통합운영
정비 대대	중대인사계 원 겸직1명	중대별 운영	5평	8석	PC방 혼용	200권	행정 보급관	중대별 운영
보수 대대	교육계원 겸직1명	운영과, 간부연구실	7평	20석	책상1개	150권	행정 보급관	각 내무실
방공 대대	해당중대 분대장	분부중대 막사 내	8평	16석	책상1개, 온풍기, 서가대2개	400권	본부 중대장	1개 중대만 운영
헌병대	미정	·	·	·	·	·	·	·
화학대	P.X병 겸직1명	휴게실	5평	10석	책장4개, 탁자1개	400권	행정 보급관	통합운영
의무대	후송계원 겸직1명	병동 옆	2평	12석	책장2개	300권	약재 담당관	통합운영
본부대	인사계원 겸직1명	2층 휴게실	8평	6석	책상3개	500권	행정 보급관	통합운영
신교대	중대선발 병사1명	각 내무실, 회의실	3평	·	·	200권	행정 보급관	각 내무실
정찰대	각 내무실 1명	각 내무실	1평	·	·	30권	행정 보급관	각 내무실
x3여단	미정	·	·	·	·	·	·	·
x전차	대대정훈병 겸직1명	병영 도서관	15평	20석	책상4개	250권	인사 장교	각 중 대별운영
x21 기보	중대선발 병사1명	도서관	15평	22석	책상5개	4000권	인사 장교	대대 통합운영
x23 기보	당직분대장	병영 도서관	12평	20석	책상2개	600권	인사 장교	대대 통합운영
x5여단	중대선발 병사겸직 1명	휴게실	12평	5석	책상1개·	800권	인사 장교	통합운영
x7전차	인사담당관	휴게실	10평	10석	책장4개	250권	행정 보급관	통합운영
x8전차	대대당번병 겸직1명	병영도서 관	7평	10석	책장3개	500권	행정 보급관	대대 통합운영

부 대	관리병 (운영방법)	장 소	면적	열람실	기 타	보유 자료	관리 책임관	비 고
x25 기보	인사계원 겸직1명	간부 연구실	8평	12석	책상2개	200권	인사 장교	대대 통합운영
x6여단	·	·	·	·	·	·	·	·
x5전차	대대정훈병 겸직1명	막사 내 통로	2평	·	서가대4개	300권	행정 보급관	각 중 대별 운영
x20 기보	작전과계원 겸직1명	부지휘 관실	12평	10석	서가대4개 책상4개	920권	인사 장교	대대 통합운영
x26 기보	중대서무계 겸직1명	각 중대 행정반	8평	6석	책상1	300권	중대 행정 보급관	중대운영
포병 여단	미 정	·	·	·	·	·	·	·
x22 포병	대대정훈병	교육 상황실	13평	15석	책상2개, PC2대	50권	인사 장교	7월한도서확 보예정
x28 포병	서무계겸직	휴게실	5평	10석	책상2개	950권	행정 보급관	각 포대별 운영
x31 포병	중대서무계	각 중대 PC방	3평	8석	책상2개	1200권	포대 행정 보급관	각 포대별 운영
x31 포병	인사계원 겸직1명	본부 포대 앞	4평	16석	책상3	300권	인사 장교	대대 통합운영

(2) 장서 부문

〈표 4-4〉 국방비 대비 진중문고 예산[32]

연도 구분	정부예산	국방비 (정부예산대비 비중)	진중문고 예산 (국방비 대비 비중)	비 고
1999	83조6852억원	13조7490억원(16.4%)	4억1천만원(0.003%)	
2000	88조7363억원	14조4774억원(16.3%)	4억5천만원(0.003%)	진중문고 예산추정
2001	99조1801억원	15조3884억원(15.5%)	5억원(0.003%)	
2002	105조8767억원	16조3640억원(15.5%)	10억원(0.006%)	

국방부가 지금까지 병영도서관에 별도의 장서나 자료를 제공한 바는 없다. 다만 진중문고 예산으로 제공된 비용은 〈표 4-4〉와 같다. 2001년 전체 예산 5억 원에서 지난 2002년 10억 원으로 증액되었으나 전체 군부대와 구성 인원을 고려할 때, 제공되는 도서는 미미하기만 하다. 육군의 경우 공급되는 도서의 현황은 〈표 4-5〉와 같다. 연간 부대별로 중대급에 총 20여 종이 지원되는데 대부분 정신 교육용 자료 위주로 지원되고 있다.

〈표 4-5〉에서와 같이 연1회 20여 종의 도서 12,000질 정도가 각 중대급에 1질씩 보급되며, 〈좋은 생각〉, 〈샘터〉, 〈리더스 다이제스트〉, 〈보람〉, 〈국방일보〉, 〈오늘의 한국〉 등 정기간행물이 매월 5종 30,000부씩 격오지 위주로 소초별로 1부씩 보급되고 있다. 그러나 말단부대의 병사들은 이마저도 엄두조차 내기 어려운 실정이며, 이렇게 소대당 1~2권씩 보급되는 도서들마저 도서관 기능의 부재로 거의 유실되고 있는 형편이다.

---

32) 이 예산문제에 대해 김재윤 교수(현, 열린우리당 국회의원)는 진중도서관건립국민운동 공청회(발제문: '진중도서관의 시대적 전망과 문화적 의미')에서 2002년 국방비 16조 3640억 원 가운데 군 장병들의 정서 함양을 위해 설치한 진중문고 예산은 10억 원으로 0.006%에 불과하다며, 이는 간식으로 할당된 연간 과일비 예산 333억 원, 우유비 449억 원과 비교해서도 턱없이 부족해 우선 우유 지급비에 해당하는 액수만큼은 예산을 증액해야 실질적 독서진흥이 가능하다고 주장했다.

〈표 4-5〉 진중문고 및 간행물 배포현황[33]

구분\연도	진중문고		간행물		
	도서명	수량(질)	구 분	도서명	수량(권)
'99	o 간부용: 나는 역사의 진리를 보았다 외 5종	32,000	정서함양도서	샘터 외 2종	370,800 (12회×30,900)
			시사교육자료	북한 외 6종	139,200 (12회×11,600)
'00	o「가시고기」외 7종	12,000	정서함양도서	샘터 외 1종	439,200 (12회×36,600)
			시사교육자료	북한 외 6종	133,800 (12회×11,150)
'01	o 내무반용: 나는 희망의 증거가 되고 싶다 외 7종	11,000	정서함양도서	샘터 외 1종	456,000 (12회×38,000)
	o「등대지기」외 9종	12,000	시사교육자료	북한 외 5종	122,280 (12회×10,190)
'02	o「TV동화 행복한 세상」 외 19종	12,000	정서함양도서	샘터 외 1종	489,000 (12회×40,750)
			시사교육자료	북한 외 6종	159,960 (12회×13,330)
'03	o「사랑이 꽃보다 아름다워」외 19종	12,000	정서함양도서	샘터 외 3종	529,200 (12회×44,100)
			시사교육자료	북한 외 6종	159,960 (12회×13,330)
'04	o「설득의 심리학」외 19종	12,000	정서함양도서	샘터 외 2종	529,200 (12회×44,100)
			시사교육자료	북한 외 6종	178,200 (12회×14,850)

---

33) 정훈기획관실 정훈과 제공(2004년 말 기준)

이 밖에 병사들이 정훈교육차원에서 접할 수 있는 홍보 간행물은 다음과 같다.

〈표 4-6〉 정훈교육 및 홍보용 정기간행물[34]

구 분 연도별	국방일보 (일간)	국방저널 (월간)	국방화보 (연간)	국방정신 자료집 (월간)	병영문학상 작품집	국방 소식
'99	34,040 (296회× 115천부)	252 (12회× 21천부)	30 (1회× 30천부)			222 (12회× 18.5천부)
'00	35,640 (297회× 120천부)	264 (12회× 22천부)	30 (1회× 30천부)	162 (12회× 13.5천부)		260.5 (1회× 18.5천부) (11회× 22천부)
'01	35,520 (296회× 120천부)	264 (12회× 22천부)	31 (1회× 31천부)	162 (12회× 13.5천부)		243.8 (5회× 22천부) (6회× 22.3천부)
'02	37,490 (198회× 125천부) (98회× 130천부)	264 (12회× 22천부)	50 (2회× 25천부)	162 (12회× 13.5천부)	48 (2종× 24천부)	267.6 (12회× 22.3천부)
'03	37,490 (198회× 125천부) (98회× 130천부)	264 (12회× 22천부)	31 (1회× 31천부)	162 (12회× 13.5천부)	48 (2종× 24천부)	267.6 (12회× 22.3천부)
'04	37,490 (198회× 125천부) (98회× 130천부)	264 (12회× 22천부)	31 (1회× 31천부)	162 (12회× 13.5천부)	48 (2종× 24천부)	267.6 (12회× 22.3천부)

34) 자료출처: 정훈기획관실 문화홍보과 제공

〈표 4-7〉정훈교육 및 홍보용 수시 간행물

구분 연도	교 재	VTR 교 재
'99	6 종1,674,000부 - 정신전력지도지침서: 14,000부 - 국방정신교육지침: 12회 각 13,000부 - 일일정신교육교재: 13,000부 - 시사초점: 4회 각 45,000부 - 만화교재: 1회 각 45,000부 - 국군정신교육 기본교재 장병용 120만부/교관용 6만부/ 지휘관용 6천부	2종 160,500질 - 사계전문가 특강: 39편 각 4,000질 - 국군정신교육 기본교재: 4,500질
'00	3종 1,324,000부 - 국방정신교육지침: 12회 각 13,000부 - 만화교재: 1회 각 45,000부 - 국군정신교육 기본교재 장병용 120만부/교관용 6만부/ 지휘관용 6천부	3종 19,550 질 - 국군정신교육 기본교재: 12편 2회 (1회: 4,500질, 2회: 6,050질) - 국군정신교육 보충교재: 12편, 4,500질 - 정신교육특별교재: 1편, 4,500질
'01	4종 209,000부 - 국방정신교육지침: 12회 각 13,000부 - 만화교재: 1회 30,000부 - 충효예교육 실무지침서: 1회 19,000부 - 신병정신교육 기본교재: 1회 4,000부	3종 9,000질/ 15,000개 - 장병용 영상보충교재: 2회 9,000질 - 정신교육 특별(VTR)교재: 1회 3,000개 - 만화교재(CD): 1회 12,000개
'02	4종 209,000부 - 국방정신교육지침: 12회 각 13,000부 - 만화교재: 1회 30,000부 - 충효예교육 실무지침서: 1회 19,000부 - 신병정신교육 기본교재: 1회 4,000부	3종 9,000질/ 15,000개 - 장병용 영상보충교재: 2회 9,000질 - 정신교육 특별(VTR)교재: 1회 3,000개 - 만화교재(CD): 1회 12,000개
'03	4종 280,500부 - 국방정신교육지침: 12회 각 162,000부 - 만화교재: 2회 각 45,000부 - 교관용정신교육교재: 1회 51,000부 - 군대윤리: 1회 45,000부	1종 6,087질/ 12,174개 - 정신교육 기본(VTR)교재: 1회 6,087질/ 12,174개
'04	4종 25,500부 - 신병기본정훈교육 교재: 1회 4,000부 - 휴대용 신병기본정훈교육 교재: 1회 10,000부 - 만화교재: 1회 10,000부 - 아메리칸 제너럴십: 1회 1,500부	1종 330질/ 3,960개 - 신병용 영상교재: 1회 330질/ 3,960개

〈표 4-6〉과 〈표 4-7〉에서 볼 수 있는 것처럼 국방부에서 국가 예산으로 공식적으로 지원하는 자료는 중대별로 진중문고 20여 권과 5-6종의 정기간행물이 있을 뿐이다. 그 밖에 이벤트성으로 어쩌다 있게 되는 지방차제단체의 지원이나, 민간단체의 지원이 있을 뿐이다.

그러나 이러한 현실 속에서도 사단 예하의 부대들의 도서 보유현황 〈표 4-6,7〉을 보면, 적게는 200권에서 많게는 4,000여 권의 장서를 구비하고 있는데 이는 중요한 발견이 아닐 수 없다. 군부대 관계자들에 따르면, 이것은 민간단체의 지원과, 일선 사병들의 구입과 중대 간부들의 구입과 기증으로 충당된 것이라고 한다. 즉 조직적이지는 못하지만 군부대 내 병사들의 자발적인 책읽기 풍토가 만들어낸 귀중한 성과라고 볼 수 있다. 부대별 보유현황의 예를 구체적으로 살펴보면 다음과 같다.

〈표 4-8〉 제 (가)사단 도서 보유현황[35]

구분	총계	일반 간행물	철학	종교	사회 과학	순수 과학	기술 과학	예술	언어	문학	역사
계(권)	34,151	6,015	516	1,195	3,415	1,025	820	592	583	19,454	516
%	100	17.6	1.5	3.5	10.1	3	2.4	1.7	1.7	57	1.5

제 (가)사단의 경우 15개의 예하부대의 병영도서관당 평균 2,277권 정도가 소장되어 있는 것으로 나타났다. 그런데 정기간행물과 부정기간행물이 '일반 간행물'이라는 이름으로 장서에 편입되어 있는데, 이는 일반적인 장서현황으로 볼 수 없으므로, 이를 빼면, 총 장서량이 28,136권으로 줄어들고 부대별로 평균 1,876권을 보유한 것으로 평가된다. 전체적인 장서 현황은 한국십진분류표의 '류' 단위로 구분되어

---

35) 제1사단 부관참모부 제공

있는데, 세부 분류는 없었다. 일반간행물을 제외한 도서 현황을 보면, 문학서적이 69%로 압도적이며, 그 밖에는 사회과학서적 12%, 종교서적 4.4%로 약간 높을 뿐 다른 주제 분야는 미미한 것으로 나타났다. 전체적인 장서 균형에 문제가 있는 것으로 보인다.

구체적인 현황 파악을 위해 제 (가)사단 XX연대 X대대 돌격도서관을 방문하여, 현장을 실사한 후, 그곳 사병 11명을 대상으로 도서 이용에 관한 집단 면담을 실시한 바 있다. 도서 이용관련 주요 조사결과를 정리하면 다음과 같다.

- 40평 규모의 비교적 큰 병영도서관은 독립 건물이지만, 냉난방 시설이 없어 동절기에는 거의 이용이 안 되는 걸로 밝혀졌다.
- 도서의 분류는 신간코너를 별도로 두고, 임시방편으로 '국내소설/외국소설/환타지소설/역사소설/교양/수필/시/종교/어학/경영/경제'로 칸을 나누어 2,907권의 도서를 배가 하였다.
- 사병 11명을 대상으로 필요한 주제별 희망도서를 조사한 결과, 외국어 학습(3명), 취미생활(패션, 음악 2명), 컴퓨터 공부(2명), 문학(외국문학, 고전 2명), 자격증관련(1명), 지혜서(종교 1명) 등으로 나타났다.
- 전체 11명 중 자발적인 목표 의식을 갖고 도서관을 이용한 사병은 6명, 재미삼아 이용해 본 사병은 5명으로 나타났다.

이상 조사결과의 주요 내용에서 볼 수 있듯이 제(가)사단의 대표적인 병영도서관의 장서가 한국십진분류표 등 공인된 표준 분류 형식을 따르지 않고 있고, 사병의 희망과는 전혀 다른 소설위주의 장서로 구성되어 있었다. 서가를 일별해 볼 때, 거의 90%의 장서는 이용가치가 없

다는 것이 현장 조사자와 군 관계자 그리고 사병들의 공통된 생각이었
다. 또 면담에 참석한 사람 중 과반수 이상이 나름대로 목표 의식을 갖
고 도서관 장서를 이용하고 있다는 것과, 이들이 희망하는 주제 분야가
매우 실용적이고, 교육적인 측면이 강하다는 측면에서 앞서 언급한 흥
미 위주의 '문학서' 중심의 장서 구성은 가장 큰 문제점으로 군 구성원
의 현실적 요구를 무시한 장서구성 행태로 시급히 개선되어야 할 사항
으로 판단된다. 다음은 제(나)사단 본부의 병영도서관 도서 보유현황
이다.

〈표 4-9〉 제 (나)사단 본부 병영도서관의 도서 보유현황

단위: 권

한국십진분류(KDC)	총류 (000)	철학 (100)	종교 (200)	사회과학 (300)	순수과학 (400)	기술과학 (500)	예술 (600)	언어 (700)	문학 (800)	역사 (900)
합계	8,027	765	488	469	1460	136	198	205	505	3436	365

제 (나)사단 병영도서관은 사단급 병영도서관으로 조사대상 도서관
중 가장 모범적이었다. 조사된 주요 내용은 다음과 같다.

- 30평 규모로 사단 중앙에 독립된 건물로 8,027권의 비교적 많은
  장서를 구비하고 있다.
- 도서의 분류에 한국십진분류표를 사용하였지만 100단위의 간략
  분류 형식만 취했다.
- 인터넷을 통해 활용할 수 있는 병영도서관홈페이지와 도서관리
  시스템이 연계되어 대출관리에 활용할 수 있었다.

이상에서 알 수 있듯이 사단급 병영도서관은 대대급 병영도서관보다

수준에 있어 대단히 앞서 있음을 알 수 있다. 그러나 이 병영도서관의 장서구성도 문학(43%), 사회과학(18%)에 치중되어 있어 병사들의 요구를 적정하게 반영하고 있는지는 대단히 의문스럽다. 또한 도서관리 시스템을 통하여 분류번호 세분화가 가능한데도 불구하고 전문 인력 미비와 무관심으로 간략분류에 그친 것은 향후 개선할 부분으로 보인다. 발전적 측면에서 볼 때, 자료의 바코드화 등 도서관의 종합적인 전산화도 고려해 보아야 할 것이다. 특히 육군 본부에서 제작해서 내려보낸 도서관리 프로그램이 예하부대까지는 전달되지 않았고, 프로그램에 대한 별도의 매뉴얼을 보급하지 않은 것은 문제이다. 기본적으로 프로그램을 개발하면, 이에 대한 예비 조사와 시행, 기본 교육과 전달이라는 필수적인 단계를 밟아야 하기 때문이다. 이 문제는 국립중앙도서관이나 한국도서관협회의 지원을 받을 수 있는 분야로 전문적인 지원을 받아야 한다. 따라서 쉽게 생각해서 성급하게 결정해서 보급, 시행하는 것은 삼가는 것이 좋을 것으로 생각된다. 다음은 대출현황을 조사한 것이다.

〈표 4-10〉 제 (나)사단 본부 병영도서관의 주제별 대출현황

단위: 권

한국십진분류 (KDC)	총류 (000)	철학 (100)	종교 (200)	사회과학 (300)	순수과학 (400)	기술과학 (500)	예술 (600)	언어 (700)	문학 (800)	역사 (900)
합계	5,180	291	128	12	518	52	99	140	318	3391	231

〈표 4-10〉에서 보면, 주제별 보유현황 비율과, 주제별 대출현황 비율이 유사성을 갖는다는 점에서 바람직하다고 볼 수 있으나, 세부 내용을 살펴보면 차이가 있다. 먼저 사단 병영도서관은 사단 본부를 포함하여 25개의 예하부대에서 모두 이용하는 도서관으로, 운전병들이 도서의 대출

과 반납을 도맡아 하는 일종의 사송 역할을 한다. 그러나 구체적으로 1개월간의 대출현황을 조사해 보니 사단본부 이용률이 평균적으로 약 75%이고, 예하부대는 25% 이하에 머물렀다. 또한 병사대 부사관급 이상 장교의 이용비율도 약 75% 대 25%로 나타났다. 결국, 비교적 부대 환경이 좋은 사단급 병영도서관은 어느 정도 유지가 되고 있으나, 사단 예하의 대대급 병영도서관과는 현실적으로 많은 격차가 있음을 알 수 있었다.

〈표 4-11〉 제 (나)사단 대출자 신분별 현황[36]

단위: 명

계	개 인				부 대
	장 교	부사관	군무원	병	
897	82	141	3	665	6

그러나 이러한 통계도 사단급에서만 유지되고 예하부대에서는 도서관리 프로그램 자체를 사용하지 않고 있다. 이 밖에 (나)사단 예하의 공병대대, 통신대대와 독립중대의 병영도서관 현황을 실사한 결과를 종합적으로 정리하면 다음과 같다.

- 3개 부대 공히 한국십진분류표로 장서를 분류하지 않았고, 소설/비소설/문학전집 또는 소설/종교/교육/교양/에세이 등으로 구분해서 일련번호를 붙여 정리함으로써, 체계적인 장서관리가 이루어지지 않고 있음을 알 수 있다.
- 공병대대의 경우, 인적 구성의 70% 이상이 대학에서 건축과, 토목과 등 이공 분야를 전공한 사병으로 자격증 취득이 반드시 필

---

36) 이 통계는 제26사단 대출현황 샘플로 2004년 9월, 1달간의 대출자현황을 도서관리 프로그램에서 뽑아본 것이다.

요한 사병인데도 불구하고 이들을 지원할 수 있는 전문서적이 전혀 없어, 장서구성의 심각한 불균형을 드러냈다.

- 공병 독립중대 31명을 대상으로 한 집단면담 결과를 분석하면 다음과 같다.
  - 도서 이용은 1주일에 1번 이상이 9명, 2주일에 1번 이상이 9명, 1달에 1번 정도가 7명, 기타 6명으로 59% 이상의 사병들이 2주에 1번 이상 책을 접하는 것으로 나타났다.
  - 도서 이용에 대한 만족도 조사에서는 단지 1명의 사병만이 만족을 표한 반면, 대부분 90% 이상의 사병은 현재의 장서구성에 불만족을 나타냈다.
  - 원하는 종류의 장서를 묻는 질문에 게임잡지, 환타지, 전쟁소설, 역사소설, 분야별 전문서적, 스테디셀러, 작가별 시리즈, 사오정시리즈(유머), 자동차잡지, 만화책, 연예잡지, 직업소개서, 컴퓨터잡지, 베스트셀러, 시사잡지, 스포츠신문 등 일간신문 등으로 나타나서 사병들 대부분이 장서구성에 불만족을 나타내는 이유를 대변했다.
- 통신대대의 경우는 인터넷을 통한 학습 및 취미 지원 프로그램(MKISS)으로 군인공제회(www.mmaa.or.kr)와 연결되어 있는 시범운영기관이다. 향후 병영도서관의 디지털화 방향과 아울러 통신학습의 가능성을 보여준 사례로 이에 대한 세부적인 연구가 지속적으로 진행되어야 할 것이다. 다음 〈그림 4-1〉은 관련 사이트의 한 부분이다.

전체적으로 볼 때, 사병의 1/3 이상이 잡지 구독을 원하고 있고, 원하는 희망 도서도 대단히 구체적이어서 관심 분야가 대단히 다양함을 알 수 있었다. 따라서 소설 위주의 안이한 도서지원은 반드시 지양되

어야 할 과제이다. 또한 부대별 특성에 따라 사병들의 전공 분야를 배
경으로 한 주특기를 갖고 부대에 배치되는 만큼 이를 고려한 도서구
입과 장서구성이 이루어져야 할 것이다. 따라서 일률적이고 일괄적인
도서지원보다는, 최소한 사단급에 예산을 배분하고, 집행권을 주어야
할 것이다. 이에 따라 사단 내에 민·관 합동 '도서선정위원회'를 두
어, 전문가 자문을 받음과 동시에 사단 예하부대의 희망도서를 고려한
자료구입 대책과 기본 원칙이 마련되어야 할 것이다.

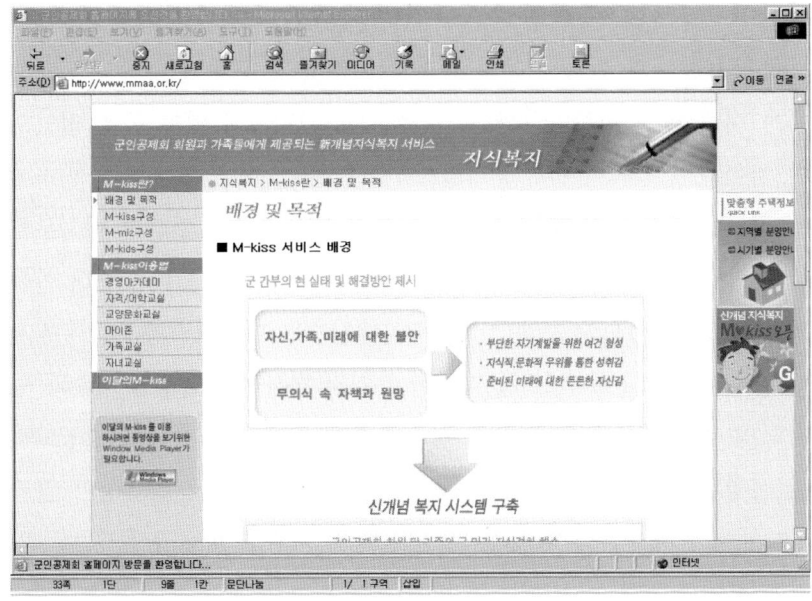

〈그림 4-1〉 군인공제회 홈페이지의 '지식복지' 분야 초기화면

(3) 조직 및 관리직원 부문

병영도서관 담당 군 조직은 외부에 공식적으로 드러나 있지 않다.
국방부에 따르면, 국방부 정훈기획관이 최고 책임부서로 되어 있고,

담당자는 사무관급에서 겸직하고 있는 것으로 나타났다. 또한 사단급 이하로 내려오면 부관참모부에서 대부분 관리하는 것으로 되어 있는데 이는 공공기록물관리법에 의해 군 기관의 기록물관리를 부관참모부에서 하기 때문이다. 따라서 일부에서는 법령에 의한 기록물관리에 붙여 국방부 권장사항으로서 병영도서관 관리가 겸해지는 양상으로 전개되고 있다. 이러한 이유로 현재로서는 국방부의 병영도서관 관련 조직이 대단히 미비한 상태로 볼 수 있다.

병영도서관 전담인력에 있어서도 앞서 살펴본 육군 제(가)사단과 제(나)사단 등 일부 군부대 병영도서관을 실사한 결과에서 보듯 사단 이하에 병영도서관 담당 전문직 관리자는 없었다. 구체적으로 사단 이하 45개 대대 및 독립중대 병영도서관에 전담관리병이 있는 곳은 없었으며, 대부분이 겸직이거나, 중대별로 1명씩 돌아가면서 도서관을 관리하는 형식을 갖추고 있었다. 특히 제(나)사단의 경우에 관리병 배치부서를 보면, 부관부(1), 인사담당병(1), 정훈병(2), 중대선발(6), 중대 인사계(4), 교육계(1), 서무계(3), 당직분대장(2), 대대당번병(1), 후송계(1), 작전과(1), PX병(1) 등 다양한 부서의 병사들이 일정한 기준과 원칙도 없이 부대 단위의 자체적 결정에 의해 임시방편 형태로 병영도서관 운영업무를 맡고 있었다. 이는 사서직 배치의 법적 강제성이 없고 국방부에서 제대별로 마련하여 내려 보낸 강제성 있는 운영지침도 없기 때문이다.

관리부서도 인사과, 정작과, 지원과, 정보과, 교육과, 작전과, 정훈과 등 부대별로 상이했다. 이 문제 또한 제대별 특성에 따라 구분되어야 하겠지만 동일한 제대에 대해서는 일사불란한 지휘체계를 필요로 하는 군의 성격으로 볼 때 분명히 적지 않은 문제점이 내재된 것으로 볼 수 있다. 병영도서관 주요 운영지침이 국방부에서 하달되어야 하고, 육군본부, 군단 및 사단급 예하부대들은 이를 받아 지침대로 지휘 통솔할 책임이 있다. 따라서 이 문제는 국방부에서 가장 큰 문제로 삼는 예산확보 차원의 문제가 아니라, 병영도서관에 대한 국방부의 안이한 인식과 강력한 의지가 부족한 데서 온 것으로 볼 수 있다.

2005년 7월부터 시행된 토요 휴무제가 군부대에도 적용되는 만큼 병사들의 여유시간을 좀 더 효율적으로 활용시키기 위한 방편으로 병영도서관의 활성화 대책과 이를 지원하는 군 조직의 재편성이 다시금 필요할 때이다.

(4) 서비스 부문

본 연구에서 조사된 개개의 병영도서관에 대해 국방부에서 하달한 주요 운영지침은 다음과 같다.

- 병영도서관은 지휘관 책임하에 운영한다.
- 병영도서관 시설규격은 20평('04 국방시설기준)이며, 자료는 서가 1.4평방미터당 200권을 고려하여 6,000권을 기준으로 한다.
- 도서관자료는 상급부대에서 지원되는 자료와 사회단체 및 개인의 위문 및 기증자료, 부대장병에 의한 기증자료 등으로 구분하여 획득한다.
- 도서관에 사서직원의 배치기준은 그 시설 및 규모에 따라 적당한 수의 사서업무 담당관(관리병)을 임명한다.
- 도서관자료 및 도서실의 상호교환 또는 이관 시에 고려해야 할 기준은, 자료의 효율적인 보존 관리 및 적정 수준 유지, 자료 이용자의 편의, 도서관 또는 도서실의 특성과 전문성 제고, 자료의 내용과 전문성 등이다.

　이러한 주요 운영지침하에 '병영도서관 운영 내규'가 있다. 이 내규는 부대별로 다르지만 주요 내용은 병영도서관 내규의 목적, 적용범위, 도서 구입 및 활용, 도서관 운영에 있어서의 대출과 열람에 관한 사항, 자료의 폐기 및 전시운영 사항 등이 6, 7개조(2-3페이지)로 구성되어 있다.

　그러나 주요 운영지침대로 운영되는 도서관은 앞서 시설과 장서부문 그리고 조직 및 인력현황 분석에서 본 것처럼 거의 전무하다고 볼 수 있다. 병영도서관 운영 내규도 사단과 일부 대대에서는 마련되어 있었지만 없는 곳이 더 많았다. 단지 국방부나, 육군본부에서 공문으로 시달된 문서를 기준으로 생각하고 있었음을 알 수 있다. 운영 내규 내용도 민간 도서관의 운영 매뉴얼에 볼 수 있는 자료 정리방법이나, 세부적인 관리와 이용에 관한 사항은 없고, 단지 주요 운영지침을 서술적으로 표현해 놓았다는 점에서 이에 대한 종합적인 검토가 필요하다. 따라서 제대별 운영 특성에 맞는 표준적인 운영 내규나 매뉴얼을 작성하여 보급토록 하는 방안이 연구되어야 할 것이다.

　제대 규모 및 부대별 특성에 따라 차이가 있지만 도서관의 이용시간은 일반적으로 다음과 같다.

〈표 4-12〉 도서관 이용 시간

구 분	평 일	토요일	일요일(공휴일)
대대급	19:00-21:00	13:00-21:00	09:00-21:00
사단급	08:00-18:30	08:00-13:00	휴 무

　평일 이용시간은 교육 및 훈련 일정과 저녁식사 시간이 끝난 시간부터, 점호 준비시간까지 대략 1일 3시간 정도의 여유를 갖고 있다. 계급과 사정에 따라 이 시간을 이용할 수 있는 개인당 시간에도 차이

가 있을 수 있지만, 최소 1시간 이상은 누구에게도 기회가 주어진다고 볼 수 있다. 그러나 토요일과 일요일에는 보다 많은 시간이 주어진다. 특히 2005년 7월부터 전격적으로 토요 휴무제가 시행됨으로써, 병사들의 도서관 이용시간은 크게 확대될 수 있을 것이다. 휴일 날 주로 이루어지는 종교 활동이나 체육 활동 기타 동아리 활동이 있더라도 토요일과 일요일에 걸쳐 개인차가 있겠지만 최소한 6시간 이상의 개인적인 활동시간은 보장된다고 볼 수 있다. 그렇다면 이 시간들, 최소한 주당 10시간 정도만이라도 병영도서관으로 유인하여 운영할 수 있다면, 병사들의 지적 개발과 사기에 상당한 영향을 미칠 수 있을 것으로 판단된다. 따라서 현재로서는 병사들의 개인 시간 부족의 문제는 크게 없는 것으로 보인다. 실제로 이와 관련한 질문[37]에 대해, 군대에서 사회에서보다 더 많이 책을 읽었다는 사병이 50% 정도나 되었다. 이것은 그만큼 군대가 집중력을 높이고 역설적으로 개인적인 시간을 많이 가질 수 있는 측면이 있다는 것을 보여주는 것이었다.

그러나 보다 중요한 것은 이렇게 개인적인 시간 보장과 독서에 대한 열의를 갖고 있다 하더라도 신간이 절대적으로 부족하며, 병사들이 필요로 하는 책들이 공급되지 않는다는 점이 가장 큰 문제이다. 또한 시설측면에서 **도서관의 냉난방시설이 전무한 곳이 많다**는 데 있다. 이러한 영향으로 동절기는 아예 이용할 수 없는 병영도서관이 많다면 시급한 문제가 아닐 수 없다.

도서관리 측면에서는 앞서 살펴본 것처럼 전문적인 분류 및 목록이 이루어지지 않고 있고, 육군에서 자체 개발된 도서관리 프로그램도 사

---

37) 61사단 공병대 독립중대 방문 시 31명의 사병에게 사회에서의 독서시간량과 군대에서의 독서시간량을 비교한 질문이었다. 이에 대해 15명의 사병이 군부대에서 책을 더 많이 볼 수 있는 기회가 생겼다고 대답했다.

단급 이하에서는 활용되고 있지 않고 있다는 점도 시급히 개선 대책을 세워야 할 부분이다. 또한 향후 공공기록물관리법의 시행에 따른 기록물관리체계와 도서관법에 따라 운영되는 병영도서관 관리 체계를 어떻게 분명하게 구분하여 독립적으로 운영할 수 있느냐 하는 것도 병영도서관 발전의 하나의 관건이 될 것으로 판단된다. 기록물과 도서를 자료라는 측면에서 같이 생각하는 사고가 군부대에 만연해 있기 때문이다. 기본적으로 기록물은 행정처리 과정에서 생산된 공문서와 이에 준하는 자료로서 병영도서관 장서와는 별개이며 별도로 운영되어야 한다는 인식이 있어야 할 것이다. 따라서 전담인력도 따로 편성해야 할 것이다.

3.3 우리나라 병영도서관의 현황 분석 및 과제

앞서의 우리나라 병영도서관의 역사와 현황을 외국과 비교해 볼 때, 우리나라 병영도서관은 미국 등 선진 여러 나라에 비해 그 역사가 짧고, 사회적인 인식이 부족하며, 국가적인 지원도 부족한 것으로 보인다. 특히 미국은 1, 2차세계대전에 주도적으로 참여하였고, 지금까지 세계 각처에 주둔군을 두고 있을 뿐만 아니라 현재도 분쟁지역에 군부대를 파견하는 등 세계의 경찰 역할을 하고 있기 때문에 군에 대한 전통적 지원은 계속 확대되고 있고, 이를 위한 프로그램도 다양화되어 있다. 우리나라도 남북한의 군사적 대치와 동북아시아의 군사적 요충지라는 전략적 측면 때문에 군의 의미가 남다를 수밖에 없다. 또한 군사력 면에서도 70만 명의 군 병력을 보유하고 있는 세계적인 군사 국가이다. 그러나 이러한 현실에도 불구하고 앞서 본 것과 같이 이렇다할 병영도서관 하나가 없는 등 병사들에 대한 복지 및 문화적인 차원의 지원체계가 마련되어 있지 않다. 미국, 영국, 캐나다 등은 대체로 사기, 복지(교육·훈련), 레크리에이션이라는 기본 철학을 갖고 군인 및 그 가족들을 위한 다양한 프로그램을 시행하고 있는데 그 대표적인 것 중에 하나가 바로 병영도서관의 운영인 것이다.

오랜 역사로 인해 미국의 병영도서관은 국방부 내의 관장 부서가 있고 1953년에 이미 특수도서관 협회의 군부대 사서 분과가 기본 조직으로 만들어졌으며, 도서관협회의 연방/군도서관 라운드 테이블도 연중 운영되고 있다. 또한 병영도서관의 운영이 인터넷을 통한 디지털 도서관 프로그램으로 만들어져 전 세계적인 연결망을 갖고 있을 뿐만 아니라, 이를 지원하는 국방부나 자원단체의 활동도 대단히 크고 다양하다. 무엇보다도 병영도서관의 전담사서 조직이 있고 병영도서관 기준이 있는 등 제도적인 안전장치가 만들어져 있다.

우리나라도 늦었지만 최근 병영 내의 지식기반 확충을 통해 장병들에게 자기개발 촉진의 기회를 제공하고자 민간단체 등이 신문사와 손잡고 '진중도서관 건립운동'을 벌인 바 있다. 이것은 군의 사기를 위해서도 다행한 일이 아닐 수 없다. 그러나 다른 한편으로 아직 일천한 역사와 사회적 공감대의 부족, 제도적 장치의 미흡 등 불완전한 여건하에서 이러한 노력들이 이벤트성 행사로 끝나지 않을까 우려된다. 이제 그 기초를 닦고 하나하나 체계를 세워 가는 노력을 지금부터라도 열심히 하지 않는다면 그동안의 성과도 물거품이 될 것이다. 지금까지 일반 민간단체가 나섰다면 이제 국방부와 함께 문화관광부의 국립중앙도서관 등 국가기관과 한국도서관협회와 도서관계 등 전문가 집단의 참여가 필요하다. 그래서 국가적인 차원과 전문가적인 측면에서 이러한 운동이 내실을 기할 수 있도록 기술적인 측면과 여러 취약 부분들을 보완할 수 있도록 도와야 한다. 이를 분야별로 정리해 보면 다음과 같다.

(1) 병영도서관의 설치를 위한 법적 문제와 조직강화

첫째, 병영도서관의 설치를 위한 법적 강제 기준이 없다. 도서관 및 독서진흥법 제37조의2의①에 따르면, "국가는 각급 부대에 병영도서관을 설치할 수 있다."고 되어 있다. 국회의 심의 과정에서, "다만 병영도서관은 병영 내에 설치되는 점을 감안하여 설치 제대와 규모 및 운영을 국방장관이 정한다."고 한 조항은 제외되었고, 이는 "국방장관은 병영도서관의 설치 및 운영에 필요한 예산의 확보 등을 통하여 장병 등의 문화활동 등이 장려될 수 있도록 노력하여야 한다.(제37조의2의 ④)"로 대체되었다. 향후 시행령의 제정을 통해 다시 언급되거나 구체화될 수 있을 것이지만, 어쨌든 병영도서관 설치의 가장 중요한 문제를 일단 비켜간 것이다. 그러면 '설치 제대(梯隊)와 규모 및 운영'을 국방부에 맡겨둘 것인가? 국방부는 설치 주최이기는 하지만 도서관 전문가 집단은 아니다. 또한 그들에게 맡겨두면 한정된 자원으로 언제 당장 필요한 기준안이 나올지도 모른다. '국가는 각급 부대에 병영도서관을 설치 할 수 있다.'는 것은 강제 규정이 아니다. 이를 사회적으로 제도적으로 강제하기 위해서는 국방부 및 군 당국의 협조를 받아야 하겠지만, 설치근거에 대한 기준을 하루속히 만들어 시행할 수 있도록 전문가 집단의 지원과 결집된 압력이 필요할 것이다.

둘째, 사서직원의 배치기준이 없다. 이는 재정적인 부담경감과 군부대의 특성을 고려한 것이지만 결정적인 문제점이 아닐 수 없다. 도서관 운영비의 70-80%가 사서직원의 인건비로 들어가는 것이 현실이기 때문이다. 동법 제2조의⑨에 따라, 병영도서관이 그 주된 목적인 '장병 등에게 교육, 학습, 연구 및 문화활동 등을 위한 도서관 봉사를 제공'하기 위해서는 분류, 편목 등의 도서관학적 기본 지식과 함께 학습과 문화활동을 지원할 수 있는 능력을 갖춘 전문사서가 있어야 할 것이다. 다만 상시적으로 운영되지 않는 병영도서관에 예산 부담이 문제가 된다면, 대체인력으로 문헌정보학과 졸업자 중에서 장교 복무자를 뽑거나, 재학 중인 자를 특기병으로 선발하는 방안을 제도적으로 고려해 볼 필요가 있을 것이다. 현재 일부 병영도서관에는 전담관리 사병이 있는 것으로 보고 되고 있지만 대부분이 겸직인 것으로 나타났다. 궁극적으로는 미국과 같이 병영도서관 전문사서(Military Librarian)가 있어야 되겠지만 우선적으로 문헌정보학 전공자를 전문직위에 해당하는 장교와 특기병으로 선발하는 것도 바람직한 대안이 될 수 있을 것이다.

셋째, 국방부나 육군본부 등 감독부처에 병영도서관을 조직 관리할 전담부서의 설치가 필요하다. 현재 국방부 문화담당 사무관 1명이 다른 업무와 같이 이 업무를 맡고 있다. 비전문가인 사무관 1명이 이 중요한 업무를 관장한다는 것은 바람직한 일이 아니다. 전문 부서조직을 통해 전군의 병영도서관을 체계적으로 지휘, 감독, 지원할 수 있어야 한다. 또한 관련 정부 기관이나 도서관 관련 단체 등 외부 자문단을 구성하여 이들의 협조도 얻어내야 한다. 전통적으로 '정훈부'나 '정훈과' 같은 곳에서 이러한 문제를 총괄했지만, 전쟁 중에도 육군도서관과를 운영했던 미국의 예를 보더라도 전문성 강화와 위상제고 측면에서 별도의 전담부서가 반드시 있어야 할 것이다.

(2) 도서관 및 관련 단체의 병영도서관 지원문제

첫째, 한국도서관협회 내에 병영도서관 지원분과를 설치해야 한다. 병영도서관 건립운동은 오랜 세월 동안 개별 독지가의 기증 운동을 거쳐, 최근 시민단체에 이르기까지 많은 노력이 있었지만, 정부 자체의 노력이나 도서관 관련 단체의 노력은 부족했던 것 같다. 국립중앙도서관이나 종로도서관 등 일부 도서관이 '군부대에 책 보내기' 운동 등 군부대 지원에 관여하기는 했지만 체계적이지 못했다. 2003년 '(사)사랑의책나누기운동본부'와 '중앙일보사'가 벌인 바 있는 '진중도서관 건립운동'은 사회적 공론화와 도서 지원 등에는 성공적이었지만, 설치된 도서관이나 지원된 장서의 지속적인 관리 및 활용까지를 책임지지는 못했다. 그렇다고 지원받은 기관이 이를 책임지고 발전시킬 만한 여건이 되는 것도 아니다. 따라서 이에 대한 기술적인 지원도 상당 부분 도서관 관련 단체의 몫이 될 것이다. 여기에는 자료의 선정, 분류 및 편목, 자료관리 프로그램의 설치, 병영도서관 홈페이지 제작지원, 도서관담당 관리장교 및 사병에 대한 교육·훈련 등 다양한 봉사가 필요할 것이다. 아마도 많은 부분은 자원 봉사가 차지할 수도 있을 것이다. 이렇게 병영도서관을 지원해 줄 도서관 관련 단체나 개별 사서들을 조직화하기 위해서는 한국도서관협회 내에 병영도서관 지원분과가 설치되는 것도 바람직할 것이다. 이 협회 내의 병영도서관 지원분과를 통해서 병영도서관 기준마련이나 자원봉사 대책 및 각종 지원안이 개발되고, 지원 경비와 인력 수급 문제 등도 체계적으로 연구될 수 있을 것이다.

　둘째, 국립중앙도서관에 병영도서관 지원프로그램이 제도적으로 정착되어야 한다. 과거, 국립중앙도서관은 일부 도서관과 함께 군부대 도서지원 활동을 한 바 있지만 체계적이고 지속적인 프로그램으로 발전하지는 못했다. 이제 법적 근거를 가지고 병영도서관이 출발했지만 그 현황은 앞서 본 것처럼 유명무실한 실정이다. 국립중앙도서관은 이제 국가를 위해 2년 이상 헌신하시고 있는 사병들을 지적 정서적으로 지원해야만 한다는 사명감을 갖고 병영도서관을 지원해야 할 것이다. 특히 국립중앙도서관에서는 국가 예산을 사용하여 격오지 근무자들을 위한 도서지원 방안을 마련할 수 있을 것이다. 기술적인 측면에서는 표준적인 도서관리 프로그램과 분류 및 편목기준을 제공하고, 지원도서에 대해 분류, 편목을 함께해서 보내는 방안 등 많은 지원대책이 있을 것으로 기대된다.

셋째, 공공도서관의 병영도서관 지원체계를 다양한 각도에서 고려해야 할 것이다. 지역 공공도서관에 대한 군부대 장병들의 활용은 국내에서도 몇몇 사례가 있다. 대표적으로 부평도서관의 이동도서관 운영이나 순회문고 설치가 그 가능성을 보여준다.[38] 인천광역시 부평도서관의 이동도서관은 군부대 및 경찰서에 설치된 순회문고의 자료를 주기적으로 갱신해 주고, 이용 봉사를 지원한다. 현재 부평도서관의 이동도서관 경유지로 3군지사, 경찰청, 공병부대가 있다. 자체적으로 병영도서관을 건립하는 것도 중요하지만 이렇게 지방의 공공도서관의 지원을 받아 활성화시키는 방향도 하나의 제도적 관점에서 논의해 볼 필요가 있다. 또 하나의 사례로 널리 알려진 것은 의정부 공공도서관의 의정부 교도소 지원이다.[39] 이동도서관을 통한 재소자의 독서환경 조성은 의정부 교도소를 전국에서 가장 모범적이며 선진교도 행정을 펼 수 있는 하나의 프로그램으로 자리잡게 하였다. 이러한 시스템의 정착은 병영도서관의 발전을 위한 대안이 될 수 있을 뿐만 아니라 공공도서관의 역할과 가치를 확대할 수 있는 훌륭한 방편이 되기도 한다. 군관 협력사업의 하나로서 예산지원이 어려운 군부대를 지방자치단체에서 지원하는 효과도 있으므로 궁극적으로 지역의 문화와 경제 발전에도 긍정적으로 영향을 미칠 수 있을 것으로 보인다.

(3) '병영도서관' 관련 간행물의 발행과 홈페이지 제작

첫째, 병영도서관의 존재를 널리 알리고, 부대 사병들 상호 간에 공감대를 확대하는 측면에서 '병영도서관' 관련 간행물의 발행이 필요하

---

38) http://www.bupylib.or.kr/bupylib/mov/e01.htm
39) 문화일보('01/8/16)

다. 이는 현재 국방부에서 발행되는 일부 홍보용 책자와는 성격이 다른 것이어야 한다. 군과 관련된, 아니 군과 관련되지 않았더라도 군부대 장병들의 사고를 높이고 사기를 진작시키는 수준 높은 저작물이어야 한다. 사보의 수준이 그 회사의 수준을 평가해 주는 것과 같은 원리이다. '사랑의책나누기운동본부'에서도 과거 진중도서관 회보 '으뜸책마당'과 월간 '나눔의 책'을 창간하여 일정기간 발행한 바 있으나, 지금은 중단되어 있다. 책을 만드는 일은 의욕만으로는 될 수 없을 것이다. 출판에 관한 전문성과 기금지원 등 외부 협력이 절대적으로 필요하다. 그러나 이에 대한 홍보가 잘되면 상당부분은 자원봉사자를 활용할 수 있을 것이다. 자원봉사자 중에는 원고료를 받지 않는 기고자도 있을 수 있을 것이고, 전문적인 편집을 맡아 줄 사람도 있을 것이다. 중요한 것은 일정 수준을 유지할 수 있는 편집이 가능한 조직을 만들고, 그 시스템을 장기적으로 유지할 수 있게 하는 역량을 마련하는 것이다. 우리나라 69만 명의 장병들과 그 가족들, 군대의 소중한 추억을 담고 있는 많은 전역자들을 생각해 보라. 100여만 명이 넘는 독자들을 확보하고 있는 셈이다. 간행물의 발행은 이 커뮤니티의 정점에서 병영도서관의 존재 영역을 넓히고, 독서환경도 상당부분 개선할 수 있으리라 생각된다.

둘째, '병영도서관' 관련 홈페이지 제작이 필요하며, 전국적인 네트워크 형성을 위한 준비가 필요하다. 군부대의 병사들은 군사훈련을 통한 이동이 잦다. 그러나 네트워크를 통한 연결은 지속될 수 있다. 외국의 경우 병영도서관이 전체적으로 인터넷을 통한 전자도서관으로 연결되어 운영된다. 이 점은 우리나라의 병영도서관이 향후 지향해야 할 바이지만 특히 병영도서관의 활성화를 위해서 병영도서관에 대한 홈페이지의 개설과 네트워크 기반이 필요하다. 현재, 국방전자도서관40)이 있지만 이는 국방대학교 학생이나, 군 교육기관의 장교 후보생이나 현역 장교들을 위해서는 큰 도움이 되고 있지만 군부대 사병들에게는 전혀 도움이 되고 있지 않다.

이 홈페이지를 통해 '군부대의 도서관'에 관한 잃어버린 역사도 찾을 수 있을 것이고, 새로운 제안도 받아들일 수 있을 것이다. 해방 이후 국군이 이었고, 책을 든 군인들은 수없이 많았지만 우리나라 군부대의 도서관의 역사는 대부분 묻혀 있다. 역사는 단순한 기록만이 아니라 병영도서관의 정신을 계승해 줄 것이기에 그 역사를 찾는 것은 중요하다. 병영도서관 관련 홈페이지의 개설은 이러한 일들을 좀 더 용이하게 해 줄 수 있지 않을까 생각된다. 또한 네트워크 기반을 통한 상호대차와 정보공유 등 병영도서관 활성화 대책이 강구될 수 있을 것이다.

(4) 민·관 도서선정위원회의 구성과 사단급 예산지원

첫째, 대대급 사병들의 희망자료 요구를 수용할 수 있는 민·관 합동 '도서선정위원회'의 설립이 필요하다. 이를 통해 민간 전문가의 도움과 병사들의 실제적인 요구를 받아들일 수 있어야 한다. 앞서 군부대 사병들과의 면담과정에서 나타났듯이 사병들의 자료요구는 대단히 다양하며 질적으로 높은 수준을 요구하고 있다. 또한 사병들은 사회에서의 전공 배경에 따라 주특기를 받고 부대에 배치되기 때문에 부대별 특성에 따라 희망자료 요구사항이 대단히 다르다. 이를 위해 단편적인 소설 위주의 신간 공급차원에서의 자료구입은 지양하고, 민간 전문 집단의 지원을 받아, 사단급에서 예하부대 사병들의 희망도서를 반영한 자료 제공이 이루어질 수 있도록 제도적 장치를 마련해야 할 것이다.

둘째, 자료구입비는 사단급 규모로 배분되어야 한다. 현재의 국방부

---

40) http://www.kndu.ac.kr/ecolas-dl/kndu/

의 예산 총액규모(대략 10억–20억 수준)에서는 의미 없는 일이 될
수 있지만, 궁극적으로 도서구입비의 예산 배분은 사단급 규모에서 이
루어져 사단 자체적으로 예산편성과 도서구입이 이루어져야 한다. 이
는 부대별 특성을 고려하고, 사단 예하부대 사병들의 희망도서 요구에
대한 수요조사를 수용할 수 있어야 한다.

4. 우리나라의 군 조직 및 병영도서관 관련 정책

4.1 국방부조직 및 군 현황

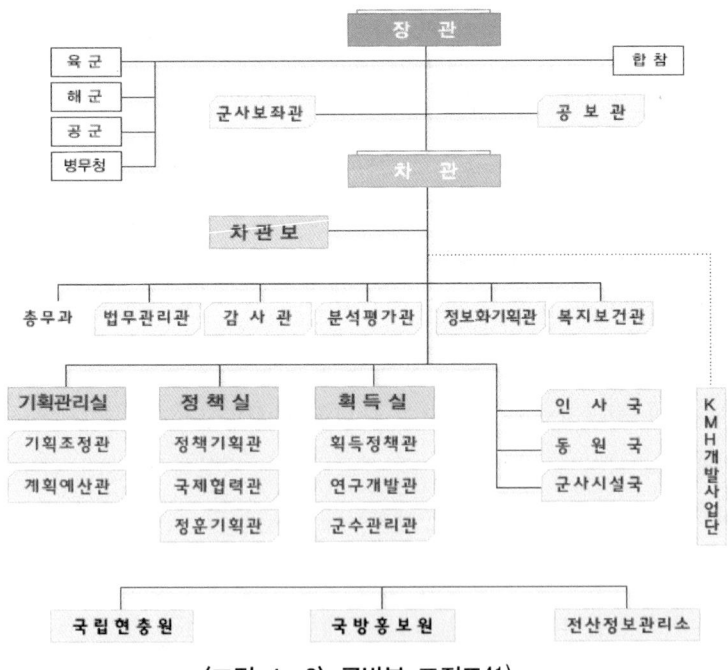

〈그림 4-2〉 국방부 조직도[41]

<표 4-13> 전군 현황[42]

(단위: 명)

구 분	계	육 군	해 군	공 군	기 타
합 계	742,000여명	594,000여명	74,000여명	68,600여명	7,432
군 인	681,000여명	550,000여명	67,000여명	64,000여명	-
군 무 원	27,276	13,247	4,692	4,577	4,760
일반직공무원	2,672	-	-	-	2,672
상근 예비역	31,175	29,763	1,412	-	-

　〈그림 4-2〉의 국방부 조직도에서 볼 때 현시점에서는 병영도서관 관련 정책은 정책기획관실에서 맡아야 할 것으로 보이며, 병영도서관 관련 규정은 인사국에서 그리고 병영도서관 운영 및 이용 교육은 정훈 기획관에서, 시설 건립 및 유지보수는 군사시설국에서, 병영도서관 전 산화 문제는 정보화 담당관실에 맡아야 할 것으로 보인다. 기타 예산 지원은 총무과에서 하며, 종합적인 운영에 관해서는 부관 참모부에서 관리해야 할 것으로 보인다. 그러나 〈표 4-13〉에서 보는 바와 같이 군 인 및 군 관계자 74만여 명을 상대로 하여 군의 교육과 복지차원에서 병영도서관을 고려한다면, 담당 부서가 독립적으로 존재해야 할 것이 다. 당장에 이러한 조직개편이 어렵다면 병영도서관운영관련 TF나, 위 원회조직을 임시적으로 운영하는 방안도 생각해 볼 수 있을 것이다.

　현재 육군은 육군 본부하에 3개 야전군과, 11개 군단(1개는 수방사), 49개과 19개 여단으로 구성되어 있으며, 사단 이하 조직은 연대 또는 단 대대 또는 대, 그 밑에 중대, 소대로 구분된다. 병력 수로 볼 때, 소 대 30명, 중대 100명, 대대 450명, 연대 2,000명, 사단 1만 명 수준으로,

---

41) http://www.mnd.go.kr/(국방부 조직과 임무)

42) 2004국방백서(p.296)

사단은 3개 보병연대+1개 포병연대+사단본부+사단직할대(공병, 정비, 보급, 화학, 수색, 의무, 통신, 헌병, 전차)이며, 직할부대의 규모는 사단급 직할부대가 대대급이나 병력은 중대와 대대 사이의 규모를 말한다.

공군을 보면, 대한민국 공군의 비행단은 현재 총 12개인데 이 중 제1, 8, 10, 11, 16, 17, 18, 19, 20의 9개 비행단이 전투를 담당하고, 제3비행단이 조종사양성, 제5비행단은 수송 그리고 15비행단은 특별 수송과 기타 임무를 담당하는 것으로 되어 있다. 전대 또는 전투비행단−대대−편대로 구성되며, 교육, 군수, 작전, 방공포 사령부 등 4개 사령부가 있다. 이하 중대, 편대가 있으며, 그 하부에 반, 계가 구성되어 있다.

해군은 해군본부(대전 계룡대, 해군참모총장−대장)와 해군작전사령부(진해, 작전사령관−중장) 그리고 제1함대(동해, 함대사령관−소장), 제2함대(평택, 함대사령관−소장), 제3함대(부산, 함대사령관−소장), 5전단(진해, 전단장−준장), 6전단(진해, 전단장−준장), 7전단(진해, 전단장−준장), 8전단(진해, 전단장−준장), 9전단(진해, 전단장−준장), 해군 정보단(대전 계룡대, 단장−준장)으로 구성된다.

이상 3군의 전반적인 조직 구성을 살펴보았는데, 우리가 일반적으로 인식하고 있는 군의 조직은 대체로 육군의 기본 조직에 있다. 다음은 각 군의 인력현황을 세분해서 본 것으로 장교와 하사관 그리고 사병의 수와 그 구성비율을 알 수 있다.

〈표 4−14〉 각 군의 인력현황[43]

구 분	육 군	해 군	공 군
장 교	49,698(8.6%)	7,407(10.7%)	9,047(14.2%)
하사관	55,838(9.7%)	21,736(31.5%)	19,414(30.2%)
사 병	472,962(81.8%)	39,844(57.8%)	35,807(55.7%)
계	578,496(81.3%)	68,987(9.7%)	64,268(9.0%)

군 전력은 전체적으로 육군에 80% 이상의 비중을 두고 있다. 장교의 비율은 전체적으로 각 군이 10% 내외지만, 해군과 공군의 경우는 하사관의 비율이 30%대로 대단히 높다. 사병의 경우는 전체 인력의 50% 이상을 차지하고 있는데 특히 육군의 사병은 육군에서도 80% 이상을 차지하며, 전군의 인력현황에서 보더라도 50만에 육박하며, 군 구성비로 보더라도 70%에 가까울 정도로 큰 비중을 차지하고 있다. 이처럼 각 군의 인력현황은 각 군의 사명과 목적에 따라 대단히 다르므로, 병영도서관 설치용도나 그 규모도 각 군의 임무와 인력현황에 맞추어 군별, 제대별 규모에 따라 추진되어야 한다. 따라서 본 연구는 서론의 연구의 제한점에서 밝힌 바와 같이 전군에서 가장 비중이 높은 육군의 사병을 중심으로 한 제대, 즉 대대기준에 적합한 병영도서관 건립 기준 마련에 중점을 두게 되었음을 밝혀둔다.

4.2 병영도서관 관련 정책 및 분석

4.2.1 병영도서관 설치를 위한 국방부 계획

국방부는 2004국방백서[44]를 통해 국방개혁추진과제로 27개 분야 101개 과제를 공표했다. 이 중 '건전한 생활기풍 확립' 부분에 선진 병영생활여건 조성, 병영생활 관련 규정 개정(이상 인사국 담당) 그리고 '장병 복무여건 개선' 부분에 병영시설 개선(군사시설국), 병 복무여건 개선(복지보건관실), 중대인터넷 PC방설치 추진(정보화기획관실) 항목 정도가 병영도서관 설치와 간접적인 관련이 있다고 볼 수 있다. 직

---

43) 국방통계연보 2000(이상목. "징병제와 모병제: 경제적 관점에서의 비교 분석"국방연구(2000.12)p.143의 내용을 재구성하였음).

44) 국방부 정책기획관실에서 2005년 1월 26일 발행(p.308.)

접적이고 실제적인 근거는 여기에는 없다. 다만 이 항목의 세부 조항으로 들어 있을 수 있다고 본다. 어찌 되었던 '병영도서관' 설치문제가 법적 강제성이 없기 때문에 아직까지 정책적으로도 크게 반영되지는 못한 것으로 생각된다.

열린우리당 정강정책 100개 항목 중에 제95항은 '군 복무여건 개선' 관련 부분으로 "군 간부의 근무여건 개선을 통해 직업군인의 근무 의욕과 사기를 앙양시키고, 쾌적한 병영시설 건설과 군 의료체계 및 보험제도의 개선으로 사병들의 삶의 질 향상에 노력한다."45)고 되어 있다. 이 조항 또한 병영도서관 건립의 정책적 타당성과 관련이 있다. 그러나 가장 직접적으로 병영도서관 설치를 위한 법적근거가 되는 것은 '도서관 및 독서진흥법'이다. 국방부는 신설된 병영도서관 관련조항에 따라 처음으로 문화담당사무관직을 신설하였으며, 이 직책은 앞으로 건립될 병영 내 도서관들의 설치와 운영을 지휘 감독하는 주요한 역할을 할 것으로 기대된다. 이는 병영도서관의 건립이 이제 민간의 운동차원을 넘어 당국의 주요정책으로 입안되어 예산이 집행되는 행정사안이 되었다는 의미이다.

이로써 민간의 한정된 기부만으로 혜택받을 수밖에 없었던 전군의 모든 제대들이 늦어도 수년 내로 도서관서비스를 받을 수 있게 되며, 운영과 관리의 전문성확보와 지속적인 신간 보급 등으로 명실 공히 도서관으로서의 기능을 갖추게 될 수 있을 것이다. 물론 아직은 완전한 밑그림이 그려진 것은 아니나 관련전문가들과 단체 그리고 운영경험이 있는 장교 등의 공동연구로 합리적인 추진안을 마련한다면 국내의 어떤 공공도서관보다 우수한 서비스가 이루어질 수 있을 것으로 기대할 수 있을 것이다.

---

45) http://www.eparty.or.kr/info/info_07_05.asp#04

한편 국방부는 2004년 9월, 병영도서관 설치를 법제화한 '도서관 및 독서진흥법'의 내용과 '대대급 병영도서관 운영지침'을 각 군에 하달한 바 있다. 또한 '04국방시설기준'에 병영도서관(20평)을 설계에 반영토록 하여, 이에 따라 '병영시설 현대화 대대급 통합막사 개선사업'에 도서실 67개소 설치를 추진한 바 있다.[46)

〈표 4-15〉와 같이 이들 도서관의 경우 20평 규모, 6,000권의 보유 장서를 갖추게 되는데, 법제화 이후 정책추진절차에 따라 국방부가 자발적으로 추진하는 첫 번째 병영도서관 계획이다.

〈표 4-15〉 국방부 추진 병영도서관 시설 기준[47)

구 분	면 적	주요비품
서 고	12.7평	보유 장서 기준: 6,000권
열람실	4.0평	복식 2연 7단서가(1.8*2.1*0.46): 4개 열람용: 책상 2개, 의자 8개
관리실	3.3평	관리용: 책상 1개, 의자 1개
계	20.0평	

또한 국방부는 2005년부터 병영현대화 대대급 이상 통합막사 개선사업[48) 시 매년 병영도서관 시설을 단계적으로 80~100여 개 부대에 설치하는 것을 국방중기계획에 반영, 추진 중에 있다. 뿐만 아니라 문화관광부 '도서관 및 독서진흥법'의 개정내용에 따라 병영도서관의 시설, 자료 및 기준에 대한 규정을 2005년 전반기에 제정할 예정이며,

---

46) 그러나 현장조사과정에서 제(나)사단의 경우, '병영시설 현대화 대대급 통합막사 개선사업'에 병영도서관이 설계에 반영되지 않았다는 이의 제기가 부관참모부에서 있었다.

47) 2004년 9월 한나라당 정병국 의원의 질의에 따른 국방부가 제출한 자료임

48) 〈표 4-17〉참고

병영도서관의 도서 획득은 각 군에서 도서구입 예산의 연차적 확대와 독서운동 지원 단체의 협조 및 부대장병에 의한 기증 등으로 추진할 예정이며, 기타 병영도서관 관련 각종 데이터베이스를 구축할 계획을 수립하고 있다.

한편, 국회에 보고된 도서관설치계획 자료에 따르면, 앞으로 각급 대대급에 시설기준 20평 보유 장서 기준 3,000권 규모로 1,764개의 도서관을 설치할 계획이다.

〈표 4-16〉 국방부의 병영도서관 설치계획

구 분	계(잠정요소)	기설치	추가확대소요(잠정)	비율(%)
계	2,012	248	1,764	12
육 군	1,837	164	1,673	9
해 군	68	15	53	22
공 군	76	45	31	59
국 직	32	24	8	75

군별 설치기준으로는 육군의 경우 독립 대대급(중령) 이상 제대, 해군은 독립 전대급(대령) 이상 제대, 공군은 레이더 사이트(중령) 이상 제대이다.

이상 내용을 검토해 볼 때 병영도서관 건립은 '병영현대화 대대급 이상 통합막사 개선 사업'과 직접적인 관계가 있고, 국방개혁추진과제로 시행되고 있는 '중대인터넷 PC방설치 추진' 계획과도 상당한 연관성이 있을 것으로 보이다. 이들 계획이 별도의 계획이 아닌 상호 연관성을 갖고 종합적으로 추진될 때 그 시너지 효과를 기대할 수 있기 때문이다. 현재 국방부에서 계획하고 있는 '병영현대화 대대급 이상 통합막사 개선 사업'은 다음과 같다.

〈표 4-17〉 병영현대화 대대급 이상 통합막사 개선 사업 추진계획[49]

구 분	총 소요	기개선 ('03)	1단계		2단계
			'04	'05~'09	'10~'15
구형통합막사 (대대 수)	1,085		75	486	524
GOP/해강안 소초(대대)	1,245	168(12)	168(12)	909	
예산(억 원)	7조 522억	700	3,822	연간 6,000억 원	
개선누계(%)		1	9	55	100

이 사업은 소대 단위 침상을 분대 단위의 침대형으로 개선하는 것으로서 2003년부터 시작하여 GOP/해·강안소초 168동(추경예산 700억 원)을 이미 개선하였고, 2004년 이후에도 지속적인 사업으로 진행하고 있다. 병영시설의 개선의 획기적인 전환점을 마련하고 있다는 데에 큰 의미가 있다. 앞으로도 단계별로 1단계는 노후·협소한 전방지역 및 구형막사를 우선적으로 개선하고, 2단계로는 이미 현대화를 통해 개수된 막사를 개선할 계획에 있다. 그러나 무엇보다도 이 '병영현대화 대대급 이상 통합막사 개선 사업'안에 병영도서관 건립도 포함되어 있다는 점에서 중요한 의미를 갖는다.

다음 이 사업과 함께 국방부의 101대 추진과제로 그 중요성을 갖고 있는 '중대인터넷 PC방설치 추진' 계획을 보면 〈표 4-18〉과 같다. 이 계획은 앞서 병영도서관 지원현황 장서부문 분석에서도 언급된 바 있는데, 장기적으로 디지털병영도서관을 통한 교육프로그램 지원차원에서 대단히 중요한 의미를 갖는다. 인터넷에 익숙한 신세대 사병들에게 최신 정보를 제공하고, 전국적인 병영도서관 네트워크를 통한 상호대

---

49) 자료출처: 국방부 건설관리과

차와 정보교환의 실현을 위한 궁극적인 대안이기 때문이다.

이 계획의 요지는 장병들의 복지향상 및 일반 사회와의 정보격차 해소를 위하여 중대급 부대에 인터넷PC방을 설치한다는 것으로 2004년부터 2008년까지 5년간에 걸쳐 전군을 대상으로 6,842개소에 PC방을 설치하는 것이다. 그 방법은 양 방향 위성인터넷 및 중대당 PC 16대를 설치하며, 인터넷은 군인공제회 '지식복지시스템'을 이용하겠다는 것이다.[50] 2004년 실적을 보면, 3월에서 11월까지 251개 중대에 PC 1,757대 설치한 것으로 되어 있는데, 군별로 보면 그 설치 실적을 보면 다음과 같다.

- 육군(180개 중대): 10개 연대(1개 군단에 1개 연대 설치)
- 해군(36개 중대): 함대사 및 격오지 설치
- 공군(35개 중대): 방포사 예하 격오지 설치

<표 4-18> 중대 인터넷PC방 설치계획[51]

구 분	'04	'05	'06	'07	'08
PC확보 (누계)	1,757	22,778 (24,535)	23,359 (47,894)	27,368 (75,262)	34,210 (109,472)
설치 개소	251	3,254	3,337	–	–
중대별 PC수	7대	7대	7대	11대	16대

4.2.2 병영도서관 설치를 위한 국회의 지원

국회는 2003년 5월 도서관 및 독서진흥법 수정안을 의원입법으로 통과시켜, 법령으로 병영도서관의 설치에 관한 근거 조항(37조 2~4항)을 마련하고, 이에 대한 시행을 고무시키고, 감시 지원하는 역할을

50) 현재 '국방복지포털사이트(http://www.imnd.or.kr/)'가 운영 중에 있다.
51) 국방부 정보화기획관실 제공(2004년 말 기준)

하고 있다. 병영도서관 법제화에 앞장섰던 40여 명의 의원 중에서도 가장 법제화에 앞장섰고, 지금도 병영도서관운동관련 시민단체의 공동 대표로서 병영도서관건립활동을 국회 차원에서 활발히 추진하고 있는 인물은 정병국 의원이다. 다음은 정병국 의원의 그간의 기고 내용과 언론과의 인터뷰 내용을 요약 정리한 것으로서 병영도서관 관련 정책적 요구와 함의를 담고 있다.[52]

〈표 4-19〉 국회 내의 병영도서관 관련 정책분석

주요 논점	현황 및 정책
병영 도서관의 정책적 의의	·군에 무슨 도서관이냐 하는 지휘관 및 장병들의 가치관 변화가 중요하다. 지금은 머리로 싸우는 첨단강군의 시대로, 더 이상 군이 소외된 지역으로 남아서는 안 된다는 기본인식에 그 정책적 함의가 있다. 　1) 생산적 문화복지실현 　2) 국가경쟁력배양 훈련처 　3) 국민의 신뢰강화로 강군육성 ·경제적으로 강한 국가가 안보태세를 높일 수 있다. 이는 전 국민의 지적 수준을 높여야 가능하다. 장비의 현대화, 첨단화는 장비를 어떻게 유용하게 사용하느냐는 전략이 중요한 시기를 만들었다. ·인터넷이 활성화되고 있으나, 지혜를 터득할 수 있는 독서는 대단히 부족한 실정으로 이에 관한 개선이 절실한 실정임
근거 법령	도서관 및 독서진흥법: 병영도서관 개념 도입, 설치 근거조항 마련 (37조 2~4항). 2006년 개정도서관법에는 공공도서관 종류에 포함됨.
병영도서1관 건립현황 및 설치기준	·국방부는 2004년 병영도서관 시설기준 마련: 대대급 기준으로 총 20평, 보유 장서 6,000권, 열람실 책상2개, 의자8개 ·2004년 67개소 설치/추진하였고, 2005년부터 매년 80~100개 현대화막사 추진계획에 포함하여 설치할 예정임 ·현재 완료된 도서관은 전체 10% 정도로 200개 정도임. 군 전체 2,144개 정도의 도서관이 소요될 것으로 보이며, 중대급까지도 내려가야 한다는 의견이 제기되고 있음
장서기준	도서관당 도서기준 5,000~6,000권

52) 정병국 의원은 2005년 1월 1일 차영구 박사의 '안보포럼'에 출연하여 병영도서관 건립운동에 관한 전반적인 내용을 언급한 바 있다.

주요 논점	현황 및 정책
운영직원 문제	전문사서가 필요하다(구체적 기준 없음)
병영도서관 설치 요구 부대	현재 400여 개 부대가 요청하고 있다
예산문제	· 1개 도서관을 건립하는 예산으로 2,000만 원 정도가 소요됨. · 도서 지원은 출판사 등 시민단체에서 일부 지원하며, 일부는 구매하고 있음
예산문제	· 서가제작 등 제 비용도 필요하므로 그 이상이 요구됨. · 예산부족은 심각한 문제로, 2004년 편성된 예산은 10억이고, 2005년 20억임. F16 한 대 값 400억에 비하면 턱없이 작다. 현대전은 정보전이므로 생각이 바뀌어야 한다. · 20억은 80~100개 도서관에 필요한 도서구입비 정도이다.
병영도서관 개관의 효과	병영도서관에 가장 원하는 것은 원하는 책을 보내주는 것이다. 　1) 정신적 자유를 누리고 스트레스 해소 　2) 인성교육으로 전우애, 안전사고예방, 자율성배양 　3) 능동적인 학습의욕 고취, 적극적인 성취욕구 충족, 준비된 사회인을 만들 수 있다.
선진국의 병영도서관 운영 사례	· 미국은 1917년에 전시도서관서비스를 시작하여, 1921년 육군도서관과를 공식적으로 설립하였으며, 펜타곤에서 도서관 프로그램을 운영하고 있음. 전 세계의 병영도서관을 네트워크화하여 전자도서관서비스를 제공하고 있음 · 미 국방부에 등록된 병영도서관은 260개, 주한미군 내만 22개 · 영국/캐나다 인터넷 통해 '사기, 복지' 차원에서 통합전자도서관 운영, 스위스 연방 국립 군도서관, 루마니아 국군도서관을 국가차원에서 운영/관리
향후 해결 과제(발전방안)제도화 해야 할 부분	실질적인 도서관 개관이 될 수 있도록 병영도서관 설치기준 마련, 운영 지침 및 매뉴얼 준비 　1) 사서의 전문성 확보 　2) 신간도서의 원활한 공급, P.X권장도서 쉽게 구입 가능토록 비치 　3) 지휘관에 따라 병영도서관 운영의 차이가 없도록, 관련기준, 원칙을 제정 　4) 병영도서관 전담부서 필요 　5) 도서관협회 내 병영도서관 지원분과 설치 　6) 지방분권화에 맞춰 지역공공도서관과 협조체제 마련

4.2.3 병영도서관 설치관련 정책 분석

2005년 국방개혁의 추진목표와 중점사항에는 '정신개혁과 군대문화 혁신'이 들어 있고, 이를 위해 병영시설을 현대화하고, 군대문화와 병영의 선진화를 도모하겠다는 내용이 들어 있다. 좀 더 구체적으로는 군 복무가 사회생활의 연장선상에서 능동적이고 적극적으로 이루어질 수 있도록 '자율과 책임'에 입각한 병영생활을 만들겠다는 것이며, 이를 위해 일과표를 개선하여 개인의 자유 시간을 최대로 보장하는 등 병영생활 구조를 자율적, 능동적 방식으로 전환시키겠다는 것이다. 또한 장병들의 자기 개발을 위해 1) 중대 단위의 PC방설치, 2) 국가기술자격 검정 종목 확대, 3) 각종 동아리 활동기회 부여를 통해 1인 1기 특기습득 등 국민교육도장으로서의 역할을 확대한다는 방침이다. 구체적으로 여가활동과 장병편의를 위해 PC방 설치뿐만 아니라, 체력단련장을 설치하고, 샤워실 및 세탁실을 개선하며, 여성전용 편의시설을 별도로 설치하여 장병들의 주거 환경을 획기적으로 개선하여 전투력 향상의 근간이 되도록 할 예정이라고 한다. 국방예산 반영을 위한 중기계획에도 경상 분야에 장병사기, 복지증진, 국방 정보화 및 교육훈련강화 등이 중점사항으로 편성되어 있음을 확인할 수 있다.[53]

그러나 기본적인 국방백서에는 자세한 병영도서관 관련 정책이 적시되지 않아 여러 자료를 검토하던 중 국방부에서 발행한 뉴스레터[54]를 통해 국방부가 표명하고 있는 병영도서관 관련 정책의 대강을 파악할 수 있었다. 이 자료는 뉴스레터의 성격이지만 홍보 담당관이 작성한 것으로 대외적으로 국방부의 입장을 대변한 것으로 볼수 있다.

---

53) 2004국방백서 p.169, p.181, p.188, p.191. 내용 참조.
54) 국방부 발행 뉴스레터 제46호(2004년 11월 26일자)에 실린 "책 읽는 군대, 젊은날의 지식충전소"라는 기획연재물.

따라서 이를 통해 국방부가 '병영도서관'에 대한 개념을 어떻게 파악하고 있는지 그리고 향후 어떤 목표를 가지고 추진하고 있는지 그 정책배경에 대해 간접적이나마 그 윤곽을 찾아낼 수 있었다. 다음은 그 주요 내용을 주제별로 분류하여 〈표 4-20〉으로 정리한 것이다.

〈표 4-20〉 국방부의 병영도서관에 정책 배경분석

구 분	내 용
병영도서관의 필요성	1) 감수성이 예민하고 학습의욕이 왕성한 신세대 장병들에게 부족한 문화욕구를 채워주워야 함 2) 지식과 정보를 습득할 수 있는 자기발전의 공간이 있어야 함
병영도서관의 설치과정	1) 상당 기간 '사랑의책나누기운동본부'·'은혜의책나누기운동본부'를 비롯한 사회 각계각층의 민간지원 단체의 도움을 받아 운영하기 시작하였음 2) 2003년 5월 '도서관 및 독서진흥법'이 개정되어 육·해·공군 각급 부대의 병영도서관 설치를 법제화할 수 있는 근거가 마련되었고, 이에 따라 국방부는 병영시설 현대화 개선사업과 병행하여 각급 부대에 병영도서관을 지속적으로 설치할 계획을 마련하게 되었음
병영도서관 사업의 목적	1) 책을 통한 장병들의 인격과 정서 함양 2) 전투력의 근간이 되는 정신전력을 배양 3) 군인이란 특수성 때문에 잃어버리기 쉬운 현실적 감각을 유지시킴
병영도서관의 추진 철학과 방향	1) 심신을 단련하는 전인교육기관으로서의 군대 군 복무를 하는 동안 반복되는 훈련과 엄격한 규율 속에 생활하다보면 자칫 매너리즘에 빠져 창의적이고 신선한 생각을 하기가 쉽지 않다. 그러나 군 복무 기간을 군대(軍大)에 다니는 시기로 불릴 정도로 다양한 지식과 정보를 얻어 왕성한 자기발전을 할 수 있는 인생의 재충전기간으로 만들어, 자신의 꿈과 미래를 설계할 수 있는 젊은 날의 '지식충전소'로 만드는 것이다. 병영도서관을 통해 군대에서 매일 책을 읽는 건전한 습관을 들인 장병들은 전역할 무렵엔 깊이 있는 사고와 풍부한 지식을 가진 경쟁력 있는 사회인으로 성장할 수 있을 것이다.

구 분	내 용
병영 도서관의 추진 철학과 방향	2) 병영도서관은 복합문화공간으로 기능 신세대 장병들은 군 생활 중 자기발전을 게을리 하지 않기 위해 병영도서관을 활용해 진학과 각종 취업·창업·유망 직종에 도움이 되는 자격증 공부를 할 수 있다. 현재 병영도서관이 설치된 각 군부대들은 최신 베스트셀러를 비롯해 신간 문학서적 및 다양한 자격증 관련 전문서적을 구비하여 배치함으로써 장병들의 자기발전욕구를 충족시켜 주고 있으며, 전역을 앞둔 장병들의 취업공부 및 자습공간으로도 활용되고 있다. 또한 병영도서관은 단순히 책을 읽는 공간이 아니라 선·후임 장병간의 책을 통한 정보공유와 대화를 통한 의사소통이 이루어지는 보다 윤택한 병영공간을 만든다.[55] 또 다른 한편으로 도서관을 전 장병들이 이용하기 어려운 전방지역과 격오지 등에서는 이동식 도서관을 운영하여 장병들이 보다 쉽게 도서관을 접할 수 있도록 하고 있으며 신분특성상 문화혜택을 누리기 힘든 군 가족들에게도 병영도서관을 개방함으로써 군 장병뿐만 아니라 군 가족들의 자기계발 및 문화공간으로의 역할도 하고 있다. 3) 강한 군대를 위한 지식 습득소 무엇보다 군인에게 요구되는 강한 전투력을 유지하는데 독서는 가장 효과적인 방법이다. 21세기에 걸맞은 강하고 효율적인 군대를 만들기 위해 필연적으로 요구되는 것은 장병들의 올바른 가치관과 높은 지적 수준이다. 독서는 장병들의 정신전력을 높이는 데 최선의 방법인 것이다. 이제 '전쟁에서 이기고 싶다면 독서를 통해 강한 정신전력을 키워라'라는 말이 결코 지나침이 없는 명제가 되었다. 4) 평생학습의 습관을 익히는 공간으로 책을 통해 미래의 희망을 설계하는 곳 '책 한 권이 인생을 바꾼다.'라는 말이 있듯이 젊은 날에 읽는 한 권의 양서는 한 사람의 인생을 바꿔놓을 수 있다. 책 속에 담긴 무한한 진리를 찾아 보낸 2년간의 시간은 무엇보다도 바꿀 수 없는 인생의 소중한 시간으로 기억될 수 있다. 군대에서 이제는 자신의 의지만 있다면 얼마든지 다양한 장르의 많은 책을 접할 수 있다. 군대는 진정한 '국민교육의 장'으로 인내력과 끈기, 집중력을 요구하는 독서습관을 군대에서 들인다면 2년간의 군 복무기간이 인생에서 무엇과도 바꿀 수 없는 더없이 소중한 시기로 기억될 수 있을 것이다.

　　이상의 내용을 통해 살펴볼 수 있듯이 국방부는 장병들의 사기와 복지차원에서 그리고 교육기회를 제공하기 위해서 다양한 노력을 펼치는 것으로 나타났으나, 병영도서관 관련 항목은 중요도에서 우선순위 사항으로 평가되지 못했다. 적어도 국방부의 101대 추진과제에는 들어 있어야 대외적으로도 '병영 선진화 및 병영문화 개선'의 핵심 사업으로 인정받을 수 있었을 것이다.

　　도서관 및 독서진흥법에 근거하여 국방부 중기사업으로 계획된 병영도서관 건립관련 사업이 '중대 단위 PC방설치' 사업에 밀려 있고, '병영현대화 대대급 이상 통합막사 개선 사업 추진계획'과 병행하여 이루어지고 있다는 사실은 아무래도 국방부 당국의 단순한 계산법에 의해 좌우된 정책적 실기가 아닌가 판단된다.

　　이미 앞서 미국의 병영도서관 발전과정 분석에서 볼 수 있었던 것처럼 병영도서관은 미국 당국의 군의 복지와 사기, 교육과 레크리에이션이라는 기본 철학을 수행하는 데 있어서 가장 핵심적인 기관이며 시설이었다. 따라서 병영도서관은 여러 가지 다양한 군의 복지시설 가운데서도 가장 우선적인 문화 공간으로서 독립적 성격을 갖는다. 곧 기능적으로 전문성을 갖는 독립 공간이며, 다른 시설에 우선한다는 의미이다. 그런데 국방부 관계자의 단순한 계산법에 따르면, 물론 예산과 인력의 문제를 거론하겠지만, 효율성 측면에서 독립적인 도서관 공간을 대대의 중심에 설치하기보다는 중대별로 막사 개선사업을 하는 가운데 슬쩍 집어넣어 20여 평의 공간만 확보하면 그게 어디냐는 셈법이 앞섰을 것이다. 그리고 인터넷시대의 신세대 장병을 위해 중대별

---

55) 실제로 병영도서관이 하나 둘씩 생기기 시작하면서 각종 군 내 사건사고도 줄어들고 있다고 한다. 장병들에게 독서 붐이 불면서 수동적이고 피동적이던 군 생활이 능동적이고 적극적으로 변화하고 병영전반에 깔려 있던 악습도 하나 둘씩 사라지고 있다고 이 뉴스레터는 주장하고 있다.

로 PC방을 설치해 주면 그보다 병사들의 만족감을 높여 줄 수 있는 계획이 어디 있을까 하는 편의주의적 발상이 전제되어 있을 수도 있다. PC방은 신속하게 빠른 정보를 제공하고, 신세대의 감수성과 현실 감각 유지를 위해 필요한 시설이다. 그러나 도서는 단순한 정보제공 차원을 넘어 지식과 지혜를 제공하며, 정서적 안정을 지원하는 훨씬 더 높은 단계의 봉사개념이다. 아니 단순한 개념적 차원을 떠나 현재의 추진계획들을 그대로 수행한다면 지금까지 상술한 국방부의 병영도서관 추진의 의미를 달성할 수 있을까? 과연 〈표 4-20〉에서 제시된 병영도서관의 철학과 추진배경, 즉 1) 심신을 단련하는 전인교육기관으로서의 군대, 2) 병영도서관은 복합문화 공간으로 기능, 3) 강한 군대를 위한 지식 습득소, 4) 평생학습의 습관을 익히는 공간으로 책을 통해 미래의 희망을 설계하는 곳으로서 병영도서관의 기능을 수행할 수 있을까 반문하지 않을 수 없다.

구체적으로 여가활동과 장병편의를 위해 PC방 설치뿐만 아니라, 체력단련장을 설치하고, 샤워실 및 세탁실을 개선하며, 여성전용 편의시설을 별도로 설치한다고 했다. 그런데 여기에 학습과 교육의 개념을 도입하면 곧 종합적인 문화 공간이 된다. 병영도서관 안에 부대시설로 PC방뿐만 아니라 체력단련장, 휴게실, 전시실, 크게는 강당까지도 같이 설계할 수 있다. 이 문제는 거시적으로 보아야 한다. 과거 군사독재시절처럼 획일적으로 밀어붙일 사안이 아니다. 현재의 예산절감과 효율성에 기대어 전화선 가설을 위해 아스팔트를 뜯어내고, 다시 하수도 공사와 전기 공사를 위해 반복적으로 뜯어내고 덮어버리는 식의 행태가 반복되어서는 안 된다. 시간이 가더라도 군의 복지와 사기, 교육적 측면에서 장기적이고 종합적인 마스터플랜하에 밑그림이 그려져야 한다.

법이 만들어졌으면, 시행령이 만들어져야 하고 그 시행령하에 시행규칙을 만들어 정책목표를 실현해야 한다. 아직 병영도서관 관련 법의 시행령과 기준조차 마련되지 않은 상황에서 국방부 자체의 선심성 계획으로 밀어붙이는 것은 대표적인 전시행정이 아닐 수 없다.

군은 이 나라 청소년의 미래다. 이들을 위한 병영도서관 정책추진을 미사여구로 호도해서는 안 된다. 지금까지 살펴본 국방부의 계획에는 병영도서관의 미래, 청소년의 미래가 담겨져 있지 않다. 근본적으로 군의 사명과 병영도서관의 설립 취지의 목적을 분명히 이해하고 중장기적인 계획을 처음부터 다시 세워야 한다. 〈표 4-19〉의 정병국 의원이 제시한 병영도서관의 발전방안은 이미 앞선 분석에서 제시된 것이다. 중요한 정책적 요소를 종합하여 간략하게 다시 정리하면 다음과 같다.

(1) 사서의 전문성 확보

도서관의 생명은 핵심관리자의 존재여부다. 병영도서관의 핵심은 그 운영을 전담할 전문가인 병영사서를 어떻게 확보해야 하는 것이다. 법적 강제성이 보장되는 사서직 배치 기준을 마련하여 시행하는 일은 대단히 시급하면서도 중요한 일이다.

(2) 민·관 도서관운영위원회 및 도서선정위원회의 구성과 자료구입비의 사단별 배분

부대별 특성에 맞게 도서관을 자율적으로 운영할 수 있도록 사단급에서는 민·관이 함께하는 도서관운영회가 만들어져야 하며, 이하 제대별로는 병사들의 수요와 요구를 반영한 자료들을 확보할 수 있도록 도서선정위원회의 설립이 제도적으로 자리잡아야 한다. 또한 기본적인 장서구입비 확보와 연간 신간도서의 원활한 공급이 가능하도록 매년 추가 예산을 확보해야 한다. 또한 예산지원은 사단급에 직접 배분하여 국방부의 획일적인 도서선정과 지원을 지양해야 할 것이다. 이에 따라 도서관이 박물관이 될 수도 있고 살아 있는 지식제공처가 될 수도 있을 것이다.

(3) 관련기준과 규정마련

지휘관에 따라 병영도서관 운영의 차이가 없도록, 시행령의 조속한 제정과 이에 따른 기준과 운영규정, 스텝매뉴얼을 작성할 수 있어야 한다. 병영도서관 정상화의 시급한 관건이 아닐 수 없다.

(4) 병영도서관 전담부서 필요

이미 미국은 1920년대 병영도서관 전담 분과가 생겨났다. 병영도서관이 법과 제도로서 시행되는 실행기관이 되려면 독립적으로 병영도서관 운영을 전담할 전담부서가 있어야 한다. 이곳에서 병영도서관설치 및 운영에 관한 모든 사항을 통괄하고 조직해 나가야 한다. 제도적으로 이 부분이 정리되면, 병영도서관은 발전기에 들어섰다고 볼 수 있을 것이다.

(5) 국립중앙도서관과 한국도서관협회 내 병영도서관 지원체제 마련

앞서 지적한 바와 같이 그리고 미국에서의 예와 같이 병영도서관의 모든 활동을 모두 군에 맡기기에는 현실적으로 무리가 따른다. 문헌정보학적 전문적 지식과 광범위한 도서관계의 지원을 이끌어 내기 위해서는 국립중앙도서관과 한국도서관협회의 지원을 이끌어 내는 것이 중요하다. 따라서 국립중앙도서관으로부터는 도서지원과 도서관리 프로그램 부분에 지원을 받을 수 있을 것이다. 또한 한국도서관협회 내에 병영도서관지원분과를 설치하고, 여기에서 다양한 지원 프로그램에 대해 논의하는 것도 바람직 할 것이다. 특히 국회도서관과의 정보교류

협약체결과 같은 방식의 협조체제도 의미가 있을 것으로 보인다.

(6) 지방분권화에 맞춰 지역공공도서관과 협조체제 마련

지방 분권화와 지역 주민의식의 성장을 통해 많은 공공도서관이 각 지역마다 설립되고 있다. 또 일부 사례로서 공공도서관의 순회문고가 경찰서나, 교도소, 일부 군부대를 경유하는 경우도 생기고 있다. 기존의 사례를 참고하여 민간과 군의 협조 체제로 병영도서관을 지원할 필요가 있다. 이를 통해 국방부의 예산 절감이 가능하고, 지역사회 역시 공공도서관의 역할과 가치를 확대할 수 있는 훌륭한 방편이 되기도 한다. 예산지원이 어려운 군부대를 지방자치 단체에서 지원하는 효과도 있으므로 궁극적으로 지역의 문화와 경제발전에도 긍정적으로 영향을 미칠 수 있을 것으로 보인다.

(7) 디지털 병영도서관체제 준비

중대별 PC방 설치사업은 결국 병영도서관 시설에 포함되어야 할 것이다. 앞서 군인복지회의 지식복지시스템 운영과 같이 결국, 사병들의 교육과, 지식정보 제공처로서의 인프라가 될 수 있을 것이다. 따라서 장기적인 차원에서 병영도서관의 네트워크화, 콘텐츠 마련 등 디지털병영도서관 체제 마련에 들어가야 할 것이다.

(8) 사병들에 대한 도서구입 혜택 지원

국가에서 아무리 발전적인 병영도서관 체제를 마련하여 운영한다고 해도 한정된 예산과 군이라는 특수성 때문에 모든 지적 자원을 다 공급한다는 데는 어려움이 있다. 이에 대한 보완책으로 국가에서 사병 개개인에 대한 도서구입비를 지원하는 방안이 있을 것이다. 현금으로 지급하기 어렵다면, 군 복지단이나 군인공제회의 협조를 얻어 PX물품처럼, 부대 내 PX나, 군인공제회 홈페이지를 통해 면세품으로 대폭 할인된 가격으로 구입할 수 있는 기회를 주는 것도 좋을 것이다.

(9) 병영도서관 시범 운영기관 확대를 통한 내실화

국방부에 따르면, 병영도서관 시범운영기관을 실시할 예정이라고 한다. 또한 일부 사단에서는 자체적으로 이러한 준비를 시도하는 곳도 있다고 한다. 국방부는 '하겠다', '있다고 한다'라는 차원에서 벗어나, 장기적이고 체계적인 병영도서관 시범 운영기관을 부대 특성과 제대별 규모에 맞게 선정하여 종합적인 계획을 세우고, 내실화를 기할 수 있도록 세밀한 준비를 해야 할 것이다. 이를 통해 효율적인 병영도서관운영에 관한 매뉴얼을 만들 수 있을 것이고, 부대 형편에 맞는 특성화된 병영도서관 운영이 가능해질 수 있을 것이다.

(10) 병영도서관 활성화를 위한 사회적 합의 도출

국방부는 병영도서관 활성화에 민간단체가 참여할 수 있는 길을 대폭 확대하고, 이를 적극적으로 지원해야 한다. '병영도서관홍보대사', '병영도서관'과 '지역 단위 도서관'과 자매결연 추진, 병영도서관을 기부행위 유도 등 정책과 방침, 제도적 장치 마련 등으로 향후 병영도서관이 활성화될 수 있는 대책을 다각도로 구상해야 할 것이다.

결국, 이러한 사항을 참고하여 여러 번 강조한 바 있는 **독립된 문화 공간으로서 병영도서관은 존재하여야** 하며, **이 병영도서관 내에** PC방이나, 체력단련장, 휴게실, 전시실, 크게는 강당까지도 부대시설로 함께 자리잡을 수 있어야 할 것이다.

5. 우리나라의 병영도서관의 설치 기준안

5.1 병영도서관 기준의 특징 및 설정 배경

5.1.1 기준 설정의 배경과 방법

도서관 기준은 그 제공 목적에 따라 도서관 운영에 필요한 가장 기본적인 요건을 제시하는 기초 수준(minimum level), 추구해야 할 목표를 제시하는 최고 수준(excellent level) 또는 중간 수준(medium level) 등으로 그 설정 수준이 달라진다. 병영도서관의 경우, 도서관 건립 초기 단계에 있어, 도서관 운영에 필요한 기본적인 시설과 자원 및 봉사 프로그램을 제시하고 안내하는 도구로서의 기능이 가장 중시된다고 할 수 있다. 물론 시간이 지나 병영도서관의 수가 증가하고 운영도 안정되면, 도서관 운영의 평균적인 수준이나 최고 수준을 설정 제시하는 것이 도서관의 지속적인 발전을 위해 필요할 것이다. 그러나 현 단계에서는 설치를 위한 기초 여건을 마련하는 것이 그 무엇보다 중요하다고 할 수 있다.

도서관 기준을 기술하는 양식으로는 질적인 안내와 양적인 지표 제시 등을 적용할 수 있다. 양적인 지표 설정은 바로 적용할 수 있는 표준적이고 객관적인 데이터를 제공한다는 점에서 장점이 있다. 그러나 운영의 방향과 과정에 대한 안내를 위하여서는 질적인 기준이 보다 유용하다. 질적인 기준의 이러한 장점으로 인하여 최근의 도서관 기준들에서는 질적인 안내가 중심을 이루고, 여기에 기초적인 수준을 계량적인 지표로 제시하는 경향이 있다.

이러한 경향을 반영하여, 본 기준안은 병영도서관 운영을 주요 영역별로 나누어 질적인 기준을 제시하고, 기본 요건으로 필요한 자원 및 시설 수준을 계량적인 지표로 제시하는 것으로 구성하였다. 기준 작성을 위하여, 2004년 공표된 독서 및 도서관 진흥법의 병영도서관 부분 등 관련 법령, 관련 문헌 및 미국 병영도서관 기준 등 기준 사례, 현황 조사 및 전문가 의견 수렴 등의 방법이 이용되었다. 2003년에 출판된 한국도서관기준에서는 병영도서관이 특수도서관으로 분류되었으나, 개정된 도서관법에서는 병영도서관을 공공도서관으로 분류하고 있어, 한국도서관기준 가운데 공공도서관 부분을 참고하였다.

5.1.2 기준의 목적과 성격

본 기준의 목적은 병영도서관 운영을 위해 필수적으로 요구되는 기본 요건을 제시하고 운영의 방향과 원칙을 안내하는 데 있다. 따라서 기준의 충족은 병영도서관 운영의 기본을 갖추었다는 것을 의미할 뿐이지 도서관 운영의 우수성을 나타내는 것은 아니다.

기준 설정의 기본 원칙은 주요 봉사 대상인 군인의 특성과 요구를 반영하되, 군인과 그 가족들이 일반 공공도서관과 같은 수준의 도서관 서비스를 제공받을 수 있도록 하는 데 있다. 이를 위하여,

1) 개별 학습을 위해 적절한 지식과 정보의 접근과 이용을 제공한다.
2) 군인의 전투력 증진을 위한 정보 자료와 교육프로그램을 제공한다.
3) 오락 및 취미 활동에 필요한 정보 자료를 제공한다.
4) 정보 자료의 이용에 필요한 시설과 설비가 완비된 환경을 제공한다.

기준의 영역은 1) 사명과 목적, 2) 조직과 인력, 3) 시설, 4) 자료, 5) 예산, 6) 이용자 봉사, 7) 교육 및 기타 지원 프로그램(평가) 등 7개 영역이 포함되며, 일반 원칙(질적 기준)과 최소 기준(양적 기준)을 제시한다.

5.2 병영도서관 설치 기준안

- 병영도서관의 사명과 목적
- 병영도서관의 조직 및 인력
- 병영도서관의 시설
- 병영도서관의 자료
- 병영도서관의 예산
- 병영도서관의 이용자 봉사
- 병영도서관의 평가

(1) 사명과 목적

- 사 명
- 병영도서관의 봉사대상 범위는 군인과 군무원, 그 가족들이다. (*봉사대상: 군사시설의 특수한 환경에 처해 있는 자, 현재 군 복무 중인 장병과 지휘관, 국방부 군무원)

*MWR standards 현재 복무 중인 군인들 100%와 그들의 가족 구성원 40% 그리고 DoD 지역에서 직업을 가지고 거주하고 있는 일반 시민 10%도 기본 대상으로 한다.

（지식복지） 병영도서관은 군인의 지식향상과 복지구현을 위한 지적 보고이며 정신함양과 정보자료의 요람으로서, 정보이용, 문화활동, 평생교육의 증진 등을 통하여 기본권의 신장과 군 발전에 기여한다.

（인격과 정서 함양） 병영도서관은 군사시설 내에서 일반인과 동등하게 자료이용 및 정보접근을 가능하게 하는 환경을 제공하여 지식/정보로부터 소외될 경우에 발생할 수 있는 일반인과의 정보격차를 해소하는 데 최선을 다하고, 여가 및 문화활동을 적극적으로 지원함으로써 그들의 삶의 질을 향상시키는 데 기여한다.

（강군육성） 병영도서관은 장병들의 올바른 가치관과 높은 지적 수준을 배양함으로써 전투력의 근간이 되는 정신전력을 키워 군부대의 성공적 사명완수를 위한 관문이자 지식경영자원의 제공처로서 국가경쟁력을 제고시키는 데 이바지 한다.

（민주시민 양성） 병영도서관은 장병들이 정보와 지식에 자유롭고 평등하게 접근할 수 있는 보편적 권리를 기본권으로 보장하며, 이를 통하여 민주사회의 유지/발전에 필요한 성숙된 시민으로서의 자질과 자치의식을 함양하도록 한다.

（평생학습） 병영도서관은 봉사대상자에게 도서관 이용 기회를 충분히 제공하여 사회에 나가서도 도서관을 평생학습의 장소로 활용할 수 있는 능력을 고양시키는 데 기여한다.

● 목 적

병영도서관의 목적은, 봉사 대상인 군인과 군무원과 그 가족들에게

1) 인격과 정서를 함양하는 독서 및 문화 활동;

2) 전투력 증진을 위한 지식 습득과 정신 훈련 활동;

3) 자기 발전과 취업 준비를 위한 학습 활동;

4) 여가 선용을 위한 오락 및 취미 활동 등을 위한 시설과 자료, 정보 서비스 및 교육프로그램을 제공하는 데 있다.

(2) 조직과 인력

● 일반원칙

(설치) 병영도서관은 제대 규모에 상관없이 모든 병영 내에 설치될 수 있도록 한다. 그러나 군무원과 그 가족들을 주 대상으로 하는 도서관은 영외에도 설치할 수 있도록 한다.

(조직) 병영도서관은 다양한 기능과 역할을 통하여 지역사회의 정보이용, 문화활동, 평생교육을 지원할 수 있도록 적절한 조직을 갖추어야 한다.

(계획) 병영도서관은 미래지향적인 경영전략과 장/단기 계획을 수립하여 체계적으로 관리하여야 한다.

(개편 시기) 병영도서관의 조직은 사회 환경과 이용자 요구, 각종 매체와 기술 진보 등의 변화를 수용하고 능동적으로 대처할 수 있도록 적시에 개편되어야 한다.

(규정의 성문화) 병영도서관은 도서관의 모든 업무를 포괄하는 성문화된 업무규정 또는 지침을 마련하고 이를 기준으로 업무를 수행하여야 한다.

(인적 자원) 병영도서관은 운영의 효율성과 이용자의 정보요구에 신속하게 대처할 수 있도록 충분한 전문 인력을 확보하여야 한다. 병영도서관의 직원에 관련된 정책 및 절차는 정당한 인사관리를 따라야 하며, 채용방법은 직원의 적성과 자격에 대한 객관적인 평가에 기반을 두어야 한다.

- 조 직
1. 설치 단위와 구성
(설치 단위) 대대급 병영도서관을 기본 단위로 하되, 제대 규모에 따라 다음과 같이 나눈다.
- 사단급 이상 병영도서관
- 연대급 이상 병영도서관
- 대대급 이상 병영도서관
- 중대급 이상 병영도서관
- 기타 사단급 본부 관할 이동도서관

(분관) 격오지 등 원활한 병영도서관 서비스 혜택을 누릴 수 없는 군부대에는 분관을 설치할 수 있다.

(거점도서관) 국방부는 해당 단위 병영도서관 이용자의 정보 요구를 광범위하고 종합적으로 파악하여 서비스를 지원하고 협력하는 사단급

이상, 연대급, 대대급, 중대급 병영도서관을 설치/운영하여야 한다.

(이동문고) 대표도서관에는 1대 이상의 이동문고를 배치하여야 한다.

2. 협 력
(국가협력체계) 각 군단/사단대표 병영도서관을 연결하는 전국적인 병영도서관망이 조직 운영되어야 한다.

(단위 도서관 간의 협력체계) 병영도서관은 군 편성 단위별로 도서관 간 상호 협력방안을 강구하고, 그 규정에 따라 각 군단의 거점 병영도서관을 정점으로 하는 병영도서관망을 구축/운영하여야 한다.

(지역사회 다른 기관과의 협력) 단위 도서관은 전국 병영도서관망에 연계하여 지역사회 내의 다른 도서관 및 공공 기관과 단체와 연계하여 유기적인 협력 관계를 유지하여야 한다.

3. 병영도서관 운영위원회
 - 대대급 이상 병영도서관은 지휘관, 부대 간부, 병사 대표, 민간인으로 구성된 병영도서관운영위원회를 설치하여야 한다. 운영위원회 위원장은 지휘관이 임명한다.
 - 운영위원회는 제대 규모에 따라 5인~10인으로 구성되며, 도서관의 정책 계획, 운영 및 관리 전반과 자료 선정 등을 심의/자문하는 기능을 담당하며, 연 2회 이상 개최하도록 한다.

● 인 력

(인력과 직제 편성) 병영도서관의 규모와 업무량을 감안하여 일정한 자격을 갖춘 적정 인원의 인력이 직제로 편성되어야 한다.

(도서관장) 병영도서관장은 단위 부대의 최고 지휘관이 역임한다.

(인력배치) 병영도서관은 도서관의 규모나 기능, 장서수, 이용자수, 건물구조 등을 감안하여 적정 인원을 결정하되, 사단급 이상은 2인 이상, 대대급 이상은 1인 이상으로 한다.

(직원 자격) 병영도서관의 직원들은 사서자격증 소지자(준사서, 2급 정사서)로 하되, 재학 중 문헌정보학 전공자도 가능하다. 사단 단위 이상 병영도서관에는 문헌정보학을 전공하여 도서관 관리능력을 갖추고, 군 관계 전문지식을 갖춘 자를 배치하는 것이 바람직하다.

(교육) 병영도서관 담당 인력을 봉사대상자에게 적절한 서비스를 제공하기 위하여 관내 외 연수의 장/단기 교육이나 학회, 협의회, 워크숍, 세미나, 컴퓨터통신교육 등에 참여할 기회를 연간 1회 이상 갖도록 하여야 한다.

(3) 시 설

● 위치 및 면적

(위치) 병영도서관은 적절하고 독립적인 장소에 설치되어야 한다.

(면적) 병영도서관의 면적은 대대 단위 도서관은 30평 이상이어야 하며, 사단 또는 거점도서관의 면적은 50평 이상이어야 한다. 그 외 중대

또는 분관 도서관은 환경에 따라 5평 이상의 규모로 설치할 수 있다.

- 기본 시설

(내부공간계획) 병영도서관의 내부공간은 자료공간, 이용자공간, 직
원공간, 공유공간으로 구분하여 계획하되, 모든 공간의 동선계획은 업
무처리의 효율성과 편의성 융통성을 극대화하는 방향으로 설계되어야
한다.

(자료공간) 병영도서관의 자료공간은 거점도서관을 기준으로 할 때,
다음과 같이 권장한다.

구 분	면 적	주요비품
서 고	16평	보유 장서 기준: 10,000권
열람실	15평	복식 2연 7단서가(1.8×2.1×0.46): 8개 열람용: 책상 4개, 의자 32개
관리실	7평	관리용: 책상 2개, 의자 2개
멀티미디어워크스테이션실	12평	인터넷 전용 책상 5개, 의자 5개
합 계	50.0평	

(이용자공간) 병영도서관의 이용자공간은 열람/학습/연구를 위한
시설, 멀티미디어 자료의 시청을 위한 기자재 및 의자/테이블, 컴퓨터
및 의자/테이블 등이 마련되어야 한다.

(직원공간) 도서관의 규모를 감안하여 설정하되, 자료의 대출/반납
을 위한 공간, 자료 정리를 위한 공간, 참고 정보서비스를 위한 공간
이 적절히 배치되어야 한다.

(통신) 네트워크 접속이 가능한 배선과 통신 설비를 갖추어져야 한다.

(환경) 조명, 환기, 방습, 방화, 안전설비, 냉난방 등의 장치를 구비하여야 한다.

〈기본 시설〉
1) 대출/반납에 필요한 시설
2) 열람/학습/연구에 필요한 시설: (예) 탁자와 의자를 갖춘 독서공간
3) 참고/정보봉사에 필요한 시설 (예) 신간 자료와 도서관 프로그램의 전시공간
4) 자료보관에 필요한 시설
5) 멀티미디어 자료 이용을 위한 시설: 자료의 이용과 복사, 재생과 제작에 필요한 장비, 프린터, CD R/W, 복사기, 마이크로자료 판독기/판독 − 인쇄기, 음반재생기, 테이프 녹음기, 빔 프로젝터, 디지털 카메라, 캠코더, 스캐너, DVD 재생기, VTR 등.
6) 교육 및 정보 검색용 컴퓨터

(4) 자 료

• 일반원칙

(자료구성 범위) 병영도서관은 봉사대상자의 다양한 정보요구와 관심사를 충족시킬 수 있는 각종 정보자료를 광범위하게 구성하여야 한다. 제공하는 정보자원은 최신성을 유지하여야 하며, 구성자료의 범위에는 임무 수행, 취미와 여가 선용, 교육과 자아개발, 지식함양 등에 이바지하는 다양한 주제의 정보자료들이 포함되도록 한다.

(자료수집 원칙) 병영도서관은 군대사회의 환경과 특성을 고려한 이용자의 요구를 만족시킬 수 있는 자료를 우선적으로 수집하고, 기타 자료는 협력 또는 분담수서와 자료공유시스템을 통하여 군대사회의 정보요구에 대처하되, 종합적인 관리원칙에 입각한 일관성을 유지하도록 한다.

병영도서관은 인쇄자료를 비롯하여 시청각자료, 마이크로자료, 디지털자료 등 다양한 유형의 정보자료를 확보하여야 할 뿐 아니라, 인터넷 정보기술을 활용한 접근전략도 다양하게 강구하여야 한다.

(장서개발정책) 병영도서관은 종합적인 장서개발(관리)정책을 수립하여 자료수집에서 보존까지 체계성과 일관성을 유지하여야 한다.

(정보자원 평가) 병영도서관은 최근의 출판동향, 정보요구와 이용행태, 소장자료의 형태서지적 및 내용적 가치, 장서관리 계획과의 적합성 등을 근거로 전체 장서 또는 주제별 장서를 평가하되, 3~5년 주기로 지속적인 평가가 이루어져야 한다.

(폐기) 병영도서관은 자료의 내용가치와 이용통계를 조사/분석하여 자료수집과 폐기의 우선순위를 결정할 때 활용하여야 한다.

● 자료 기준

(장서규모) 병영도서관의 장서규모는 봉사대상자의 규모에 따라 증감하는 것을 원칙으로 하며, 다만 이미 설립된 병영도서관 중 기본 장서의 소장 기준에 미달한 도서관은 중장기 전략을 수립하여 조속히 확보하여야 한다. 신설되는 병영도서관은 유효봉사반경 내 기본도서

6,000권에 매년 병사 1인당 1권 이상의 장서를 추가적으로 갖추어야 한다.

(연속간행물) 병영도서관은 최신 지식정보를 습득하는 데 필요한 각종 연속간행물의 수집을 기본 30종 이상으로 하여 비중을 높이되, 사단급, 대대급으로 구분하여 50종, 30종 이상을 갖추어 이용을 활성화하여야 한다.

(참고자료) 병영도서관의 참고자료는 총 자료 수의 10% 정도로 구성하는 것이 바람직하다.

(비인쇄자료 또는 멀티미디어자료) 병영도서관은 CD-ROM, Video, 음악자료, DVD, 온라인자료, 인터넷을 갖추는 것이 바람직하다.

(폐기 기준) 사단 단위 이상 병영도서관을 제외한 병영도서관은 1인당 기본 장서수가 기준에 도달하면 적절한 절차를 거쳐 폐기할 수 있다.

(장서 관리) 병영도서관은 소장자료의 주기적 점검을 통해 소장자료의 내용 및 형태 서지적 중요성을 감안하여 실물보존, 폐기, 수선과 제본, 소독과 탈산처리, 매체변환(medium conversion) 등의 방식으로 장서를 재구성하고 관리하여야 한다. 병영도서관은 디지털 자료의 장기보존 및 원격접근 환경을 지속적으로 유지/강화하여야 한다.

(관리시스템) 병영도서관은 도서관 전체가 완벽한 통합도서관 시스템으로 작동되고 협력체계의 모든 도서관이 상호 호환성과 연결성을

위하여 자동화 시스템, 도서관 표준안을 사용해야 한다.

(5) 예 산

• 일반원칙
(재정) 병영도서관은 국방부의 재정으로 운영한다.

(예산) 병영도서관의 예산은 충분히 확보되어야 하며, 이를 위한 법적, 제도적, 행정적 장치가 확고하게 마련되어 있어야 한다.

(외부지원) 병영도서관은 민간의 기부를 받을 수 있는 방안을 마련하여야 한다.

• 예산 배정기준
(배정 비율) 병영도서관의 예산은 인건비, 자료비, 기타 운영비로 구성되며, 항목별 예산은 인건비(훈련비), 자료비, 기타 운영비로 나누어 배분하는 것이 바람직하다. 연간 예산은 봉사대상군인 및 군무원 1인당 2만 원 이상으로 한다.

(6) 이용자 봉사

• 일반원칙
(봉사정책의 성문화) 병영도서관은 봉사의 유형과 범위, 내용과 우선순위 등을 명시한 이용자 봉사정책을 성문화하고 주기적으로 개정하여야 한다.

(봉사대상자의 요구 수렴) 병영도서관이 이용자 봉사정책과 절차를 수립할 때는 이용자를 직/간접적으로 참여시켜야 하며, 이를 위한 제

도적 장치를 갖추어야 한다.

(평등한 이용) 병영도서관은 봉사대상자의 연령, 군대 내 직급 등을 불문하고 공평하게 이용되어야 한다.

(환경 변화의 반영) 병영도서관은 병영 대내외 환경의 변화추이를 주기적으로 파악하여 그에 적합한 자료의 제공과 봉사활동을 전개하여야 한다.

(홍보) 병영도서관은 봉사대상자에게 도서관의 운영시스템과 봉사 내용을 상세하게 홍보하여 존재가치를 인식시키고 방문과 이용을 활성화하는 데 최선을 다해야 한다.

● 대출/열람 봉사
(자료의 이용) 모든 자료의 이용은 전면개가제를 원칙으로 한다.

(개관시간) 병영도서관의 개관시간은 도서관의 규모, 병영의 규모와 실정에 맞게 조절하되, 이용자가 최대한 편리한 시간, 이용자의 요구가 발생하는 모든 순간에 이용이 가능해야 한다는 기본 원칙에 기반을 두고 일과시간표에 따라 평일은 19:00~21:00시, 주말과 공휴일은 09:00~21:00시로 연중무휴·종일개방이 바람직하다.

(대출정책) 병영도서관의 문서화된 대출정책에는 대출기간, 대출제한 자료 수, 예약절차 등이 명시되어야 한다.

(이동도서관) 병영도서관은 본관의 봉사권역에서 벗어난 지역, 분관의 설치가 곤란한 지역, 본관 또는 분관의 이용이 불편한 병영의 이용자를 위하여 이동문고나 대출문고를 운영하여야 한다. 그리고 자료의 대출 기간은 2주로 하고, 1회 연장이 가능하도록 한다.

※ 이동문고는 내부에 서가를 설치해야 하며, 주 1회 또는 격주 1회의 주기로 순환/봉사하여야 한다.

• 참고/정보봉사

(전자 네트워크) 병영도서관은 전자 네트워크를 구축하고 온라인 정보접근 및 이용시설을 갖추어 다양한 정보요구에 대처해야 한다. 또한 개관시간 외에도 이용할 수 있도록 다양한 봉사방식을 최대한 제공하여야 한다.

(봉사개선) 병영도서관은 이용자의 참고질문을 접수하고 처리하는 일련의 과정을 기록하여 보다 나은 봉사개선을 위한 기본 자료로 활용하여야 한다.

(봉사홍보) 병영도서관이 새롭게 제공하는 봉사활동은 인터넷 게시판, 홍보게시판, 병영신문/방송매체 등을 통하여 적극적으로 홍보하여야 한다.

• 교육 및 기타 프로그램

(교육/문화프로그램) 병영도서관은 사명과 목적에 부합하면서도 봉사대상자의 관심과 요구를 반영한 교육프로그램의 개발/운영을 위한 장/단기 계획을 수립하고 실시하여야 한다.

(상호 협력) 병영도서관은 교육/문화프로그램을 실시하는 데 필요한 공간, 설비, 교육자 등을 확보하기 위하여 지역사회의 교육/문화기관, 연구 및 사회단체, 각종 클럽, 상공업체, 다른 도서관들과 유대를 강화하여야 한다.

● 병영도서관의 평가

병영도서관의 일반적인 평가지표는 다음과 같다.

1. 장/단기 계획의 수립 및 실행여부
2. 시설의 규모 및 적절성
3. 자료의 양과 질적 가치, 주제별 분포
4. 자료보존의 환경과 기준의 적절성
5. 도서관의 직원 수와 그들의 업무능력
6. 예산의 계획 및 실행의 적절성
7. 도서관의 정보화 및 접근 가능성
8. 도서관 이용자의 만족도
9. 도서관 이용자에 대한 기여도
10. 봉사의 신속성(요구처리 소요시간)
11. 도서관의 기능당 단위비용
12. 관종별, 지역별 도서관과의 협력 정도
13. 교육/문화/복지프로그램의 다양성과 기대효과
14. 기 타

〈표 4-21〉 양적 기준안 요약표

구 분	대 대	사 단
1. 조직	-병영도서관 기본 설치 단위 -병영도서관 협력 시스템 단위 ※국방부-정책기획관-육군본부-사관	-병영도서관 거점 도서관 -공공도서관 등 지역사회 기관과 연계 -이동문고 운영
2. 인력	-도서관장: 최고지휘관이 역임 -담당직원: 1인 이상 배치 -연 1회 이상 재교육 참가	-관장: 최고지휘관이 역임 -담당직원: 2인 이상 배치 -연 1회 이상 재교육 참가
3. 자료	-기본 장서 6,000권에 병사 1인 당 1권 이상 입수 -연속간행물 기본 30종 -참고자료 -멀티미디어자료	-기본 장서 10,000권에 병사 1인 당 1권 이상 입수 -연속간행물 기본 50종 -참고자료 -멀티미디어자료
4. 시설	-위치: 접근이 용이한 적절하고 독립적인 장소 -면적: 30평 이상 -적절한 조명, 환기, 방습, 방음, 방화, 방진, 안전설비, 냉/난방 등의 장치 -대출/반납, 열람/학습/연구, 참고/정보봉사, 자료보관, 멀티미디어자료 이용 공간 -장비: 개인용 컴퓨터, 프린터, CD R/W, 복사기, 마이크로자료 판독 기/판독-인쇄기, 음반재생기, 테이 프 녹음기, 빔 프로젝터, 디지털 카 메라, 캠코더, 스캐너, DVD 재생기, VTR, 무인반납기 등	-위치: 접근이 용이한 적절하고 독립적인 장소 -면적: 50평 이상 -적절한 조명, 환기, 방습, 방음, 방화, 방진, 안전설비, 냉/난방 등의 장치 -대출/반납, 열람/학습/연구, 참고/정보봉사, 자료보관, 멀티미디어자료 이용 공간 -장비: 개인용 컴퓨터, 프린터, CD R/W, 복사기, 마이크로자료 판독기/판독-인쇄기, 음반재생기, 테이프 녹음기, 빔 프로젝터, 디지털 카메라, 캠코더, 스캐너, DVD 재생기, VTR, 무인반납기 등
5. 예산	-국방부의 재정으로 운영 -인건비(훈련비), 자료비, 기타 운영비로 나누어 배분 -봉사대상군인 및 군무원 1인당 2만 원 이상	-국방부의 재정으로 운영 -인건비(훈련비), 자료비, 기타 운영비로 나누어 배분 -봉사대상군인 및 군무원 1인당 2만 원 이상
6. 이용자 봉사	-개관시간 평일 19:00~21:00 주말 및 공휴일 09:00~21:00 -대출, 참고/정보봉사	-개관시간 평일 19:00~21:00 주말 및 공휴일09:00~21:00 -대출, 참고/정보봉사 -이동문고 운영: 내부에 서가를 설치해야 하며 주 1회 또는 격주 1회의 주기로 순환/봉사

<표 4-22> 질적 기준안 요약표

구 분	일반원칙
1.사명 및 목적	병영도서관은 군인과 군무원, 그 가족들을 봉사대상으로 하여 그들의 지식복지, 인격과 정서 함양, 강군육성, 민주시민 양성 .평생학습 등을 고양시킬 사명을 가진다. · 인격과 정서를 함양하는 독서 및 문화 활동; · 전투력 증진을 위한 지식 습득과 정신 훈련 활동; · 자기 발전과 취업 준비를 위한 학습 활동; · 여가 선용을 위한 오락 및 취미 활동 등을 위한 시설과 자료 및 정보 서비스, 교육프로그램을 제공하고자 한다.
2.조직 및 인력	모든 군사시설에(군 편성 단위에) 설치될 수 있도록 허가된다. -적절한 조직을 갖추고 충분한 인력을 확보해야 한다. -미래지향적인 경영전략과 장/단기 계획을 수립하여 체계적으로 관리하여야 한다. -환경 변화를 수용하고 능동적으로 대처할 수 있도록 적시에 개편되어야 한다. -도서관의 모든 업무를 포괄하는 성문화된 업무규정 또는 지침을 마련하고 이를 기준으로 업무를 수행하여야 한다. -병영도서관은 제대 규모로 도서관 간 전국적인 병영도서관망이 형성/운영되어야 한다. -사단/대대 단위에 1개 이상의 병영도서관(분관 포함)을 단일도서관 시스템의 형태로 설치/운영하여야 한다. -각 단위 병영도서관은 고유 업무(자료의 선정, 수집, 정리, 분석, 제공 등)에 종사하는 사서자격증소지자(준사서, 2급 정사서, 1급 정사서) 또는 문헌정보학 전공 사병으로 운영하여야 한다. -직원들은 일종의 자격 지침안에 부합해야 한다. -봉사대상자에게 충분한 정보 서비스를 제공하는 기능을 수행하여야 하기 때문에 재교육의 기회를 갖는다.
3.자 료	-봉사대상자의 인지와 대다수의 접근이 용이한 곳에 위치하여야 한다. -도서관 공간은 필요한 공간을 충분하게 확보하고, 기능성, 확장성, 유연성, 심미성, 융통성, 효율성 등을 갖추어야 한다. -장비와 설비, 비품은 유효 수명과 감가상각을 감안하여 교체하거나 업그레이드하여야 하고, 내구성, 유용성, 심미성 등을 고려하여 구비하여야 한다.

구 분	일반원칙
3.자 료	-내부 공간은 자료 공간, 이용자 공간, 직원 공간, 공유 공간으로 구분하여 계획하되, 모든 공간의 동선계획은 업무처리의 효율성과 자료접근의 편의성을 극대화하는 방향으로 수립하여야 한다. -컴퓨터 워크스테이션(computer workstation) 공간은 점유면적의 적절성, 테이블 및 의자의 적당한 규격, 의자 높낮이의 조절가능성, 조명의 적절성, 새로운 장비의 수용가능성, 미래의 확장성, 프라이버시의 보장, 접근 및 이동의 편의성 등을 충족시켜야 한다. 컴퓨터 워크스테이션 가구는 인간공학적으로 배치되어야 한다.
4.시 설	-봉사대상자의 다양한 정보요구와 관심사를 충족시키고 정서함양과 지식향상에 필요한 각종 정보자료를 광범위하게 구성하여야 한다. -군대사회의 환경과 특성을 고려한 이용자의 요구를 만족시킬 수 있는 자료를 우선적으로 수집한다. -인쇄자료를 비롯하여 시청각자료, 마이크로자료, 디지털자료 등 다양한 유형의 정보자료를 확보하고, 인터넷 정보접근도 다양하게 강구하여야 한다. -종합적인 장서개발정책을 수립하여 자료수집에서 보존까지 체계성과 일관성을 유지하여야 한다.
5.예 산	-예산은 충분히 확보되어야 하며, 이를 위한 법적, 제도적, 행정적 장치가 확고하게 마련되어 있어야 한다. -장기 예산 계획(최소 3년)은 현재 통화상태와 자료의 현대화(최신성 유지), 정보기술시스템, 이용자와 직원 교육훈련 비용 등을 반영해야 한다. -병영도서관은 민간의 기부를 받을 수 있는 방안을 마련하여야 한다. -예산은 효율적으로 집행되어야 한다.
6.이용자 봉사	-봉사대상자의 연령, 인종, 종교, 국적, 언어, 군대 내 직급 등을 불문하고 공평하게 이용되어야 한다. -대내외 환경의 변화추이를 주기적으로 파악하여 그에 적합한 자료의 제공과 봉사활동을 전개하여야 한다. -이용자 봉사정책을 성문화하고 주기적으로 개정하여야 한다. -이용자의 관심과 요구를 수렴하여 정확한 정보와 자료를 적시에 제공하도록 한다. -병영뿐만 아니라 국내외의 다른 도서관, 교육/문화기관과 협력하여야 한다. -전자적 네트워크를 구축하고 온라인 정보접근 및 이용시설을 갖추어 다양한 정보요구에 대처해야 한다.

6. 우리나라 병영도서관의 운영모델 제안

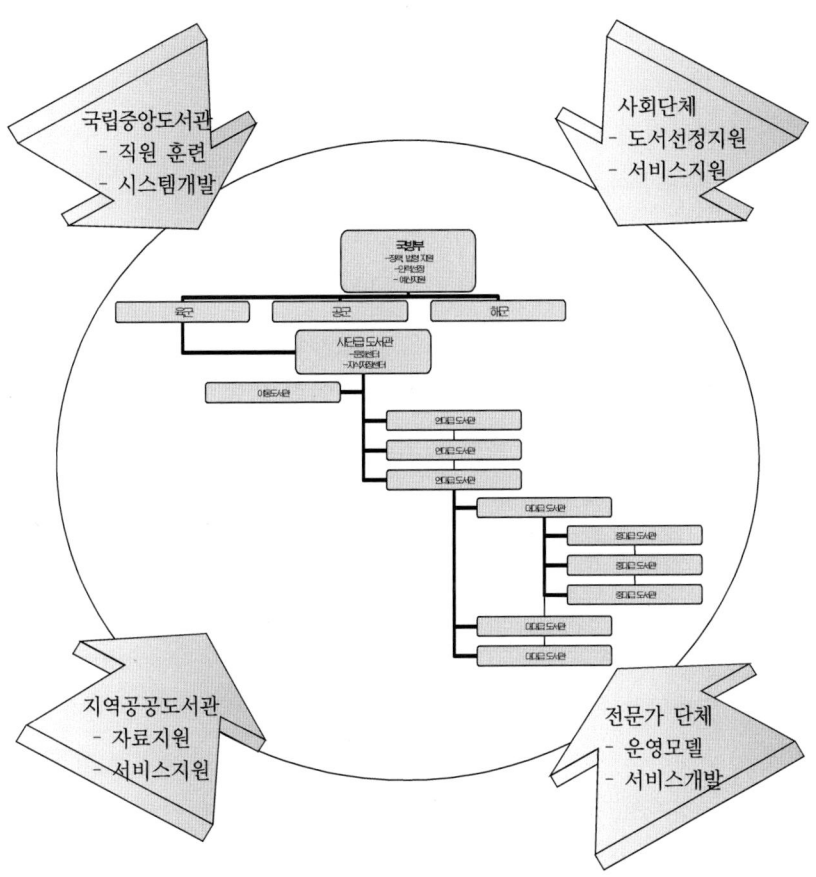

〈그림 4-3〉 우리나라의 병영도서관 운영모델

우리나라 병영도서관은 앞서 살펴본 것처럼 그 역사가 일천하고, 사회적, 국가적 인식 기반이 미미하다. 운영 현황도 법과 제도, 관련 조직의 미비와 함께 예산의 지원을 거의 받고 있지 못해 기본적인 인프라 자체가 갖추어져 있지 않아 대단히 취약한 상태에 있다. 따라서 앞

서 기준안 작성에서 일부 소개한 미국의 병영도서관과는 그 비교자체
가 불가능하다. 미국의 병영도서관 기준(MWR Standard)은 오랜 역
사와 운영경험을 바탕으로 한 하나의 이상적 기준으로 볼 수 있다. 또
한 군의 역사와 존립배경 그리고 그 문화에서 현저한 차이가 있는 현
재의 우리나라의 군 실정과는 맞지 않는 부분도 많이 있을 수 있다.
따라서 본 연구에서는 이상적이며, 바람직한 미국의 병영도서관의 모
델을 제시하기보다는 현실적이면서도 향후 우리나라의 병영도서관의
발전방향을 제시하는 측면에서 그 운영모델을 제시하고자 한다. 이에
따라 앞서 병영도서관 기준안 제시에 있어서도 반드시 지켜야 할 의
무는 없지만, 발전적으로 고려해야 할 선언적 가치 중심의 질적 기준
을 먼저 제시하였고, 다음으로 법적 최저 기준으로, 즉 군의 전력 향
상과 군인 개개인의 발전을 위해 최소한 규범적으로라도 고려해야 한
다는 의미에서 양적 기준을 제시하였다.

그럼으로 질적 기준은 그 근저에 병영도서관의 철학과 기본적 원리
와 원칙을 담은 것으로 강제성은 없지만 존중되어야 할 것이며, 양적
기준도 법제화가 된 것은 아니지만, 법제화를 지향하는 차원에서 향후
강제적 조항으로 검토해야 하며, 군의 발전을 위한 최소한의 요구 수
준이라는 점에서, 국방부와 군은 이를 수용할 준비를 갖추어야 할 것
으로 보인다.

앞서 병영도서관 현황과 정책분석에서의 결론에 있어서의 병영도서
관 건립방향은 기본적으로 **독립된 문화센터로서, 이 공간 내에 PC방
이나, 체력단련장, 휴게실, 전시실, 크게는 강당까지도 부대시설로 함
께 자리잡을 수 있도록 마련하는 것**이었다. 이러한 제안은 향후에도
계속적으로 설득력 있는 발전방안이 될 것이고, 지향해야 할 운영모델
이 될 것이다. 그러나 취약한 우리 군의 현실에서 당장에 이러한 방향

의 운영모델 제안은 오히려 국방부나 관계 당국의 추진력을 감소시킬 수 있다는 생각에서, 단계적으로 그리고 최종적으로 추진해야 할 한국에서의 이상적인 운영모델 형태라는 제안으로 남기고자 한다. 다만 국방부와 군 당국은 당장에 실현할 수 없는 일이라고, 이를 배제하지 말고 향후 병영도서관발전방안 장기계획과 병영도서관 시범운영계획에 포함시켜 장기적인 추진 과제로 남겨두어야 할 것이다.

결과적으로 정리하자면, 우리나라의 현 상황과 앞으로의 발전 방향을 모두 고려한 것이 본 연구에서 마련하고자 한 병영도서관 모델이며, 그 철학적 원리가 질적 기준이며, 그 세부적 내용이 양적 기준이다. 바로 그 질적 기준과 양적 기준의 주요 내용을 도식화 현 단계에서 추진해야 할 병영도서관의 모델을 알기 쉽게 나타낸 것이 〈그림 4-3〉이다.

〈그림 4-3〉과 기준안의 주요 내용을 정리하면 다음과 같다.

1. 국방부는 병영도서관 정책을 추진하며, 법령제정, 조직 정비 및 인력충원, 예산 확보 및 배분을 통해 군단 및 사단의 병영도서관을 지원한다. 특히 병영도서관 전담조직 확보와 병사 1인당 2만 원 정도의 도서관운영비(도서구입비 포함) 확보가 주요 관건이 될 것이며, 이 예산은 사단별로 배분해야 한다.

2. 육군 등 사단급 이상 본부에는 거점 도서관이 있어야 하며, 도서관운영은 민·관이 참여하는 도서관운영위원회가 한다. 그 시설은 독립건물로서 50평 이상의 공간과 1만 권 이상의 장서, 2인 이상의 전담 관리자를 확보해야 한다. 특히 별도의 독립중대나, 격오지 근무자가 있는 경우, 1대 이상의 이동도서관을 운영해야 한다. 사단급에서 확보된 예산은 예하부대의 도서선정위원회의 자료요구를 수용하여, 이를 지원해야 한다.

3. 연대 본부나 대대급 도서관에는 민간의 지원을 받는 도서선정위원회를 두어야 하며, 부대 특성이나, 병사들의 요구를 수렴한 도서선정이 이루어질 수 있도록 최대한 노력을 다해야 한다. 그 시설은 독립건물로서 30평 이상의 공간과 6천 권 이상의 장서, 1인 이상의 전담관리자를 확보해야 한다.

4. 국립중앙도서관은 병영도서관의 병영사서 육성을 지원해야 한다. 군은 현 단계에서 전담관리자를 훈련하고 효과적인 병영도서관 시스템개발을 제공받을 수 있도록 협조시스템을 갖춘다.

5. 병영도서관 관련 각종 시민 운동단체와 후원 기업 등을 통해 도서선정지원 서비스와 기부금 확보 등 예산지원확보 대책을 마련한다.

6. 전통적인 군·관·민 협동 체제를 활용하여 지자체의 지역공공도서관을 자료지원 및 서비스지원의 창구로 이용할 수 있는 협력체계를 마련한다.

7. 한국도서관협회 등 도서관 관련 전문가 단체와 협력하여 보다 효율적이고 생산적인 병영도서관 운영모델과 서비스를 개발해 나간다.

다음은 사단급 거점도서관으로서의 병영도서관의 모델을 제안한 것으로서 〈그림 4-4〉는 50평 기준의 설계안을 보여주는 예시이다.

병영도서관도 일반적인 도서관 건립의 기본 설계 원리와 공간 구성 원칙은 같다고 볼 수 있다. 따라서 여기서는 거점도서관의 내부 설계의 기본 요소만을 논의했다.

전체 공간 50평 규모로 설계된 이 병영도서관은 기본적으로 부대 중심에 독립 건물로 건립되는 것을 권장한다. 또한 기준안에서 제시한 것처럼, 전체가 개가식으로 개방된 공간으로 구성된다. 별도의 칸막이는 설치하지 않지만 각 배치를 통해 서고(16평)와 이용자 공간(15평)

그리고 관리자 공간(7평)이 구분되어 있으며, 자료 검색과 인터넷 이용을 위한 전자서비스 공간(12평)이 마련되어 있다. 기타 신문이나 잡지서가, 별도의 브라우징 코너를 벽면에 마련할 수 있다. 기본 서가는 복식 2연 7단서가(1.8×2.1×0.46)를 8개 배치하며, 열람용 책상은 4개이며 이 책상에 포함된 의자는 32개를 기본으로 했다. 전자공간은 멀티미디어 워크스테이션으로 구분했는데, 인터넷 전용 책상 5개와 의자 5개로 설계되었다. 기타 관리자 공간은 이용자 봉사를 위한 안내 데스크 및 작업공간을 포함한 것으로 관리용 책상 2개와 의자 2개를 포함했다. 이 밖에 배색 등 인테리어 부분과, 조명 및 냉난방 등 시설 기준 등은 일반적인 도서관 시설에 준하는 것으로 열거하지 않았다.

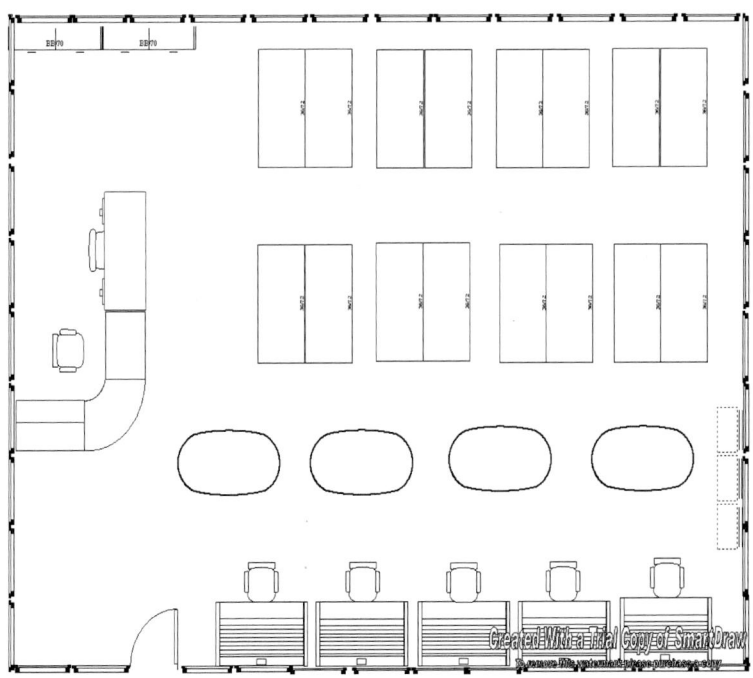

〈그림 4-4〉 사단급 거점 도서관 도면 예시(50평 기준)

대대급 병영도서관은 전체 공간 30평 규모로, 이 또한 기본적으로 부대 중심에 독립 건물로 건립되는 것을 권장한다. 부득이 독립건물을 확보하기 어려운 경우, 현재 '병영현대화 대대급 이상 통합막사 개선 사업 추진계획'과 맞물려 추진되는 병영도서관 소요공간 20평과, '중대 인터넷 PC방 설치계획'에 따라 소요되는 추가 공간을 통합 조정하여, 향후 계획된 부대부터 이를 한 공간에서 하나의 사업으로 시행하면, 병영도서관 안에 PC방이 자연 포함되는 것으로 공간이나 예산부담은 경감되면서 활용도 측면에서 보다 높은 효율성을 확보할 수 있으리라 판단된다. 대대급 병영도서관 또한 기준안에서 제시한 것처럼, 전체가 개가식으로 개방된 공간으로 구성된다. 별도의 칸막이는 설치하지 않지만 각 배치를 통해 서고(10평)와 이용자 공간(9평) 그리고 관리자 공간(4평)이 구분되어 있으며, 자료 검색과 인터넷 이용을 위한 전자 서비스 공간(7평)이 마련되어 있다. 기타 신문이나 잡지서가, 별도의 브라우징 코너를 벽면에 마련할 수 있다. 기본 서가는 복식 2연 7단서가(1.8×2.1×0.46)를 배치하되, 벽면 이용 시에는 단식 서가를 추가할 수 있게 한다. 열람용 책상은 4개를 기본으로 하되 이 책상에 포함된 의자는 20개를 넘지 않도록 한다. 전자 공간은 인터넷 전용 책상 5개와 의자 5개로 한다. 기타 관리자 공간은 이용자 봉사를 위한 안내 데스크 및 작업 공간을 포함한 것으로 관리용 책상 2개와 의자 2개를 포함한다.

7. 결론 및 제언

본 연구는 최근 우리 사회에 새로운 이슈로 떠오르고 있는 '병영도 서관 건립운동'의 의미와 이론적 배경을 미국의 병영도서관의 역사와 발전과정을 중심으로 살펴보고, 우리나라 병영도서관의 시설 규모, 종 류, 예산, 장서, 인력현황 등 관련 환경을 파악한 다음, 병영도서관 이 용자의 요구를 조사 분석하여 병영도서관 기준과 운영모델을 제안하 고자 하였다. 그 주요 내용을 요약하면 다음과 같다.

(1) 병영도서관의 이론적 배경과 시사점

첫째, 현재 '진중도서관' 건립운동으로 이루어지고 있는 군부대 도서 관의 명칭은 도서관 및 독서진흥법에 의해 '병영도서관'으로 결정되었 으며, 이는 "육군, 해군, 공군 등 각급 부대의 병영 내 장병 등에게 교 육, 학습, 연구 및 문화활동 등을 위한 도서관 봉사를 제공함을 주 된 목적으로 하는 특수도서관"으로 정의되었다가 2006년 도서관법의 개정으로 공공도서관의 범주에 속하게 되었다. 미국에서는 'Military Library'라는 어휘가 공식적으로 쓰이지만 'Army Library'라는 단어도 혼용되고 있는데, 이는 육군도서관이 수적으로 월등하고, 그 역사가 대부분의 병영도서관을 대표하고 있기 때문인 것으로 보인다. 1차대전 이후부터 지금까지 3군을 통칭하는 '군대도서관(Force Library)'이라 는 명칭도 사용되고 있다.

둘째, 미국의 병영도서관의 역사는 1917년부터 시작되며 1, 2차세계 대전을 통해 성장해 갔다. 국방부 내에 병영도서관 전체에 대한 관장 부서가 있고, 군 근무부대별 특수근무분과의 도서관계가 지휘·감독부 서 라인에 있다. 미국은 2차대전 이후에 사기, 복지, 레크리에이션 지원이라는 기본 철학을 통해 병영도서관 프로그램을 운영하고 있다. 현재 미 국방부에 등록된 병영도서관만 260여 개가 되며, 주한 미군도 22개의 병영도서관을 운영하고 있다. 이들 군부대를 지원하는 부서로는 1953년에 설립된 특수도서관협회의 '병영도서관사서분과'가 있고, 도서관협회의 '연방/군도서관 라운드테이블'이 조직되어 있다. 전 세계의 병영도서관을 인터넷을 통한 전자도서관으로 연결하여 도서관 봉사를 제공하고 있는데 대표적으로 미국의 Army Library Program(ALP)과 영국의 Army Library Services(ALibS)가 있다.

셋째, 한국전쟁 시작 시에는 국내에 병영도서관이 전혀 없었고, 1951년 7월부터 병영도서관 설치계획이 준비되었다. 1952년 6월경부터 병영도서관에 상시 배치인력으로 전문직 사서가 들어왔으며, 이들은 13개의 주요 거점도서관과, 12개의 야전도서관, 44개의 기탁소에서 근무하였다. 전시 중에 병영도서관의 중심적 역할은 대구 사령부에 있었으며, 1953년 7월 휴전 당시 전체 85,079권(하드백)의 장서를 소장하고 있었던 것으로 나타났다. 1954년 8월 이후부터 전시체제하에 있었던 한국 내 병영도서관은 해산되기 시작했으나, 이들 병영도서관 서비스가 군대의 사기에 적지 않은 영향을 미친 것으로 평가되었다. 특히 한국에서의 병영도서관은 세계적으로 의미 있는 발견을 갖게 했는데 그것은 한국의 지게를 응용한 L자형 등짐 판(Pack-Board)을 이용하여 책을 날랐던 것인데, 편리한 이동성으로 인해 야전에 쉽게 도서를 보급할 수 있게 된 것이었다.

넷째, 미군의 병영도서관들은 군대의 교육과 사기에 있어서 중요한 역할을 하였고, 개인과 지역의 군대 모두에게 매우 유익한 서비스를 제공하였다. 병영 사서들은 그들이 봉사하고 있는 군인들과 그 부양가족들을 풍부하게 하고 교육의 즐거움을 제공하였을 뿐만 아니라 전시에는 해외에 주둔하고 있는 사람들을 본국과 문화적으로 연결시킴으로써 봉사하였다.

다섯째, 미국의 병영도서관의 발전과정 분석을 통해 향후 우리나라 병영도서관의 발전을 위해 충분히 고려해야 할 사항은, 미국의 병영도서관은 설립 초기부터 전문직사서와 도서관단체의 적극적인 개입과 계획 그리고 시민들의 자발적인 모금운동, 정부와 국회의 후원과정을 통해 조직화되면서 제도적으로 안착해서 항구적인 시설로써 환경변화에 맞추어 끊임없이 발전해 나갔다는 것이다.

(2) 우리나라 병영도서관 현황 분석

첫째, 병영도서관 설치 및 시설부문을 실사한 결과, 그 규모는 1평에서 40평까지, 좌석 수는 0석에서 50석까지 다양한 규모로 존재하였고, 시설도 부대 중심의 말끔한 독립시설도 있지만 내부반 양쪽에 1개의 서가만 비치한 경우도 있었다. 그러나 대부분 시설은 급조된 것으로 낡고 먼지가 묻어 있어 일부 시설이 좋은 병영도서관 이외에는 거의 사용되지 않는 것으로 나타났는데, 그 이유 중 하나는 냉난방 시설이 없어 특히 동절기에는 이용이 불가능한 것이었다.

둘째, 장서부문의 예산과 장서현황을 조사한 결과, 진중문고 지원을 위한 국방부 예산 10억 원 정도 외에 병영도서관 도서구입비를 별도의 예산은 없었고, 현재 존재하는 병영도서관 대부분은 (사)사랑의책나누기운동본부 등 민간단체가 지원한 것이 대부분이었다. 장서의 구성도 부대의 특성이나, 사병 개개인의 요구를 전혀 반영하지 않은 소설 위주로 편성되어 활용도가 미흡할 수밖에 없었고, 자료조직도 체계적인 분류와 편목, 전산화가 대부분 이루어지지 않았다.

셋째, 조직 및 관리직원 부분을 볼 때, 상시적인 전담조직이나 이에 관한 규정이 없으며, 병영도서관 주요 운영지침은 하달되어 있지만 의무조항으로 지켜지지 않았으며, 전담관리직 직원은 1명도 없었으며, 관리부서도 부대별로 다 달랐다.

넷째, 서비스 부문을 종합할 때, 평일 19:00-21:00, 휴일 09:00-21:00까지가 도서관 이용시간으로 주당 6시간에서 10시간 정도는 병사들이 도서관을 활용할 수 있었다. 실제 한 내무반에서의 조사결과, 사회에서보다 군대에서 책을 더 많이 읽고 있다는 사병도 50%에 가까운 것으로 나타났다. 2005년 7월부터 토요 휴무제가 시행되면서 병사들에게 더 많은 독서할 시간이 생기므로 이를 통해 군의 정신전력을 강화하고 개인적 발전을 이룰 수 있도록 병영도서관 활성화 대책이 마련되어야 할 것이다.

(3) 국방부의 병영도서관 정책 분석

첫째, 국방부는 건전한 생활기풍 확립과 선진 병영생활 여건 조성차원에서 다양한 노력을 펼치는 것으로 나타났으나, 병영도서관 관련 항목은 국방부가 야심 차게 추진하고 있는 101대 추진과제에 선정되지 못했다.

둘째, 도서관 및 독서진흥법에 근거하여 국방부 중기사업으로 계획된 병영도서관 건립관련 사업이 '중대 단위 PC방설치' 사업에 우선순위에 밀려 있고, '병영현대화 대대급 이상 통합막사 개선 사업 추진계획'과 병행하여 이루어지고 있어 장기적인 차원에서 통합적인 구상이 필요하다. 지금의 편의주의적 발상은 예산의 낭비와 자원의 중복이 우려된다.

셋째, 미국의 병영도서관은 군의 복지와 사기, 교육과 레크리에이션이라는 기본 철학을 수행하는 데 있어서 가장 핵심적인 기관이며 시설이다. 따라서 병영도서관은 여러 가지 다양한 군의 복지시설 가운데 서도 가장 우선적인 문화 공간이다. 우리나라도 여가 선용과 장병 편의를 위해 PC방, 체력단련장, 샤워실 및 세탁실을 만들고 현대화하고 있다. 여기에 학습과 교육의 개념을 도입하면 곧 종합적인 문화 공간이 된다. 병영도서관 안에 부대시설로 PC방뿐만 휴게실, 전시실, 크게는 강당까지도 같이 설계할 수 있다. 군의 사기와 정신전력 증강, 개인적인 성장을 위한 군에 대한 투자는 병영도서관과 같은 종합적인 문화 공간을 위한 영속적인 인프라구축이 가장 중요하다는 차원에서 국방부의 장기적인 마스터플랜이 요망된다.

(4) 병영도서관 설치기준안과 기본 모델 제안

첫째, 우리나라 병영도서관의 경우, 도서관 건립 초기 단계에 있어, 도서관 운영에 필요한 기본적인 시설과 자원 및 봉사 프로그램을 제시하고 안내하는 도구로서의 기능이 가장 중시된다고 할 수 있다. 따라서 현 단계에서는 설치를 위한 기초 여건을 마련하는 것이 그 무엇보다 중요하다. 이를 위해 병영도서관의 철학적 기초와 운영 원리, 기본 원칙과 방향성을 제시한 질적 기준과, 최소한 법적 요구 수준으로 권장하는 양적 기준안이 제시되었다.

둘째, 국방부는 병영도서관 정책을 추진하며, 법령제정, 조직 정비 및 인력충원, 예산 확보 및 배분을 통해 군단 및 사단의 병영도서관을 지원한다.

셋째, 병영도서관의 봉사대상은 군인과 군무원 그리고 그 가족이다. 병영도서관의 설치는 중대급 이상이며, 제대규모에 따라 5인 이상 10인 이하에 민·관이 함께 참여하는 도서관운영위원회를 둔다. 사단급은 2인 이상, 대대급은 1인 이상의 사서 또는 전담인력을 배치한다.

자료구입비 및 도서관운영 예산은 병사 1인당 2만 원으로 한다. 예산 배분은 사단급까지 이루어져야 한다.

넷째, 육군 등 사단급 이상 본부에는 거점 도서관이 있어야 하며, 도서관운영은 민·관이 참여하는 도서관운영위원회가 한다. 그 시설은 독립건물로서 50평 이상의 공간과 1만 권 이상의 장서, 2인 이상의 전담관리자를 확보해야 한다. 특히 별도의 독립중대나, 격오지 근무자가 있는 경우, 1대 이상의 이동도서관을 운영해야 한다. 사단급에서 확보된 예산은 예하부대의 도서선정위원회의 자료요구를 수용하여, 이를 지원해야 한다.

다섯째, 연대 본부나 대대급 도서관에는 민간의 지원을 받는 도서선정위원회를 두어야 하며, 부대 특성이나, 병사들의 요구를 수렴한 도서선정이 이루어질 수 있도록 최대한 노력을 다해야 한다. 그 시설은 독립건물로서 30평 이상의 공간과 6천 권 이상의 장서, 1인 이상의 전담관리자를 확보해야 한다.

(5) 병영도서관 발전을 위한 정책 제안

첫째, 병영도서관 설치를 위한 법적 강제 기준이 없으며, 사서직의 배치기준이 없다. 무엇보다 사서의 전문성을 확보하는 방안이 시급히 마련되어야 한다.

둘째, 국방부나 육군본부 등 감독부처에 병영도서관을 조직하고 관리할 전담부서가 필요하다.

셋째, 부대별 특성에 맞게 도서관을 자율적으로 운영할 수 있도록 사단급에서는 민·관이 함께하는 도서관운영회가 만들어져야 하며, 이하 제대별로는 병사들의 수요와 요구를 반영한 자료들을 확보할 수 있도록 도서선정위원회의 설립이 제도적으로 자리잡아야 한다.

넷째, 지휘관에 따라 병영도서관 운영의 차이가 없도록, 시행령의 조속한 제정과 이에 따른 기준과 운영규정, 스텝매뉴얼을 작성할 수 있어야 한다.

다섯째, 문헌정보학적 전문적 지식과 광범위한 도서관계의 지원을 이끌어 내기 위해서는 국립중앙도서관과 한국도서관협회의 지원을 이끌어 내는 방안이 제도적으로 마련되어야 한다.

여섯째, 지방 분권화와 지역 주민의식의 성장을 통해 많은 공공도서관이 각 지역마다 설립되고 있다. 민간과 군의 협조 체제로 병영도서관을 상시적으로 지원할 대책이 필요하다.

일곱째, 중대별 PC방 설치사업은 결국 병영도서관 시설에 포함되어야 한다. 군인복지회의 지식복지시스템 운영과 같이 사병들의 교육과, 지식정보 제공처로서의 디지털병영도서관 인프라 구축을 위한 종합적인 계획이 마련되어야 한다. 따라서 장기적인 차원에서 병영도서관의 네트워크화, 콘텐츠 마련 등 디지털병영도서관 체제 마련에 들어가야 할 것이다.

여덟째, 사병들에 대한 도서구입 혜택 지원이 절실하다. 국가에서 사병 개개인에 대한 도서구입비를 지원하는 방안이나, 군 복지단이나 군인공제회의 협조를 얻어 면세품으로 도서를 구입할 수 있는 방안도 있을 것이다.

아홉째, 병영도서관 시범 운영기관을 부대 특성과 제대별 규모에 맞게 선정하여 종합적인 계획을 세우고, 내실화를 기할 수 있도록 세밀한 준비를 해야 할 것이다. 이를 통해 효율적인 병영도서관운영에 관한 매뉴얼을 만들 수 있을 것이고, 부대 형편에 맞는 특성화된 병영도서관 운영이 가능해질 수 있을 것이다.

열번째, 국방부는 병영도서관 활성화에 민간단체가 참여할 수 있는 길을 대폭 확대하여 '병영도서관홍보대사', '병영도서관'과 '지역 단위 도서관'과 자매결연 추진, 병영도서관에 대한 기부행위 유도 등 향후 병영도서관이 활성화될 수 있는 대책을 다각도로 구상해야 한다.

◖ 참고문헌 및 관련 사이트

경향신문(02/11/25)

국민일보(93/11/2)

국방부 편. 2004국방백서. 2005.

국방부. "책 읽는 군대, 젊은날의 지식충전소" 뉴스레터 제46호(2004년 11월 26일자)

국회문화관광위원회. 2003. 도서관 및 독서진흥법 중 개정법률안 조사보고서. pp.1-18.

대한매일(93/11/23)

문화일보(01/8/16)

민승현. 이제 새로운 군대를 이야기 하자. 제42회 전국도서관대회자료집. 2004. (사)사랑의책나누기운동본부. 2003. 사랑의 책 나누기 운동. 4p. 세계일보(93/6/30)

소충호. 인구변화와 병역자원 수급방안에 관한 연구, 한남대학교 행정정책대학원 석사학위논문. 2002. p.8.

송승섭. 2003. 병영도서관의 역사와 발전방향. 도서관 제58권 제3호, pp.77-102.

송승섭. 2004. 병영도서관 독서운동 어떻게 할 것인가에 대하여(국회 토론회자료집: 사랑의책나누기운동본부), pp.3-16.

오수국. "한국 군 교육기관 도서관의 특징에 관한 연구", 육군사관학교 화랑대 연구보고서, 1995.

오수국. 군도서관의 운용방법 개선방안에 관한 연구(성균대학교대학원 석사학위논문, 1984), p.56.

오수국. 군 교육기관에서 학술정보 이용에 영향을 미치는 요인분석(성균관대학교대학원 박사학위논문, 1991), p.94.

윤영호. 국군 복무 청소년 육성정책에 관한 연구, 경기대학교대학원박사학위논문, 1999. p.124.

이상목. "징병제와 모병제: 경제적 관점에서의 비교분석" 국방연구(2000.12) p.143.

정정문. 한국병역제도의 발전방향에 관한 연구, 한남대학교 행정정책대학원 석사학위논문. 2002. pp.59−60.

중앙일보 · 진중도서관 건립 국민운동(중앙일보, 03/1/23)

한겨레신문(97/4/11, 98/12/9, 99/5/8)

한국국방연구원. 21세기 병무행정비전 및 정책방향

한국법제연구원 편. 2003. 대한민국현행법령집18(도서관 및 독서진흥법): 법률 제06906호.

허영. 한국헌법론, 서울: 박영사, 1995. p.567.

홍복일. 한국 군도서관의 재조직에 관한연구(연세대학교 교육대학원 석사학위논문, 1973), p.137.

ALA. 1983. The ALA Glossary of Library and Information Science.

Doris W. Gillbert, The Army Library Today(Unpublished MSLS thesis, The Catholic University of America, 1961).

Harry Robert Skallerup, Books Afloat and Ashore: Libraries and Reading among Seamen during the Age of Sail(Hamden CT: The Shoe String Press, 1974).

Katherine J. Harig. Libraries, the Military, & Civilian Life, Library Professional Publications., 1989. p.194.

Mary Elizabeth Stillman, The United States Air Force Library Service: Its History, Organization and Administration(Unpublished Ph, D. diss. University of Illinois, 1966).

Shirley Havens. "A Day with the Army", Library Journal 91(February 15, 1966): 894−900.

http://www.bupylib.or.kr/bupylib/mov/e01.htm

http://www.dapis.go.kr/jour/200310/j83.htm

http://www.eparty.or.kr/info/info_07_05.asp#04

http://www.imnd.or.kr

http://www.imnd.or.kr/

http://www.kndu.ac.kr/ecolas-dl/kndu/

http://www.mmaa.or.kr

http://www.mnd.go.kr/

http://armyapp.dnd.ca/ael/

http://english.mapn.ro/biblioteca/

http://eusa.library.net

http://lu.com/odlis/odlis_f.cfm#faflrt

http://www.agc-ets.co.uk/libraries.htm

http://www.ala.org/alaorg/rtables/flrt/

http://www.armymwr.com/corporate/programs/recreation/libraries/

http://www.armymwr.com/corporate/programs/recreation/
        libraries/history.asp

http://www.bupylib.or.kr/bupylib/mov/e01.htm

http://www.libraries.army.mil

http://www.mnd.go.kr/

http://www.moniz.org/ArmyLib/alrp.htm

http://www.nadn.navy.mil/Library/

http://www.petersons.com/army/index.asp

http://www.sla.org/division/dmil/AboutMLD.htm

http://www.vbs-ddps.ch/internet/generalsekretariat/en/home/
        doku/milit.html

http://www.wcsu.edu/library/odlis.html#M

https://www.us.army.mil/portal/portal_home.jhtml

제 5 장

　　이 글은 2006년 한국학술진흥재단의 지원으로 이화여대 차미경
교수와 공동으로 연구한 "우리나라 군 병사들의 독서실태"조사에
관한 내용을 담고 있다. 이 조사는 우리나라 병사들의 전반적인 독
서실태를 밝힌 최초의 연구로서 병사들의 독서행태를 이해하고 병
영도서관의 장서 개발 정책을 세우는 데 많은 도움을 줄 수 있을
것이다. 이 글에서는 병사들의 독서량, 독서방법 및 독서경향, 도서
입수 경로, 독서의식과 환경 등 다양한 독서실태가 국민독서실태에
준하여 조사되고 분석되었다. 이 분석 결과가 병사들의 창의성 발
현과 군부대의 독서문화 조성에 이바지 할 수 있기를 기대한다.

V. 우리나라 군 병사들의 독서실태

1. 서 론

1.1 연구의 필요성 및 목적

우리나라는 남북 분단과 주변 국가와의 대립 등 한반도의 특수한 지정학적 위치에 따라 20대 전후의 60만 명 이상의 젊은 인재들이 2년 이상 군에서 의무 복무를 수행하여야 한다. 이에 따라 사회로부터 격리된 채 지적 호기심과 자기계발욕구로 충만한 이들 젊은 사병들을 군 전력강화와 국가적 인재로 육성하기 위한 대책이 요구되고 있다.

이 가운데, 과거 군 사병에 대한 독서 지원의 하나로 군부대에 책 보내기 운동, 군부대 작은 도서관 만들기 운동 등 주로 민간단체에 의해 주도되었던 병영도서관 설치 운동은 2003년 5월 군대 내의 병영도서관 설치를 위한 법령이 의원입법으로 통과됨으로써 전국적으로 30여 개의 병영도서관이 개관되면서 활기를 띠기 시작하였다. 또한 국방부는 2005년부터 병영 현대화 대대급 이상 통합막사 개선 사업을 통해 매년 병영도서관 시설을 단계적으로 80개에서 100여 개 부대에 설치하는 것으로 국방중기계획에 반영하여 추진하고 있다.

이러한 노력을 통하여 사병들의 독서를 통한 교육 증진과 사기 고취를 위한 제도적 기반은 마련되었으나, '군'의 역사적, 사회적 특수성과 지리적 고립성으로 인해 '군' 관련 연구가 지극히 제한되어 있는 현실에서, 군 사병들의 독서 생활과 병영문화에 관한 연구가 거의 이루어져 있지 못해 효율적인 지원이 어려운 형편이다.

이에 이를 지원하기 위한 노력으로 차미경교수와 필자는 지난 연구에서 포괄적이나마 우리나라 현실에 맞는 병영도서관 운영모델에 관한 연구를 시도한 바 있고, 앞으로도 부문별로 세부 연구가 대단히 필요한 실정이다. 아직까지 군부대 관련 병사들을 대상으로 한 독서관련 연구가 거의 없었을 뿐만 아니라 과학적 접근방법을 통해 이루어진 연구는 전무한 실정이다. 향후 병영도서관 관련 중요 연구 주제 가운데서도, 군부대 장병들의 체계적인 독서지원을 위한 장서개발에 관한 연구가 가장 중요하다. 따라서 본 연구에서는 우리나라 군부대의 실정에 맞는 장서구성 모델을 개발하기 위한 첫 번째 단계로서 군부대 장병들의 독서실태를 조사하였다.

1.2 연구의 내용

본 연구는 군 장병 특히 육군 사병들의 기본적인 독서실태를 파악하고자 하였다. 현재 '국민 독서실태 조사'는 국민 독서지표 조사의 일환으로 지난 '93년~'04년까지 (재)한국출판연구소에서 8회에 걸쳐 국민 독서환경의 변화추이 및 독서생활 실태와 문제점을 분석해온 바 있다. 그러나 군부대 내의 사병에 대한 독서실태에 관한 것은 한번도 없었다. 따라서 이번 '육군 장병 독서실태 조사'는 처음으로 실시되는 종합적인 군 장병들의 독서지표 조사로서, 우리 군인들의 독서실태를 살펴보고, 적절한 장서개발정책을 제안하여 병영도서관을 활성화하자는 데 그 의의가 있다. 또한 병사들의 단순 독서실태뿐만 아니라 독서경향, 도서입수형태, 인터넷 서비스, 독서생활의식, 독서환경 및 독서진흥방안 등 종합적인 독서 정보원 입수를 알아보기 위해 실시되었다. 연구의 대상은 군 전력의 80% 이상이 육군에 비중을 두고 있는 현실을 감안하여 육군 병사로 제한하였다. 특히 육군의 사병은 육군에서도 80% 이상을 차지하고, 전군의 인력현황에서 보더라도 50만에 육박하며, 전체 군 구성비로 보더라도 70%에 가까울 정도로 큰 비중을 차지하고 있다. 따라서 본 연구는 전군에서 가장 비중이 높은 육군의 사병을 중심으로 그들의 독서실태를 조사하는 데 중점을 두었음을 밝힌다.

군의 특성상 조사가 가능한 일부 사단을 대상으로 표본을 선택하여 설문지를 이용하여 조사한다. 또한 필요한 경우 현장 방문조사를 실시한다. 통계 및 관련 정책 자료를 분석하고, 기타 필요한 자료는 국방부의 협조를 얻어 파악한다. 병영도서관의 장서개발모델 구축을 위한 전문가 의견을 수렴한다.

이론 연구에서는 국민독서실태 관련 문헌조사와 군부대의 독서지원 활동과 관련성을 갖는 일부 독서연구가 포함되었다. 독서실태 조사는 국방부와 육군 등 관련 기관과 (사)사랑의책나누기운동본부의 협조를 얻어 수행한다. 육군 장병들의 독서실태 조사는 통계 및 관련 자료 분석, 모델제안으로 구성된다. 사전 조사를 통한 검증 과정을 거치고, 최종 설문지를 배포한다.

설문지의 배포를 통해 얻어진 데이터는 과학적인 표본 추출방법인 SPSS 12.0으로 기술 통계, 빈도 통계 등의 방법으로 사용하여 처리하여 분석하였다.

1.3 기대효과 및 활용도

본 연구의 결과물은 다음과 같은 기대효과와 활용도를 갖는다.

첫째, 국군 병사를 대상으로 한 우리나라 최초의 독서실태 조사보고서로 군의 교육 및 병영문화 개선을 위한 기초 자료로 널리 활용될 수 있다.

독서실태 조사를 통한 장서개발 연구는 병영도서관 연구의 핵심으로서 향후 병영도서관의 장서관리 계획에 기본 지침으로 제공될 것이다.

둘째, 병영도서관 운영 및 발전방안 수립을 위한 정책연구 자료로 활용되며, 향후 다양한 병영도서관 서비스모델 개발의 기초 자료로 활용될 것이다.

셋째, 궁극적으로 군부대의 체계적인 독서지원 활동과 병영도서관의 장서구성 및 장서개발모델을 마련하는 것의 전제가 될 것이다. 이를 위해 먼저 군 장병들의 군부대 내에서의 독서실태 현황을 조사 분석한다.

넷째, 지금까지 병사들을 대상으로 한 체계적인 독서실태 조사의 전례가 없었으므로 다음 병영도서관의 장서 규모, 종류, 예산, 인력현황 등을 확보하기 위한 제반 환경을 파악하여, 궁극적으로 병영도서관의 발전에 이바지하고자 한다.

마지막으로 선행 연구를 바탕으로 실태조사, 통계 및 관련 자료 분석 과정을 거치기 때문에, 향후 시행될 병영도서관에 관련된 조사 및 연구의 선행 자료로 사용될 것이다.

즉 본 연구는 한반도의 특수한 상황 속에서 2년 이상 군에서 의무 복무를 수행하는 젊은 사병들에게 독서를 통한 교육 증진과 사기 고취를 담당하는 병영도서관의 향후 발전에 밑거름이 되고자 한다.

2. 독서실태 조사에 관한 이론적 배경

우리나라의 경우는 문헌정보학 분야뿐만 아니라 국문학, 심리학, 심지어는 경영학에 이르기까지 많은 분야에서 독서관련 연구를 수행해왔다. 그만큼 독서가 미치는 분야가 다양할 뿐만 아니라 학교생활 그리고 사회생활과 크게는 인생에 미치는 영향에 이르기까지 관련되지 않은 것이 없다. 더욱이 국가적으로도 큰 관심사여서 문화관광부에서는 주기적으로 국민 독서실태 조사를 하고, 외국의 경우와 비교하여 발표하기도 한다. 그것은 독서력이 국력과 직결되기 때문일 것이다. 그런데 최근 이러한 여파가 군부대에도 미쳐 군부대 장병들을 위한 독서운동이 전개되고 있다. 물론 과거에도 '진중문고'라는 이름이 있었고, 많은 독지가들의 선행으로 이루어진 기부 문화가 군부대에 단순 위문품뿐만 아니라 여러 종류의 책들을 제공하기도 하였다.

그러나 최근의 양상은 이와 비교가 되지 않을 만큼 매우 다르고 급속하게 변화하였다. 2001년 12월 병영도서관 문제가 국가 정책적으로 이루어져야 할 일이라는 인식을 갖게 되고, 병영도서관 건립에 대한 법개정을 목표로 진중도서관건립을 위한 국회조찬토론회를 주최하게 되었다. 이 법안의 조속한 개정을 위해 대대적인 캠페인을 기획했으며, 군, 출판계, 문화계, 종교계 등 각계의 지도층이 참여한 진중도서관건립국민운동 추진위원회를 구성하게 되었다. 그리하여 2002년 12월 언론사와의 공동 캠페인을 이끌어 내었으며, 2003년 중앙일보 10대 사업에 선정, 중앙일보와 공동으로 병영도서관 건립을 위한 국민 캠페인을 진행했다. 군부대에 책 보내기 차원의 시민운동이 아니라, 군부대에 병영도서관을 설치해야 한다는 것이 궁극적 목적이었고, 결국 2003년 5월 의원입법으로 통과되어 이미 도서관 및 병영도서관의 건립이 도서관 및 독서진흥법에 명문화되었고, 많은 병영도서관이 현재까지 건립되고 있다. 그러면 왜 이처럼 군부대에 병영도서관을 건립하고 적극적으로 독서운동을 해야 하는가 그 이유를 정리하면 다음과 같다[1]

---

1) 조동성. "병영독서운동의 비전과 과제"(2004년 12월 국회 토론회 발제자료) "병영도서관 독서운동 어떻게 할 것인가", (사)사랑의책나누기운동본부 편, 2004. pp.27-28.

첫째, 군인이 책을 읽으면 군사력이 증가한다. 인해전술로 전쟁에서 승리하던 시대는 지났다. 첨단의 무기들이 도입되면서, 신체단련을 통한 군사력 증진 외에도, 앞으로의 시대는 급박하고 다양한 상황에 대한 군인들의 올바른 판단력과 사고력을 함께 요구하고 있다. 사람의 육체적인 노동을 대신해 줄 기기들의 개발은 더더욱 두뇌의 발달을 요구하고 있는 것이다. 이라크전을 보아도 군사적 우위에 있는 미군이 군사적으로 열세인 이라크 무장단체의 게릴라전에 지속적인 인명피해를 입고 있고, 미군의 이라크전 전사자가 수천 명이 넘었다는 보도가 있었다. 최첨단 무기로 무장을 한다는 것이 전쟁에의 생명보증수표가 될 수 없듯이, 언제 어떻게 닥칠지 모르는 위급한 상황에서 스스로를 지킬 수 있는 힘은 무기가 아니라 '상황 판단력'과 '문제 해결력'이 아닐까. 바로 독서력이 이에 대한 해답인 것이다.

둘째, 군인이 책을 읽으면 개인도 성장하고 국가 경쟁력도 높아진다. 군인이 책을 읽으면 군사력의 내실이 생길 뿐 아니라, 우리 국가의 경쟁력도 높아질 수 있다. 2년(육군기준)의 군 복무 기간을 마치고 난 이들은 우리 사회의 미래 경제 주체이다. 판단력과 사고력의 증진은 비단 전시상황에서만 도움이 되는 것이 아니다. 급변하는 시대, 선택해야 하는 다양한 변수들을 가려낼 수 있는 안목은 보다 자신감 있게 그들을 미래 사회의 주역으로 이끌 것이다. 군대를 갔다 오면 사람이 달라진다는 말이 있다. 군대를 갔다 오면 학점을 잘 받게 되거나, 부모님께 효도를 하게 된다고 한다. 이는 고생을 모르고 자라다가 군대에 가서 고생을 하고 나면 스스로 깨닫는 바가 생기기 때문이다. 그들의 고생이 조금 더 달콤할 수 있도록 한 손에 책을 쥐어 주자. 독서를 통해 사회와의 단절을 의미하는 군 생활 동안 개구리가 움츠렸다가 펄쩍 뛰듯이 준비된 사회인으로 거듭날 수 있다. 이것 또한 군대에서의 독서가 필요한 이유이다.

셋째, 책을 통해 전인교육이 가능하다. 얼마 전 경제협력개발기구(OECD) 회원 및 비회원 국가 41개국을 대상으로 한 국제학업성취도에서 우리나라 고교 1학년(15세)의 학업 성취도가 문제 해결력 1위, 읽기 2위 등 가장 높은 수준인 것으로 나타났다. 현재 우리 교육에 대한 부정적인 인식이 지대한 상황에서 교육부 자체적으로도 이는 매우 부담스러운 결과라고 밝히고 있다. 또한 한국교육과정평가원은 최상위권의 점수가 읽기 등에서 큰 폭으로 상승한 것은 고무적이라며 학교에서 논술이나 토론 교육이 강조되고 글의 해석이나 비판적 고찰을 강조한 7차 교육과정의 영향으로 성적이 크게 올라간 것으로 보인다고 밝혔다. 논술이 부활함으로, 책을 더 많이 읽게 되었고, 그 결과 문제 해결력과 읽기 능력이 향상되었다는 자체 진단이다. 책을 읽는다는 것은 이외에도 여러 긍정적인 효과가 있다. 지덕체 중 '지'에 치중한 주입식교육이 시행되고 있는 현 교육체제를 통해 자라난 세대들이 '체'에 해당하는 신체를 단련하는 곳이 군대가 될 수 있다. 그렇다면 '덕'은 어디에서 보완할 수 있단 말인가. 군대에서 독서를 통해 '덕'을 함께 키운다면 군대라는 특수한 상황을 통해 우리 교육이 가진 문제점을 보완할 수 있지 않을까. 지식의 사회를 지나 지금은 지혜의 시대이다. 지식은 검색을 통해 충분히 얻을 수 있지만, 지혜는 그렇지 않다. 지식만이 아닌 지혜를 가르치는 사회, 지덕체가 고루 조화될 수 있는 사회를 향한 첫걸음이 병영 독서 운동이고, 독서가 군부대에서 꼭 이루어져야 할 배경인 것이다.

이상을 통해서 왜 군부대에서 병영도서관을 통한 독서운동이 필요한지를 알 수 있었다. 그러나 이러한 필요성에도 불구하고 군부대의 독서실태에 관한 조사는 전무하였다. 독서관련 연구는 수없이 많았지만 군부대를 대상으로 한 독서관련 연구는 필자의 선행연구2)에서 이미 밝힌 것처럼 매우 소수에 불과하다.

　일부 군부대 관련 부서의 필자가 장병들의 독서습관을 강조하고 신세대 사병의 가치관, 정신전력을 국방전력과 연계시킨 논문과 복지차원에서 독서문제를 집어보기도 하였다.3) 독서실태에 관한 일반적인 연구는 교육대학원에서 주로 중·고등학생들을 대상으로 많이 이루어졌다. 대부분의 연구들은 독서실태 조사를 기본 데이터로 삼아 독서교육의 방향을 세우고, 독서지도방안을 강구하는 방향으로 이루어졌다.4) 다음으로 본 연구의 가장 많은 영향을 미친 국민독서실태조사 부분인데, 국가적으로 책임 있는 기관에서 실시하며, 역사적으로도 가장 오래되었고, 시행착오를 거쳐 세밀하게 만들어진 정형화된 틀을 갖고 있어 조사방향결정과, 설문양식 기술에 있어서 많은 도움이 되었다. 이 국민독서실태 조사결과는 또한 많은 연구의 기초 자료를 제공하였을 뿐만 아니라 자체적으로도 매우 의미 있는 통계자료로서 가치를 갖고 있다. 본 연구도 이와 관련된 연구를 많이 참고하였다.5) 이 외에 최근에 주목을 받고 있는

---

2) 송승섭. 2003. 병영도서관의 역사와 발전방향. 도서관 제58권 제3호, pp.77 -102., 송승섭. 2004. 병영도서관 독서운동 어떻게 할 것인가에 대하여 (국회 토론회자료집: 사랑의책나누기운동본부), pp.3-16.

3) 이정수. "독서습성을 가지자: 군인과 사생활", 해군 145('65. 7), pp.22-24., 제정관. "장병 정신전력과 신세대 가치관", 군사논단 통권 제39호(2004. 가을), pp.77-94., 온만금. "군대복지의 사회적 평가", 한국군사 제18호 (2004.3), pp.110-136.

4) 백진현. "독서실태 분석을 통한 독서지도방안 연구: 중학생을 대상으로", 부산: 부경대 교육대학원, 석사학위논문, 2004., 신영준. "고등학생의 독서 실태 분석을 통한 효율적인 독서지도방안 연구", 청주: 충북대 교육대학원, 석사학위논문, 2003., 백영균. "다매체시대의 청소년 독서실태와 독서 교육방향에 관한 연구: 군산지역 중, 고등학생을 중심으로", 군산: 군산대 교육대학원, 석사학위논문, 2000., 유재천. "대학생 독서실태 조사연구", 출판연구 1, 1('90. 3), pp.7-102.

인터넷을 이용한 독서행태, 독서프로그램 개발방안, 독서환경개선 문제, 자료선정에 있어서의 고려사항 그리고 군부대 병사들을 위한 독서상품권 지원방안 등 많은 관련 주제들이 있어 다양한 자료들을 검토해 보았지만6) 2002년과 2004년에 실시한 국민독서실태조사 이외에는 크게 영향을 미치는 실태조사연구는 발견하지 못하였다.

3. 설문 조사 내용 및 조사방법

3.1 조사 개요

다양한 출판물의 기하급수적인 증가와 세계 최고 수준의 IT 인프라 구축 및 인터넷 이용의 확대로 우리 사회는 정보의 홍수에 빠져 있지

---

5) 이용훈. "2002년 국민들의 도서관 이용실태 조사결과", 한국도서관협회, 도서관문화 제44권 제1호 통권 제338호(2003.1. 2), pp.20-25., 한국디지털도서관포럼 편집부. 2004년 국민독서실태 조사결과: 도서정보 검색 이용 및 만족도 증가, 학교도서관 이용률 최고 기록", 디지털도서관, 통권 37호 (2005. 봄), pp.64-75., 백원근. "국민독서실태조사로 본 청소년 독서의 현주소", 서울: 한국출판마케팅 연구소, 2005.2.20.

6) 박정길. "한국인의 독서부진 요인에 관한 연구", 부산: 부산대대학원, 박사학위논문, 2004., 유연범. "중학생 인터넷독서 실태조사 연구: 경기도 평택시 중학생을 대상으로", 서울: 단국대 교육대학원, 석사학위논문, 2004., 정원락. "다양한 독서프로그램을 활용한 독서습관 형성방안 연구", 경주: 위덕대 교육대학원, 석사학위논문, 2004., 황수이. "독서환경 개선방안 연구: 이론적 검토와 실태조사 분석을 중심으로", 전주: 전주대 교육대학원, 석사학위논문, 2003., 정양순. "초등학교에서의 효율적인 독서자료 선정과 활용방안", 청원군: 한국교원대 교육대학원, 석사학위논문, 2000., 김영익, "도서상품권 사업의 활성화 방안 연구", 서울: 동국대 정보대학원, 석사학위논문, 1992.

만, 아직도 이러한 문화적 영향이 미치지 못하는 사각지대가 있다. 그 중에서도 군부대 사병들은 국방의 의무라는 국가적 충성을 강요당하면서도 개인적인 혜택은 별로 누리지 못해 왔다. 특히 상당한 지적 능력과 갈망을 갖고 있는 젊은 나이의 사병에 대한 무관심은 국가적으로 인적 자원의 낭비가 아닐 수 없다. 본 연구에서는 이러한 문제를 해결하기 위하여 먼저, 군 장병 특히 육군 사병들의 기본적인 독서실 태를 파악하고자 한다.

현재 '국민 독서실태 조사'는 1993년 '책의 해'를 계기로 국민 독서지표 조사의 일환으로 지난 '93년~'04년까지 (재)한국출판연구소에서 8회에 걸쳐 국민 독서환경의 변화추이 및 독서생활 실태와 문제점을 분석해온 바 있다. 그러나 군부대 내의 사병에 대한 독서실태는 한번도 없었다.

따라서 이번 '병사 독서실태 조사'는 처음으로 실시되는 종합적인 군 장병들의 독서지표 조사로서, 우리 군인들의 독서실태를 살펴보고, 적절한 장서개발정책을 제안하는 등 병영도서관 활성화를 마련하는데 그 의의가 있다. 또한 궁극적으로 21세기 지식기반 사회를 만들어 나가기 위한 군부대 내의 독서환경의 문제점을 파악하여 바람직한 병영문화 정책수립에 필요한 기초 자료를 수집하는 데 그 목적이 있다.

3.2 조사 내용

본 조사를 통하여 군부대 사병들의 다음과 같은 사항을 중점적으로 알아보고자 한다.

첫째, 군부대 사병의 독서실태는 군부대 사병들의 독서량, 여가시간 활용도 – 독서비중, 독서시간, 기타 매체 접촉시간, 인터넷 이용실태 및 그 영향, 주 5일 근무제의 영향 등을 조사한다.

둘째, 독서경향은 독서 선호 분야, 가장 기억에 남는 도서, 작가 선호도, 추천 도서 등에 관련된 사항을 조사한다.

셋째, 독서환경은 도서관 이용률, 도서관 이용 목적과 만족도, 독서 관련 활동 등에 관련된 사항을 조사한다.

넷째, 도서 입수 행태는 도서정보원, 도서 입수 경로, 도서 구입 시 고려요인, 도서 구입비, 1개월 도서 구입량, 서점 이용실태 등에 관련된 사항을 조사한다.

다섯째, 병사들의 독서생활의식은 독서 목적, 독서 장소, 독서 영향력, 독서 장애요인, 부대원과의 독서 대화, 독서 권장 사항 등에 관련된 사항을 조사한다.

여섯째, 독서진흥방안은 독서 장려방안, 병영도서관 진흥방안, 군 당국 및 정부에 대한 군 사병들의 희망사항 등에 관련된 사항을 조사한다.

3.3 조사 방법

조사 방법은 〈표 5-1〉과 같은 과정을 거친다. 전국의 육군사병을 전체 조사대상으로 설정하여 국방부와 육군본부의 사전 협조를 얻어 우편 또는 단체 면접을 실시한다. 대표성을 갖는 표준화된 지역을 선정하여 1,000명을 표본으로 설정하여 설문지 조사를 시행한다. 또한 관계 전문가에 의뢰하여 포럼 형태의 자문으로 자료를 검증한다.

〈표 5-1〉 조사 방법

	조사방법 개요
1. 조사대상	전국의 육군 사병
2. 자료 수집 방법	국방부와 육군본부의 사전 협조를 얻어 우편 또는 단체 면접 후 실시
3. 조사지역	전국(제주도 제외)
4. 표본 추출방법	육군 구성여건에 따라 군단, 사단, 연대, 대대, 중대에 따른 다단층화 무작위추출법
5. 표본수	1,000명
6. 표본오차	95% 신뢰구간에서 ± 3.1% 95% 신뢰구간에서 ±1.79%
7. 실사방법	대표성을 갖는 표준화된 1개 지역 선정 실사
8. 실사기간	2006년 2월 중
9. 자료 검증방법	관계 전문가에 의뢰 및 포럼 형태의 자문으로 확인
일러두기	• 우리나라 육군 사병들의 독서실태를 살펴보기 위해 독서량 등 주요항목에 대해서는 (재)한국출판연구소가 시행한 지난 2004년도의 '국민독서실태조사' 자료를 기본 참고자료로 이용하였으나, 군부대의 특성을 반영하여 설문을 수정하거나 추가, 삭제하였음

3.4 표본 설계 및 응답자 특성

전국 육군 사병을 대상으로 한 모집단 구성은 〈표 5-2〉와 같이 육군 이병 이상 육군 사병(남자)으로 한다. 그중 '2005년 국방백서', '국방통계연보 2005'에 의거하여 전국(제주도 제외) 육군 사병 47만여 명 중 0.21%인 1,000명을 조사대상자로 추출한다.

설문 응답자의 특징은 남자 1,000명을 대상으로 하며, 참여병사의 계급은 이병 175명(17.5%), 일병 310명(31.0%), 상병 320명(32.0%), 병장 195명(19.5%)으로 구성되었다.

또한 응답자들 대부분의 학력은 전체 응답자의 826명, 즉 82%가 대학교 재학 이상임을 알 수 있다.

〈표 5-2〉 설문 응답자 표본 특징

(단위: 명(%))

응답자 배경		응답자 수
성 별	남 자	1,000 (100.0)
계급별	이 병	175(17.5)
	일 병	310(31.0)
	상 병	320(32.0)
	병 장	195(19.5)
	하 사	0(0)
학력별	중졸 이하	4(0.4)
	고졸·퇴	170(17.6)
	대재 이상	826(82)

3.5 설문지 배포 및 회수

설문지 배포 및 회수 과정은 〈표 5-3〉과 같다.

2006년 1월 9일~2006년 1월 11일의 기간 동안 이화여자대학교 대학원생 6명 사전 조사(pilot test)를 실시하여 설문지의 문항 검토 및 문항 보충과정을 거쳤다.

설문지 배포 및 회수 기간은 2006년 1월 27일에서 2006년 3월 4일로 36일간에 걸쳐 실시되었다. 66사단(A사단으로 지칭)과 55사단(B사단으로 지칭) 두 부대에 총 500부를 배포하여 총 990부를 회수하였다.

단 회수된 설문지 중, 전체 설문문항 30개 중 응답률이 50% 이하가 되는 설문지와 바로 앞 설문지와 동일한 응답이 90% 이상 반복되는 경우, 분석의 대상에서 제외하였다.

따라서 총 973명의 설문지를 분석의 대상으로 설정하였다.

〈표 5-3〉 설문지 배포 및 회수 과정

		기 간	대 상	결 과
설문지 배포	66사단 (A사단)	2006년 1월 27일 ~2006년 2월 25일	총 500부 배포	
	55사단 (B사단)	2006년 1월 27일 ~2006년 3월 4일	총 500부 배포	
설문지 회수 (전체973명)	66사단 (A사단)	2006년 2월 25일	총 500부 회수	* 회수된 500부 중에서 설문응답률이 저조한 9부를 제외한 491명 분석의 대상으로 결정
	55사단 (B사단)	2006년 3월 4일	총 490부 회수	* 회수된 490부 중 설문 응답률이 저조한 8부를 제외한 482명을 분석의 대상으로 결정

3.6 조사방법의 제한점

금번 조사대상은 육군 병사를 대상으로 2개 사단(약 2만 명 수준)에서 실시되었으며 표본 집단으로부터 1,000명을 조사대상으로 추출하였다. 표본추출은 앞서 설문조사 양식에서 본 것처럼 사단 예하의 연대, 대대, 중대, 소대 단위를 계층별 표집집단으로 구분하여 비례적으로 추출하였다. 군부대의 특성상의 설문대상자가 전체 다 참석하여 설문에 응했지만 일부 불성실한 소수 답변자는 제외기준에 따라 분석대상에 포함하지 않았다. 그렇다 하더라도 전체 97.3%의 높은 설문지 회수율을 기록하였다. 그러나 면접조사가 아닌 국방부와 육군본부의 협조를 얻어 부대별로 실시한 설문결과를 종합한 것으로서 항목별 무응답자가 많이 생겼는데 이는 모두 결측값으로 처리하였고, 백분율 계산은 유효 퍼센트를 기준으로 하였다.

4. 병사들의 독서실태 조사 분석

4.1 독서실태

4.1.1 월간 독서량과 연간 독서량

병사들의 독서량을 병사들이 즐겨 읽는 일반도서, 만화, 잡지 별로 구분해서 조사하였다.

〈표 5-4〉 월간 독서량

	응답자 수(명)	평균(권)
한달독서량(도서)	963	3.060
한달독서량(만화)	862	0.448
한달독서량(잡지)	893	1.097

〈표 5-4〉는 병사들의 월간 독서량 평균을 나타낸 것이다.

먼저 1인 병사의 월간 평균 독서량은 도서 3권, 만화 0.4권, 잡지 1.1권으로 나타났다. 이 월간 독서량을 연간 독서량으로 환산하면 육군 병사들은 1년에 36권의 도서와 13권의 만화, 5권의 잡지를 읽는 것이다. 이러한 결과는 일반 국민의 평균적인 독서실태[7]보다 훨씬 상향된 것이다. 일반 성인의 경우, 연평균 11권이고, 초등학생의 경우는 다소 많아 한 학기 19.4권, 중학생은 9.5권, 고등학생은 6.3권이다. 군부대 병사의 경우는 사회적으로 고립되어 있는 군의 특성으로 인하여 다양한 오락거리를 찾을 수 없는 형편이 오히려 집중력을 유지하며 독서를 할 수 있는 여건을 조성하고 있다고 볼 수 있다. 그러나 이러한 결과가 개인 면담을 통한 조사가 아니어서 책 전체를 완독한 것인지 부분적으로 읽은 것인지에 대한 정확한 실태가 파악되지 않았다.

4.1.2 여가시간 활용도

군부대 병사들의 여가시간 활용도를 통해 독서실태를 파악하기 위하여 "귀하는 여가시간이 생기면 주로 무엇을 하면서 보냅니까?(복수

---

7) 문화관광부·한국출판연구소. 2004국민독서실태조사. p.360. (이하: 국민독서실태조사): 2004년 11월 한 달간 전국의 성인 1,000명과 초중고 학생 2,700명을 대상으로 실시한 독서관련 설문조사 결과로, 이 조사는 보통 2년 주기로 실시하고 있다.

응답 -3순위까지)"라는 질문으로 답변 현황을 조사하였다.

〈표 5-5〉 여가시간 활용도

여가시간 활용 활동	응답자 수(명)	응답자 비율(%)
책읽기	463	47.7
신문/잡지읽기	109	11.2
만화책읽기	42	4.3
TV시청	638	65.7
라디오듣기	23	2.4
인터넷하기	111	11.4
컴퓨터게임하기	100	10.3
음악감상	232	23.9
비디오시청	47	4.8
체력단련/각종운동	305	31.4
바둑/장기	60	6.2
동기, 선후배병과 대화	276	28.4
종교활동	54	5.6
수면/휴식	374	38.5
기 타	74	7.6

〈표 5-5〉의 조사결과, TV시청이 65.7%로 가장 많았고, 이어서 책읽기 47.7%, 수면/휴식 38.5%, 체력단련 및 각종운동 31.4%, 동료 및 선·후배와의 대화 28.4%, 음악 감상 23.9% 순으로 나타났다. 인터넷 이용(11.4%)과 컴퓨터 게임(10.3%)도 일부 하고 있지만 전체 병사들의 여가활용에서 차지하는 부분은 크지 않았다. 특히 책읽기-신문/잡지읽기-만화책읽기 등 독서관련 활동을 통합하면, 전체 63.2%에 달해 대부분의 병사들의 여가활동은 TV시청과 독서활동, 휴식과 각종운동으로 크게 나누어지고 있는 것을 알 수 있다. 이는 일반 성인이

여가활용도(국민독서실태조사)에서 TV시청 19.8%, 독서 5.9%, 인터넷 사용 10.9%에 비해 군부대 병사들의 TV시청과 독서 비중이 전체적으로 높은 것으로서 이 역시 여가 사용의 여건이 충분하지 않기 때문일 것이다. 인터넷 사용은 제반 여건만 갖추어진다면 훨씬 높아질 것으로 예상된다.

좀 더 구체적으로 TV시청과 독서에 관한 여가시간 활용도를 알아보면, 평일의 TV시청의 경우, 30분 미만 21.5%, 30분 이상 1시간 미만 31.0%, 1시간 이상 2시간 미만 28.2%, 2시간 이상 3시간 미만 9.1%로, 전체 52.5%의 병사가 1시간 미만의 TV시청을 하고 있지만, 1시간 이상 TV시청을 하는 병사도 41.8%에 달해 평일 일과시간 중에 여가활동의 대부분을 TV시청으로 보내는 병사도 상당수가 있다는 것을 알 수 있다. 주말의 경우는 TV시청시간이 더 늘어나 30분 미만 5.3%, 30분 이상 1시간 미만 11.7%, 1시간 이상 2시간 미만 20.9%, 2시간 이상 3시간 미만 28.5%, 3시간 이상 4시간 미만 13.7% 등으로, 전체 66.4%가 3시간 이내에서 TV시청을 하고 있으며, 또한 30.9%에 달하는 많은 병사들이 3시간 이상 TV시청을 하는 것으로 나타났다.

독서관련 활동으로 신문보기는 평일과 주말 모두 30분 미만으로 대충 훑어보기로 끝내는 것을 알 수 있다.

책읽기의 경우, 평일에는 30분 미만 28.9%, 30분 이상 1시간 미만 24.2%, 1시간 이상 2시간 미만 16.5%로 과반수 이상 53.0%가 1시간 이내에서 독서활동을 하고 있었다. 주말의 경우는 30분 미만 19.3%, 30분 이상 1시간 미만 19.2%, 1시간 이상 2시간 미만 22.9%, 2시간 이상 3시간 미만 12.4%로 독서시간이 다소 증가하고 있음을 알 수 있다. 특히 2시간 이상도 21.0%에 달해 주말에는 독서에 많은 시간을 투자하고 있는 병사들도 상당수 있는 것으로 나타났다.

일반도서 외에 만화는 평일과 주말에 10% 미만에서 30분 이내가 대체적인 경향이었고, 잡지는 평일과 주말에 20% 수준에서 30분 이내가 대부분이었다.

음악 감상은 평일과 주말 50% 내외에서 1시간 이내 감상이 대부분이었다. 일반도서보다 만화나 잡지를 읽는 이용시간이 적은 것은 그만큼 장서 확보율이 낮기 때문이다. 국방부에서 공식적으로 배포하는 일반잡지와 만화는 없는 것으로 알려져 있다.

이 밖에 인터넷의 경우는 평일이나 주말 모두 10% 내외의 병사들이 30분 정도 이용하는 것으로 나타났는데, 아직은 인터넷 접근이 용이하지 않은 이용환경이 영향을 미치는 것으로 판단된다.

4.1.3 인터넷 서비스(인터넷 서점 등) 이용실태

군부대 내에 중대별 PC방 설치계획[8]에 따라 일부 군부대에서는 인터넷이 활용되고 있다. 또한 병영도서관 홈페이지가 내부 인트라넷으로 구성되어 있어 웹 인터페이스로 제공된다. 이러한 병영도서관 홈페이지나 인터넷 망을 이용한 군부대의 도서서비스 이용실태를 알아보기 위하여 "병영도서관의 인터넷 서비스(전자도서관의 도서/자료검색 등)를 이용해 본 적이 있습니까?"라는 설문으로 조사했다.

---

8) 중대 인터넷PC방 설치계획은 장병 복지향상 및 일반 사회와의 정보격차 해소를 위하여 중대급 부대에 인터넷PC방을 설치하는 것으로 '04년~'08년 5년간 전군 6,842개소에 양 방향 위성인터넷 및 중대당 PC 16대를 설치하는 것이다. 인터넷은 군인공제회 '지식복지시스템' 이용하고 PC확보는 위문품과 임차만료 PC를 활용하도록 되어 있다.

〈표 5-6〉 인터넷 서비스 사용 경험

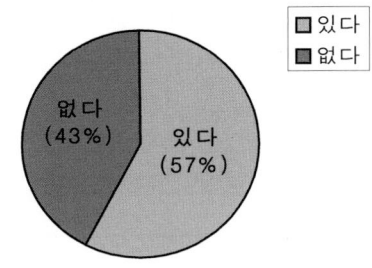

조사결과, 〈표 5-6〉에서 보는 바와 같이 57.5%의 병사들이 인터넷 서비스를 이용한 적이 있다고 답하여 많은 병사들이 인터넷에 접근할 수 있게 되었다는 것을 알 수 있다. 또한 도서/자료검색 등을 이용하였다는 사실에서 향후 병영도서관의 전자서비스의 활용가능성도 대단히 증가할 것이고 긍정적인 영향을 미칠 것으로 판단된다. 그러나 인터넷을 통한 자료구입 환경은 마련되어 있지 않아 단지 자료구입을 위한 참고 형태로 현재까지는 이용할 수 있는 것으로 알려져 있다. 국민독서실태의 경우, 성인의 26.2%가 인터넷 서점을 이용한 것으로 집계되었다. 이는 연간 2배 이상 증가되고 있는 추세로 군부대에서도 보안문제 해결을 통한 인터넷 서비스를 준비하고 있다. 현재 인터넷을 통한 직접적인 자료구입이 가능한 방법으로 군 복지사이트를 활용하는 방안이 대안으로 떠오르고 있다.

4.1.4 인터넷이 독서에 미치는 영향

군부대 내에서 인터넷 이용이 가능해지면서 인터넷이 독서에 미치는 영향을 평가하기 위하여 "귀하는 군부대 내에서 인터넷 이용이 가능해지면서 독서 시간이 늘었나요, 줄었나요?"라는 질문을 제시했다.

〈표 5-7〉 인터넷 이용이 독서에 미치는 영향

단위: %

	응답자 수(명)	비율(%)
매우 감소	23	2.4
다소 감소	43	4.5
별 변화가 없음	761	78.8
다소 증가	93	9.6
매우 증가	46	4.8

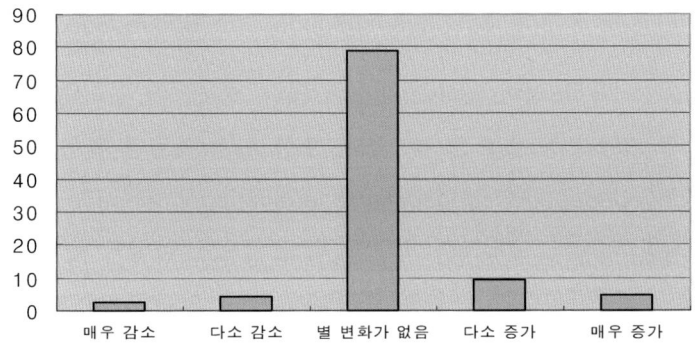

조사결과 〈표 5-7〉에서 보는 바와 같이, 인터넷 이용이 가능해지면서 독서에 미치는 영향은 매우 감소했다 2.4%, 다소 감소했다 4.5%, 별 변화가 없다 78.8%, 다소 증가했다 9.8%, 매우 증가했다 4.8%로 나타나, 인터넷이 독서에 미치는 부정적 영향은 6.8%에 그치는 것으로 나타났다. 이것은 군부대의 PC 및 인터넷 보급률이 대단히 미약한 관계로 아직은 인터넷의 보편적 접근이 어렵다는 군부대의 일반적인 특수성을 반영한 것으로 보인다.

앞의 〈표〉에서 살펴보았듯이 인터넷 이용이 전체 10% 내외의 병사들이 주중이나 주말에 30분 정도 사용하고 있다는 점이 이러한 사실을 뒷받침하고 있다.

4.1.5 '주 5일 근무제'가 독서에 미치는 영향

2005년 7월 1일부터 실시된 주 5일 근무제는 국방부를 비롯한 전군에 적용되고 있다. 이에 따라 병사들에게도 휴무일과 휴무시간이 늘어났는데 늘어난 휴무시간이 독서시간의 증감에 영향을 미쳤는가를 알아보기 위하여 병사들에게 "귀하는 '주 5일 근무제'가 실시되면서 독서시간이 늘어났습니까? 줄어들었습니까?"라는 설문을 조사했다.

〈표 5-8〉 주 5일 근무제에 다른 독서시간 변화

(단위: %)

	응답자 수(명)	비율(%)
매우 감소	15	1.5
다소 감소	7	0.7
별 변화가 없음	247	25.4
다소 증가	498	51.2
매우 증가	205	21.1

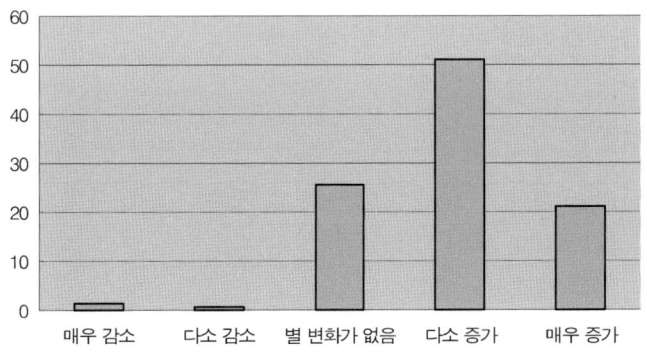

그 결과, 〈표 5-8〉에서 보는 바와 같이 매우 감소했다 1.5%, 다소 감소했다 0.7%, 별 변화가 없다 25.4%, 다소 증가했다 51.2%, 매우

증가했다 21.1%로 나타나, '주 5일 근무제'가 독서시간 증가(72.3%)에 매우 긍정적인 영향을 미쳤고, 부정적인 영향(2.2%)은 거의 없는 것을 알 수 있다. 따라서 주 5일제 근무로 인한 휴무 확대에 따라 늘어난 독서시간을 효과적으로 활용할 수 있도록 독서환경 조성, 자료 지원 등 관련 대책이 시급히 필요할 것으로 판단된다.

4.2 독서경향

4.2.1 독서 선호도

육군 병사들이 선호하는 독서 분야를 조사하기 위해 25가지의 주제 문항을 제시하고 즐겨보는 도서 분야에 대한 복수응답을 3순위까지 집계한 결과 〈표 5-9〉와 같이 나타났다.

〈표 5-9〉 즐겨보는 도서 분야

즐겨보는 도서 분야	응답자 수	응답자 비율(%)
일반소설	614	63.3
무협지, 환타지소설, 추리소설	440	45.4
시	60	6.2
수필, 명상	110	11.3
수기, 전기	57	5.9
다큐멘터리	48	4.9
철학, 종교	56	5.8
역사, 지리	72	7.4
경제, 경영	86	8.9
법, 정치	12	1.2
종 교	29	3.0

즐겨보는 도서 분야	응답자 수	응답자 비율(%)
예 술	46	4.7
과학, 기술	52	5.4
재테크, 부동산	41	4.2
컴퓨터	103	10.6
건 강	34	3.5
스포츠	153	15.8
여 행	59	6.1
연예, 오락	291	30.0
어 학	98	10.1
취 미	149	15.4
만 화	117	12.1
취업대비	64	6.6
입시대비	29	3.0
군부대 교육훈련	16	1.6
책을 전혀 읽지 않는다	33	3.4
기 타	14	1.4

먼저 10순위까지의 결과를 보면 일반소설, 무협지, 환타지소설, 추리소설, 연예·오락도서, 스포츠 관련 도서, 각종 취미 관련 도서, 만화, 컴퓨터 서적, 어학자료, 경제·경영 분야 도서, 역사·지리 관련 도서 순으로 나타나 병사들의 주요 관심사가 어디에 있는지를 보여주고 있다. 특히 63.1%의 병사들과 45.2%의 병사들이 일반소설과 환타지소설을 선호함으로써 군부대에서 가장 환영받는 도서는 부담 없이 읽을 수 있는 소설책인 것으로 나타났다. 또한 3순위와 4순위에 해당되는 도서 분야도 연예·오락 분야 29.9%, 스포츠 분야 15.7%로 이 역시 부담 없이 읽을 수 있는 독서 분야이다. 다음으로 5, 6위에 해당되는 취미 관련 도서 15.3%와 만화 12% 역시 쉬운 읽을거리를 찾는 젊은

이들의 독서 성향을 보여주고 있는 것으로 보인다. 이어 수필과 명상 분야가 11.3%로 7위에 올라있고, 심도 있는 학습과 관련 있는 컴퓨터, 어학, 경제·경영, 역사·지리 분야 서적들도 종합하면, 36.9%에 달해 군부대에서도 학습 관련 독서가 일부에서는 꾸준히 진행되고 있음을 알 수 있다. 그러나 취업이나 입시 대비 독서는 9.5%에 그쳐 직접적인 취업준비나 입시준비를 하는 병사는 많지 않은 것으로 나타났다.

4.2.2 가장 기억에 남는 도서

지난 1년간 읽은 책 가운데 기억에 남는 도서를 "잡지, 만화, 참고서 등을 제외하고 귀하가 지난 1년 동안 읽은 책 중 기억에 남는 책은 어떤 것입니까?"라는 설문을 제시하였다. 그 결과 총 1,140여 종의 다양한 도서가 응답되었으며, 기억에 남는 도서 10위권 내에 드는 도서는 〈표 5-10〉과 같다.

〈표 5-10〉 가장 기억에 남는 도서

(단위: 명)

순 위	도서명
1	연금술사(80)
2	다빈치코드(70)
3	가시고기(37)/연탄길(37)
4	나무(32)
5	그남자 그여자(30)
6	선물(29)
7	국화꽃향기(26)
8	아버지(25)
9	삼국지(24)
10	냉정과 열정사이(23)

〈표 5-10〉에서 제시된 것과 같이 병사들이 기억에 남는 도서로 선택한 것의 대부분이 소설이었다. 또한 국내 베스트셀러 소설류들이 기억이 남는 도서 순위 상위에 포함되었다.

4.2.3 추천도서

"귀하께서 지금까지 읽은 책 가운데 다른 사람에게 추천하고 싶은 책이 있다면 무엇입니까?(한 권)"에 대해 물은 결과, 352명의 응답 중에 병사들이 가장 추천하는 도서는 〈표 5-11〉과 같다.

〈표 5-11〉 추천하고 싶은 도서

(단위: 명)

순 위	도서명
1	다빈치코드(30)
2	연금술사(29)
3	삼국지(26)/선물(26)
4	가시고기(22)
5	아버지(16)/연탄길(16)
6	나무(14)
7	뇌(13)/상실의 시대(13)
8	아침형 인간(12)
9	냉정과 열정사이(11)
10	국화꽃 향기(10)/로마인이야기(10)/무소유(10)/묵향(10)

댄 브라운의 '다빈치코드', 파울로 코엘료 '연금술사', 이문열 '삼국지'가 그 순위를 이었다.

4.2.4 작가 선호도

육군 병사들이 선호하는 국내외 작가를 알아보기 위하여 "귀하가 평소 좋아하는 국내외 저자를 두 사람씩만 말씀해 주십시오."라는 설문을 제시하였다.

〈표 5-12〉 국내외 작가 선호도

(단위: 명)

순 위	국내 저자	국외 저자
1	이문열(96)	베르나르 베르베르(109)
2	김진명(60)	파울로 코엘료(65)
3	이우혁(43)	무라카미 하루키(53)
4	김하인(24)	댄 브라운(37)
5	귀여니(20)	톨스토이(26)
6	이외수(19)	에쿠니 가오리(19)
7	박완서(18)	조앤. K. 롤링(14)
8	김 훈(17), 박경리(17)	츠지 히토나리(13)
9	공지영(15)	무라카미 류(10)
10	류시화(14)	생떽쥐베리(10)

조사결과, 〈표 5-12〉에서 보는 바와 같이 전체 응답자 수 639명 가운데 장병들이 평소 가장 좋아하는 국내 작가로는 '이문열', '김진명', '이우혁', '김하인', '귀여니', '이외수', '박완서', '김훈', '박경리', '공지영', '류시화' 등으로 대부분이 소설가이며, 국외 작가 중에서는 '베르나르 베르베르', '파울로 코엘료', '무라카미 하루키', '댄 브라운', '톨스토이', '에쿠니 가오리', '조앤. K. 롤링', '츠지 히토나리', '무라카미 류', '생떽쥐베리' 등을 선호하는 작가로 꼽았다. 그 외 선호하는 국내 작가로는 '법정', '이현세' 등으로 이어졌고, 국외 작가에는 '시드니 셸던, 요시모토 바나나, 헤밍웨이, 로빈 쿡' 등의 순으로 이어져 군 장병들마다 각

각 다양한 작가들을 선호하는 것으로 조사되었다.

4.3 도서 입수 행태

4.3.1 도서정보원

병사들의 도서 입수 행태 중에 각종 서적에 대한 주요 정보를 어떻게 파악하고 있는가를 알아보기 위하여 "귀하께서 읽을 책을 선택할 때 주로 어떤 정보를 이용하십니까?(복수응답 3순위까지)"라는 설문을 제시하였다.

〈표 5-13〉 도서 입수 정보원

도서정보원	응답자 수(명)	응답자 비율(%)
휴가나 외박 때 서점에서 살펴보고	426	44.9
서점의 추천	143	15.1
신문/잡지의 책 소개(서평)	235	24.8
신문/잡지의 광고	119	12.5
TV, 라디오의 책 소개	125	13.2
TV, 라디오의 책 광고	63	6.6
인터넷의 정보/도서 소개	201	21.2
인터넷의 책 광고	82	8.6
가족의 추천/화제	129	13.6
군부대 동료나 선후배의 추천/화제	326	34.4
명사, 전문가의 추천	33	3.5
베스트셀러 목록	389	41.0
각종 추천/선정 도서 목록	241	25.4
각종 도서정보지	90	9.5
TV, 영화의 원작	107	11.3
기 타	25	2.6
책을 전혀 읽지 않는다	38	4.0

〈표 5-13〉의 조사결과에서 알 수 있듯이, 모두 16가지 보기 문항 중 우선순위를 보면, 휴가나 외박 때 서점에서 직접 살펴보고 고르는 경우가 46.7%로 가장 많았고, 이어서 베스트셀러 목록을 보는 경우가 40.0%, 군부대 동료 및 선·후배의 추천을 받아서가 33.6%, 각종 추천이나 선정도서 목록을 보는 경우가 24.8%, 신문잡지의 책 소개를 참고해서 24.2%, 인터넷의 정보/도서 소개를 보는 경우가 20.7%, 서점의 추천으로가 14.7%였다. 이 밖에 10% 내외에서 가족의 추천이나 TV/라디오의 책 소개, 신문잡지의 책 소개가 정보 선택에 영향을 미치는 것으로 나타났다. 이는 대부분의 병사들에게 도서입수 과정에서 서점에 직접 가서 보는 책들과 베스트셀러 목록이 주요 정보원이 되고 있고, 부가적으로는 동료나 선·후배, 가족의 추천, 인터넷과 매스컴의 정보를 이용하는 것으로 나타났다.

국민독서실태 조사결과와 비교해 보면, 책 구입 조건으로 내용을 중요하게 여기지만, 문학도서는 베스트셀러 순위를, 교양도서와 실용·취미도서는 주변 사람의 추천이나 화제에 따르는 경향이 있었다. 이러한 흐름이 군부대 병사들에게 반영되고 있는 것으로 보인다.

전체적으로 다양한 정보원이 이용되고 있지만 일부이고, 대체로 서점에 직접 가거나 베스트셀러에 의지하는 경우가 많아 외출이 쉽지 않은 일반 병사의 경우에는 체계적인 독서를 하기에 많은 어려움이 있을 것으로 예상된다. 따라서 보다 다양하고 심도 깊은 독서 정보원 확보를 위해서는 독서서클 운영 등 병사들의 자발적인 참여가 요구되는 독서관련 활동이 군부대에서 이루어질 수 있도록 하는 대책이 필요할 것으로 보인다.

4.3.2 도서 입수 경로

병사들의 도서 입수 경로를 파악하기 위해 "귀하는 평소 다음과 같은 책들을 어떻게 구해 보십니까?(복수응답 2순위까지)"라는 질문을 제시했다.

〈표 5-14〉 도서 입수 경로

입수 경로(도서)	응답자 수(명)	응답자 비율(%)
직접 구입(서점, 인터넷 주문 포함)	289	30.5
가족이나 친구	152	15.9
내무반 동료	304	31.8
병영도서관(부대 내 도서관)	550	57.5
내무반 비치도서	498	52.1
기 타	5	0.5
책을 전혀 읽지 않음	82	8.6

조사결과 〈표 5-14〉의 결과와 같이 도서의 경우는 병영도서관 이용이 57.5%로 가장 많았고, 이어서 내무반 비치 도서 이용이 52.1%, 내무반 동료에게 빌려서 이용하는 경우가 31.8%로, 내무반을 중심으로 한 자료 접근성이 대단히 중요하다는 것과, 병영도서관의 존재의의가 군부대 내에서 확실히 확인되었다고 평가된다. 이 밖에 직접구입은 29.7%, 가족이나 친구가 제공하는 경우도 15.6%로 일정 부분을 차지하고 있는 것으로 나타나, 도서구입비 지원이나 외부지원의 필요성도 공존하고 있다는 것도 알 수 있다. 국민독서실태조사의 경우와 비교해 보면, 직접 구입해서 보는 경우가 37.1%, 주위사람이나 도서관 이용이 33.7%로, 직접 구입이 어려운 군부대의 특성상, 도서관이나 내무반 비치 도서 이용이 상대적으로 대단히 높은 것을 알 수 있다.

〈표 5-15〉 만화 입수 경로

입수 경로(만화)	응답자 수(명)	응답자 비율(%)
직접 구입(서점, 인터넷 주문 포함)	102	12.3
가족이나 친구	131	15.8
내무반 동료	100	12.0
병영도서관(부대 내 도서관)	142	17.1
내무반에 비치서	149	17.9
기 타	73	8.8
책을 전혀 읽지 않음	835	95.5

도서의 경우에는 상대적으로 다양한 입수 경로가 확보된 반면, 〈표 5-15〉에서처럼 만화는 이용률 전체가 10%를 조금 상회하는 것으로 보아 상대적으로 대단히 저조한 이용 행태를 보이고 있는 것으로 파악되었다. 이것은 군부대에서는 상대적으로 만화 입수가 쉽지 않다는 점에 기인한다. 만화는 내무반 비치자료, 병영도서관 이용, 가족/친구의 제공, 직접구입, 내무반 동료 제공의 순으로 나타났으나 우선순위에는 통계적으로 유의미한 차이가 거의 없었다.

〈표 5-16〉 잡지 입수 경로

입수 경로(잡지)	응답자 수(명)	응답자 비율(%)
직접 구입(서점, 인터넷 주문 포함)	236	27.0
가족이나 친구	124	14.2
내무반 동료	344	39.3
병영도서관(부대 내 도서관)	143	16.3
내무반에 비치서	295	33.7
기 타	29	3.3
책을 전혀 읽지 않음	481	55.0

과반수 정도가 접해 본 것으로 나타난 잡지는 〈표 5-16〉에서 보는 바와 같이 내무반 동료에게서 빌려보거나 내무반에 비치된 잡지를 보는 경우가 65.7%로 대부분을 차지하였고, 병영도서관이나 가족 및 친구가 제공하는 경우는 상대적으로 적은 것으로 나타났다.

이는 만화와 같은 장서구성 형태의 문제로 군부대 병영도서관의 잡지 비치율이 상대적으로 낮고 외부지원도 도서 위주로 편중되기 때문인 것으로 평가된다. 그러나 직접 구입하는 경우도 27%나 되어 잡지 이용률도 적지 않다는 것을 알 수 있다. 따라서 이러한 결과로 미루어 볼 때, 과거 도서지원 위주에서 이제 잡지 등 병사들의 다양한 독서 욕구가 반영된 균형 있는 장서지원이 요구된다고 해석될 수 있을 것이다.

4.3.3 도서구입비

병사 1인당 월 도서구입비를 알아보기 위하여 "귀하는 본인의 도서·잡지 구입비로 한 달 평균 얼마를 지출하십니까?"라는 질문을 제시하였다.

〈표 5-17〉 한 달 평균 지출비용

	응답자 수(명)	평균(원)
지출비용(도서)	898	7479.18
지출비용(잡지)	852	3417.15

조사결과, 〈표 5-17〉에서 보는 바와 같이 1인당 도서구입비는 7,479원이며, 잡지구입비는 3,417원으로 나타나 전체적으로 병사 1인당 월 10,000원 정도를 도서구입비로 지출하는 것으로 나타났다. 10,000원 정도의 지출은 병사들의 월급 수준(2005년 46,000원에서, 2006년 65,000원으로 인상: 상병기준)을 감안할 때, 봉급의 1/6에 해당하는 적지 않

은 돈이다. 국민독서실태조사의 경우, 성인의 월평균 도서구입비 8,800
원, 잡지 1,600원으로 병사들의 도서구입비 지출과 10,000원 내외에서
유사함을 알 수 있다.9)

따라서 병사들의 독서 욕구는 돈으로 환산해도 대단히 높다고 할
수 있다. 이는 다양한 오락거리가 부족한 군의 현실에서 여유시간이
독서와 연결될 수 있다는 점에서 대단히 긍정적으로 평가되며, 평생교
육과 군부대 전력강화 측면에서도 국방부 차원에서 병사들의 도서구
입비를 지원할 필요가 있다는 근거자료로서도 중요하게 생각된다.

4.4 독서 생활의식

4.4.1 독서 목적

육군 사병들의 일반적인 독서 목적을 알아보기 위해 "귀하가 책을
읽는 주요 목적은 무엇입니까?(복수응답 3순위까지)"라고 물었다.

〈표 5-18〉 독서 목적

독서 목적	응답자 수(명)	응답자 비율(%)
새로운 지식/정보를 위하여	708	73.3
교양을 쌓고 인격을 형성하기 위해서	581	60.1
제대 후 취직을 위해서	170	17.6
제대 후 복학 준비를 위해서	151	15.6
부대 내 직무상 필요해서	22	2.3
책 읽는 것이 즐겁고 습관이 되어서	290	30.0

---

9) 초중고 학생들의 한 학기 평균 도서 구입비는 일반도서가 14,000원, 참고
서가 32,000원으로 대단히 높지만 학습참고서의 비중이 높고, 자발적인 구
입이 적기 때문에 단순 비교대상으로 삼기는 어렵다.

독서 목적	응답자 수(명)	응답자 비율(%)
다른 사람과 대화를 잘 하기 위해서	194	20.1
시간을 보내기 위해서	304	31.5
마음의 위로와 평안을 얻기 위해서	348	36.0
제대 후 입시준비를 위해	42	4.3
기 타	6	0.6
책을 전혀 읽지 않는다	36	3.7

응답결과 〈표 5-18〉에서 보는 바와 같이. 새로운 지식/정보를 위하여 책을 읽는 경우가 73.3%, 교양을 쌓고 인격형성을 위해서가 60.1%로 가장 많았다. 인격형성이라는 고전적인 독서 목적보다는 지식 정보에 대한 실제적인 요구가 앞서 있었다. 특히 현대전에서 가장 필요한 병사의 능력은 상황대처 능력이라고 할 때, 새로운 지식/정보의 갈구는 군부대 전력에도 실제적인 도움이 될 수 있을 것으로 생각된다. 다음으로 마음의 위로와 평안을 얻기 위해서가 35.8%이며, 단순히 시간을 보내기 위해서도 31.5%에 달했다. 독서를 마음의 평화를 얻는 주요한 수단으로 활용할 수 있다는 점에서 긍정적으로 평가되는 부분이다. 여기서 특별히 주목할 만한 것은 책 읽는 것이 즐겁고 습관이 되어서라는 응답도 30.0%나 되었다는 것이다. 이는 군대가 평생학습의 기능을 자연스럽게 터득할 수 있는 계기를 마련할 수 있다는 점에서 중요한 것으로 보인다. 이 밖에 다른 사람들과 대화를 잘 하기 위해서가 19.9%로 뒤를 이었다. 또한 제대 후 취직(17.5%) 및 복학 준비(15.5%)를 위해서 책을 가까이 하는 사람도 33%에 달해 군대에서의 독서가 사회적응을 위한 준비단계로도 중요하게 활용되고 있음을 알 수 있다.

4.4.2 독서 장소

〈표 5-19〉는 병사들이 주로 독서하는 장소에 대한 답변 결과이다. 병사들이 내무반에서 독서를 하는 경우가 64.9%로 대부분이었다.

〈표 5-19〉 독서 장소

	응답자 수(명)	응답자 비율(%)
내무반	615	64.9
병영도서관	128	13.5
가리지 않음	175	18.5
기　타	29	3.1

병영도서관은 13.5%로 일상적인 독서 장소로서는 큰 영향을 미치지 못하는 것으로 나타났다. 내무반이나 병영도서관, 기타 장소를 가리지 않고 읽는 병사는 18.5%에 그쳤다.

이와 같은 결과는 원활한 독서활동을 위해서는 직접적인 생활공간인 내무반이 가장 중요하며, 현재 병영도서관이 상당부분 대출 위주로 운영된다는 것을 보여주고 있다. 따라서 병영도서관은 병영도서관대로 운영하되 접근성을 높이는 방안을 강구하여야 하며, 학급문고처럼 내무반 비치 도서를 늘리는 것도 병사들을 위한 독서환경 조성에 커다란 도움이 될 것으로 판단된다.

4.4.3 독서 장애요인

병사들이 독서하는 데 있어 장애요인이 무엇인가를 알아보기 위하여 "귀하가 평소 책을 읽는 데 장애가 되는 요인은 무엇입니까?(복수 응답 3순위까지)"라는 질문을 제시하였다.

〈표 5-20〉 독서 장애요인

장애 요인	응답자 수(명)	응답자 비율(%)
책 읽는 것이 싫고 습관이 들지 않았다	304	33.7
시간의 여유가 없다	389	43.1
TV/비디오 보느라 시간이 없다	311	34.4
어떤 책을 읽을지 모르겠다	313	34.7
읽을 만한 책이 없다	319	35.3
책을 구해볼 만한 곳이 없다	202	22.4
책을 읽을 만한 장소가 없다	130	14.4
책을 구할 만한 경제적 여유가 없다	98	10.9
다른 여가 활동을 즐기기에 바쁘다	434	48.1
독서의 필요성을 느끼지 못한다	49	5.4
기 타	38	4.2

응답결과 〈표 5-20〉에서 보는 바와 같이, 48.1%에 달하는 많은 병사들은 다른 여가 활동으로 바빠서라는 이유를 우선적으로 꼽았고, 이와 연결되는 답변으로 시간이 부족하다는 이유도 43.1%에 달했다. 다음 30% 수준에서 읽을 만한 책이 없다, 어떤 책을 읽을지 모르겠다, TV/비디오 보느라 여유가 없다, 책 읽는 것이 습관이 되지 않았다는 등의 답변이 뒤를 이었다. 또한 구조적인 이유로서 책을 구할 만한 곳이 없다 22.4%, 책을 읽을 만한 장소가 없다는 대답도 14.4%로 일부분을 차지했다.

따라서 시간 부족이라는 개인적 요소와 군부대의 특수성을 차제하더라도 읽을 만한 책을 지원하고, 독서지도를 실시하며, 책 습득을 위한 다양한 루트를 개발하고 다양한 독서 장소를 마련하는 것은 향후 과제가 되어야 할 것이다.

4.4.4 최근 취득자료 이용목적

일반적인 도서관의 이용목적이나 독서를 즐기는 이유가 아닌 좀 더 실제적인 측면에서 현재 군 생활 중에 어떤 목적으로 도서 및 잡지를 입수하는가를 조사하였다. 이를 위해 "지난 3개월간 구입하거나 전해 받은 도서, 잡지는 주로 어떤 목적을 위한 것이었습니까?(복수응답 3 순위까지)"라는 질문을 던졌다.

〈표 5-21〉 최근 취득자료 입수목적

(단위: %)

최근 도서입수목적	응답자 수(명)	응답자 비율(%)
군부대 업무	79	8.6
개인 학습	626	67.9
시험 준비	190	20.6
실생활에 도움	479	52.0
재미/오락	642	69.6
교 양	510	55.3
선물용	130	14.1

이에 대해 〈표 5-21〉에서 보는 바와 같이, 병사들 중에 69.6%가 재미와 오락, 67.9%가 개인학습을 위해 자료를 구입한 것으로 나타나, 오락용 독서와 학습용 독서가 우선순위를 차지하는 것으로 밝혀졌다. 이어서 55.3%는 교양을 그리고 52%는 실생활에 도움을 받기 위해 최근 들어 독서를 한 것으로 나타났다.

이 밖에 시험 준비를 위한 독서도 20.6%나 되어서 개개인 병사와 관련된 실용적인 측면의 독서도 많이 이루어지고 있는 것을 알 수 있다. 이러한 통계는 병사들의 실생활과 밀접한 독서실태 파악에 도움이 될 것이다.

4.4.5 독서영향력(1)

군부대 생활 속에서 병사들 간에 미치는 독서영향력을 파악하기 위하여 "귀하는 평소 부대원들과 책에 관한 이야기를 어느 정도 자주하십니까?"라는 질문을 제시했다.

〈표 5-22〉 부대원들 간에 책에 관한 대화 정도

(단위: %)

	응답자 수(명)	응답자 비율(%)
전혀 안 한다	133	13.7
별로 하지 않는다	348	35.9
보통이다	385	39.7
자주하는 편이다	87	9.0
매우 자주한다	16	1.7

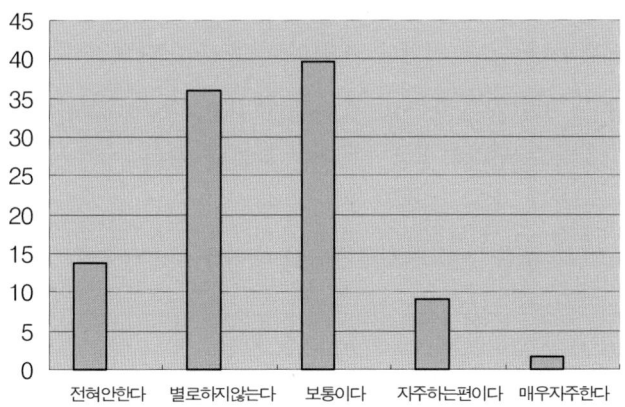

조사결과, 〈표 5-22〉에서 알 수 있듯이, 전혀 하지 않는다가 13.7%, 별로 하지 않는다는 35.9%로 부정적인 답변이 49.6%에 달해 군부대 실생활 중에 독서가 대화의 화제로는 그렇게 중요하지 않은

것으로 나타났다.

반면에 자주하는 편이다 9.0%, 매우 자주한다는 1.7%로 10% 내외의 소수층이지만 독서에 관한 대화를 많이 나누는 일부 계층도 형성되어 있어, 일부이긴 하지만 실생활 속에서도 독서가 영향력을 미칠 수 있음을 알 수 있다. 또한 중간 유보층에 해당되는 병사들도 39.7%에 달해 군부대 환경 변화나 여건 발전에 따라서는 부대원들 사이에 미치는 독서관련 대화도 늘어나고 독서가 군부대의 실생활 속에서 미치는 영향력도 증대될 것으로 판단된다.

4.4.6 독서영향력(2)

앞선 독서영향력 조사는 군부대 내에서의 실제적인 독서영향력을 조사한 것이고, 이 두 번째 조사는 독서에 관한 병사들의 기본 인식을 다소 개념적으로 조사했다는 차이가 있다. 우리나라 병사들이 독서가 군부대 생활이나 인생 전반에 어떤 영향을 미친다고 생각하고 있는가를 알아보기 위하여 "독서가 귀하의 군인생활이나 인생에 어느 정도 영향을 미친다고 생각하십니까?"라는 질문을 했다.

〈표 5-23〉 독서가 인생에 영향을 미치는 정도

(단위: %)

	응답자 수(명)	응답자 비율(%)
전혀 안 한다	29	3.0
별로 하지 않는다	70	7.2
보통이다	319	32.9
자주하는 편이다	374	38.6
매우 자주한다	178	18.4

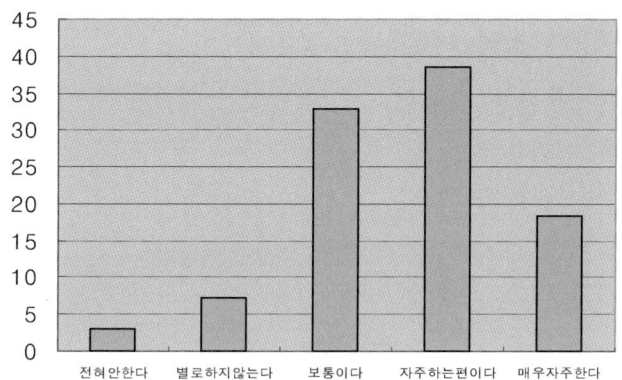

이에 대해 〈표 5-23〉에서 보는 바와 같이, 전혀 영향을 미치지 않는다는 3.0%, 별로 미치지 않는다가 7.2%로 독서에 대한 부정적인 시각은 10.2%에 미친 반면, 어느 정도 영향을 미친다가 38.6%, "매우 많이 영향을 미친다는 18.4%로 전체 57.0%의 병사들이 독서가 군부대 생활이나 제대 후의 인생에 있어서 긍정적인 영향을 미칠 것이라고 인식하고 있었다.

이는 앞서 분석한 일상 대화에서 미치는 영향과는 다른 결과로, 독서가 군부대 생활 속에서 주요 주제가 되지는 않지만 독서에 대한 기본 인식은 매우 긍정적인 측면에서 높게 평가하고 있다는 것을 알 수 있다. 또한 38.6%에 해당하는 유보층 병사들도 많이 있는 것으로 보아 이 잠재적 수요자들도 실수요자가 될 수 있는 가능성이 많다는 것을 미루어 짐작할 수 있고, 이에 대한 대책 마련도 필요함을 알 수 있다.

4.5. 독서환경

4.5.1 병영도서관 이용경험

육군 병사들의 병영도서관 이용경험은 부대 내 병영도서관이 있어

야만 가능하다. 본 연구의 조사대상이 된 2개 사단은 병영도서관이 있
는 사단으로 고려되었다. 조사결과, 〈표 5-24〉와 같은 결과를 가져왔
는데, 이것을 통하여 조사대상 사단의 병사들의 병영도서관 이용경험
도가 대단히 높다는 것을 알 수 있다.

〈표 5-24〉 병영도서관 이용경험

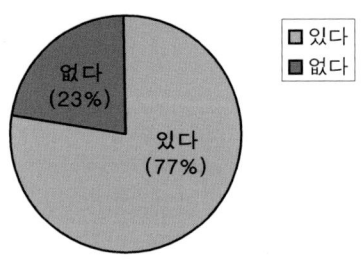

전체 병사 중 77.1%가 병영도서관의 이용경험이 있었다. 이는 부대
별 병영도서관 현황과 사단장의 의지, 홍보 및 교육 등 여러 가지 요
인과 관련된 것으로, 일단 사병 개개인의 병영도서관 이용경험이 70%
가 넘는다는 것은 향후 독서활동에 있어서 매우 긍정적으로 작용할
수 있을 것으로 평가된다.

4.5.2 병영도서관 이용목적

병사들의 병영도서관 이용의 주된 목적을 알아보기 위하여 "주로 어
떤 목적으로 도서관을 이용하셨습니까?(단수응답)"라는 질문을 했다.

<표 5-25> 병영도서관 이용목적

병영도서관 이용목적	응답자 수(명)	응답자 비율(%)
책 열람 및 대출	542	73.0
자료조사	88	11.9
개인공부 등을 위한 좌석이용	66	8.9
군부대 교육훈련관련 참고	6	0.8
기 타	40	5.4
무응답	17	2.2

<표 5-25>에서 보는 바와 같이 73%에 해당하는 많은 병사들이 책의 열람과 대출을 위해서라고 답했다. 따라서 일반적인 도서관의 기능을 병영도서관에서도 충분히 수행하고 있음을 보여주었다.

이 밖에 자료조사를 위한 병영도서관 이용은 11.9%가 있었고, 개인공부를 위한 좌석 이용도 8.9%나 되어 일부 병사들은 개인 학습을 위한 장소로도 병영도서관을 이용하고 있음을 알 수 있다.

그러나 군부대 교육훈련과 관련된 참고서적을 보기 위해서 도서관을 이용하는 경우는 0.8%에 그쳐 앞서 조사된 독서행태와 마찬가지로 군부대의 교육 및 훈련과 독서 및 도서관 이용은 상관성이 거의 없는 것으로 나타났다.

4.5.3 병영도서관 이용만족도

병영도서관을 이용한 경험이 있는 병사들의 병영도서관 이용만족도를 조사한 결과, <표 5-26>에서 알 수 있듯이 매우 불만 5.2%, 대체로 불만 10.8%, 보통 42.6%, 대체로 만족 32.6%, 매우 만족 8.7%로 나타났다.

(단위: %)

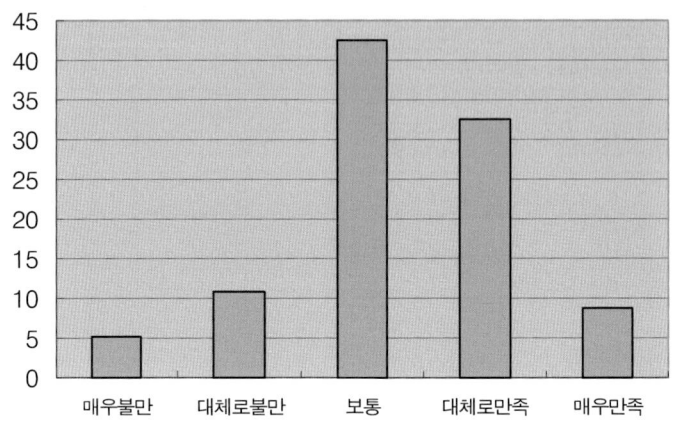

〈표 5-26〉 병영도서관 이용만족도

	응답자 수(명)	응답자 비율(%)
매우 불만	39	5.2
대체로 불만	81	10.8
보 통	319	42.6
대체로 만족	244	32.6
매우 만족	65	8.7

전체적으로 만족감을 표시한 병사(41.3%)들이 불만족을 나타낸 병사(16.0%)들보다 많아 대부분의 병사들이 병영도서관을 긍정적으로 평가하고 있음을 알 수 있다.

많은 병사들이 병영도서관을 긍정적으로 평가(41.3%)한 이유로는 '개인학습공간제공', '다양한 도서의 종류 및 양', '도서 대출 가능', '인터넷 사용 가능' 그리고 '존재' 자체만으로도 긍정적이라는 반응을 살펴볼 수 있었다. 또한 불만족을 나타낸 병사들(16.0%)은 '도서의 다양성 부족', 'PC수의 부족', '인터넷의 느린 속도', '도서 정리 상태 불량', '짧은 열람시간' 등의 다양한 반응을 보였다. 특히 긍정적/부정적으로 평가한 이유로 '도서의 다양성' 응답이 동시에 나타난 것을 알 수 있다.

그러나 이번 실태 조사는 군부대라는 특수한 상황 속에서의 상대적 만족감을 평가한 것인 만큼 병영도서관의 발전을 위한 노력은 계속되어야 할 것이다.

4.5.4 이동도서관 이용도

병영도서관 이용자들의 이동도서관 활용도를 측정하기 위해 "병영도서관 또는 공공도서관에서 운영하는 이동도서관을 이용해 보신 적이 있습니까? 이용했다면 몇 번이나 이용했습니까?"라는 질문을 했다.

〈표 5-27〉 이동도서관 이용여부

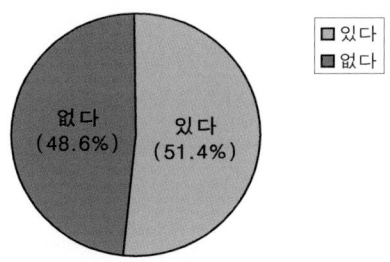

조사결과, 〈표 5-27〉에서처럼 병영도서관 이용자 중 49.6%의 병사가 이용경험이 있는 것으로 나타났다. 또한 이용경험자 중에서 병사 개개인이 연간 24.4회를 이용하는 것으로 나타났다.

〈표 5-28〉 병영도서관 이용경험자 중 이동도서관 이용횟수

(단위: 일)

	평균 이용횟수(일)
이동도서관 이용횟수	24.366

이는 병사 1인이 월평균 2회 정도 이용하는 것으로 이용률이 대단히 높은 것으로 판단된다.

4.5.5 병영도서관 이용의 장애요인

병영도서관 이용의 장애요인을 파악하기 위하여 병영도서관을 잘 이용하지 않는 경우, "귀하가 병영도서관을 이용하지 않는 주된 이유를 우선순위대로 세 가지만 말씀해 주십시오."라는 설문으로 조사했다. 이 경우는 병영도서관을 잘 이용하지 않는 경우의 사병에만 해당되기 때문에 우선순위별로만 평가했다.

〈표 5-29〉 병영도서관을 이용하지 않는 이유

이용하지 않는 이유	응답자 수(명)	우선순위
읽을 만한 책이 없다	199	3
교육훈련이 바빠서 이용할 시간이 없다	293	1
내무반에서 멀다	271	2
도서 대출이 안 된다	44	10
항상 만원으로 좌석이 없다	67	8
개관시간이 짧다	103	5
이용절차가 까다롭다	82	7
독서상담/안내가 없다	84	6
도서관 이용 필요성을 느끼지 못한다	111	4
기　타	67	8

〈표 5-29〉의 조사결과, 첫째, 교육훈련이 바빠서 이용할 시간이 없다(293명), 둘째, 내무반에서 너무 멀다(271명), 셋째, 읽을 만한 책이 없다(199명), 넷째, 도서관 이용의 필요성을 느끼지 못했다(111명), 다섯째, 개관시간이 짧다(103명), 여섯째, 독서상담이나 안내자가 없다(84명), 일곱째, 이용절차가 까다롭다(82명), 여덟째, 항상 만원으로 좌석이 없다(67명), 아홉째, 도서 대출이 안 된다(44명) 등으로 나타났다.

이러한 결과로 볼 때, 교육훈련에 관한 사항은 어쩔 수 없는 것이지만 다른 문제에 대해서는 해결방안에 관한 검토가 필요한 것으로 보인다. 먼저, 병영도서관의 접근성 문제인데, 가능한 동선을 최소화할 수 있도록 부대 중심에 배치하려는 노력이 필요할 것이다.

둘째, 가장 문제가 되는 것은 풍부한 장서지원이 되지 않아 읽을거리가 없다는 것인데, 국방부를 중심으로 한 범정부 차원의 도서구입비 증액과 민간단체의 적극적인 지원이 필요한 부분이기도 하다.

셋째, 독서에 관한 실태조사와 연결되는 것으로서 독서지도와 함께 도서관 이용 홍보 그리고 교육과 상담이 군부대에서도 필요하다는 것을 알 수 있다.

넷째, 평일 개관시간 연장이 어렵다면 주 5일 근무제인 만큼 휴일 개관시간 확대는 고려할 수 있을 것이다.

다섯째, 대출은 가급적 제한하지 말아 병영도서관뿐만 아니라 다른 장소에서도 쉽게 독서할 수 있게 해야 한다. 또한 이용절차도 전산화 시스템 또는 도서관리 프로그램 도입을 통해 단순화하여 편리한 이용이 가능할 수 있도록 지원해야 할 것이다.

4.5.6 독서관련 활동

군부대 내에서 병사들이 어떤 독서관련 활동을 하고 싶어 하는가를 알아보기 위하여 "귀하가 관심을 가지는 독서관련 활동은 무엇입니까?"라는 설문을 제시하였다.

〈표 5-30〉 독서관련 활동

	응답자 수(명)	응답자 비율(%)
독후감 쓰기	74	8.5
저자 강연회	66	7.5
독서 강연회	42	4.7
독서 토론회	102	11.5
독서 퀴즈/경진대회	86	9.7
독서 동아리 활동	417	47.1
기 타	98	11.1

조사결과 〈표 5-30〉에서 보는 바와 같이, 47.1%에 달하는 많은 병사들의 우선적인 관심은 독서 동아리 활동이었다. 이 밖의 활동으로는 독서 토론회 11.5%, 독서 퀴즈/경진대회 9.7%, 독후감 쓰기 8.4%, 저자 강연회 7.5%, 독서 강연회 4.7% 등으로 나타났다.

병사들의 독서 동아리 활동은 군부대의 장소제공 및 시간배정만 허용되면 어려운 일이 아니기 때문에 군부대 지휘관의 관심이 요망된다. 독서토론회 같은 것도 부담스럽지 않은 범위에서 독서 동아리 활동에 포함하는 것이 좋을 것 같고, 또한 독후감 쓰기도 별도의 행사를 이벤트로 마련하는 것보다는 독서 동아리 활동의 연장으로 자연스럽게 진행되는 것이 보다 실제적이라고 생각된다.

다만 저자 강연회나 독서 강연회는 계기별 행사로 정착될 수 있도록 예산 배정이나 유명강사 확보에 주력해야 할 것이다. 개별적인 독서 못지않게 뜻밖의 강연 한 번이 병사들의 인생관이나 생활방식에 커다란 영향을 미칠 수 있기 때문이다.

4.6. 독서 및 병영도서관 진흥방안

4.6.1 독서진흥방안

병사들의 독서를 장려하고 활성화시킬 수 있는 방안을 마련하기 위하여 "군부대 내 독서 장려를 위해 역점을 두어야 할 사항은 무엇입니까?(복수응답 3순위까지)"라는 설문을 조사하였다.

〈표 5-31〉 독서 장려를 위한 역점 사항

독서 장려를 위한 역점사항	응답자 수(명)	응답자 비율(%)
병영도서관 확충과 장서 확충	815	85.2
저렴한 도서상품권 구입과 같은 경제적 지원	592	67.9
독서교육의 활성화	457	47.8
독서관련 프로그램 지원	213	22.3
사서직원 등 도서관 및 독서 전문가 배치	159	16.6
도서 및 잡지 구입을 위한 국방부 예산확대	510	53.3
기 타	49	5.1

조사결과 〈표 5-31〉에서 보는 바와 같이, 병사들이 가장 큰 비중을 둔 독서 장려대책의 우선순위는 병영도서관 건립과 장서 확충에 모아졌다. 다음으로 도서상품권을 면세품과 같이 싸게 구입할 수 있도록 하는 경제적 지원을 꼽았다. 세 번째는 도서 및 잡지 구입을 위한 국방부의 예산 확대를 들었다. 다음, 군부대 내에서의 독서교육 활성화가 있었고, 유명저자 초청강연회, 사인회 등 독서관련 프로그램이 자주 있어

야 한다고 생각하고 있었다. 그러나 사서직원 등 도서관 및 독서 전문가가 군부대에 배치되어야 한다는 생각은 의외로 적어 아직은 독서와 관련된 제도적 전문성에 대한 의식은 매우 부족한 것으로 나타났다.

4.6.2 병영도서관 진흥방안

병사들이 자신들이 이용하고 있는 병영도서관에 대한 진흥방안을 알아보기 위하여 병사들에게 "병영도서관이 군인들에게 꼭 필요한 시설이 되기 위해 가장 중요한 것은 무엇이라고 생각하십니까?(복수응답 3순위까지)"와 같이 물었다.

〈표 5-32〉 병영도서관에 꼭 필요한 요소

병영도서관에 꼭 필요한 요소	응답자 수(명)	응답자 비율(%)
병영도서관 설립의 양적 확대	456	47.6
장서(책) 보유량 확충	709	74.0
우수한 서비스 인력(사서 등) 확보	308	32.2
도서관 시설개선	352	36.7
정보화(전자도서관) 수준향상	562	58.7
다양한 문화프로그램 개발	365	38.1
기 타	58	6.1

조사결과 〈표 5-32〉에서 보는 바와 같이, 장서 보유량 확충에 대한 요구가 가장 컸고, 정보화 및 전자도서관 수준 향상에 대한 요구가 뒤를 이었다. 그다음으로 병영도서관의 양적 확대에 대한 요구가 컸다. 이어서 다양한 문화 프로그램 개발, 우수한 서비스 인력사서 확보가 상대적으로 낮은 수준에서 요구되었다.

병영도서관 발전은 우선적인 장서 확보에 달렸다는 기본적인 인식과 서비스의 정보화에 많은 관심을 보이고 있다는 것이 특징이다. 그러나 군부대의 단순성과 실용성에 기인해서인지 아직은 좀 더 수준 높은 정보 봉사에 대한 요구는 많지 않았다. 그 결과, 우수한 서비스 인력에 대한 배치나 다양한 문화프로그램 개발에 대한 욕구는 아직 크지 않은 것으로 평가된다.

4.6.3 독서 및 병영도서관 진흥방안

병사들의 독서를 장려하고 활성화시킬 수 있는 방안의 마련과 병영 도서관 진흥방안을 알아보기 위하여 "군부대 관계자나 정부가 이렇게 해 주었으면 좋겠다."라는 개방형 질문(open-ended)을 설문의 마지막 부분에 추가하였다.

조사결과 가장 많은 수의 응답자가 '도서관 내 장서 보유량 확대와 다양한 종류의 도서 확충(약 25%)'을 바라는 것으로 나타났다. 도서관의 가장 기본적인 요건인 장서의 확충이 병영도서관 내에서는 잘 이루어지지 않고 있음을 나타내는 결과라고 할 수 있다. 또한 많은 병사들이 전공서적, 영어, 여행, 음식, 학습, 자격증, 취미 등에 관련된 장서 종류의 확충을 원하는 경우가 많았다. 이와 관련하여 병사들은 도서를 선택할 때 '병사들의 의견 반영'을 통한 장서 선택을 바라는 경우도 다수 있었다. 또한 '잡지와 신문의 구독'을 원하는 병사들도 많이 있음을 알 수 있었다.

다음으로 병사들이 '독서를 할 수 있는 여가 시간의 증가'를 바라는 것으로 조사되었다. 이와 관련하여 병사들은 '일과 시간에 독서 시간을 제정하자'는 의견을 제시하였고, 독서를 하고 싶어도 하지 못하는 이유로 '시간 여유가 없기 때문에'라고 응답한 경우도 다수 발견되었다.

또한 병사들은 인터넷, PC 설치, 인터넷 사용 가능/속도 향상(약

10%)과 같은 정보화 시설의 확충을 원하는 것으로 드러났다.

기타 응답으로는 '계급과 관계없는 도서관 이용 보장', '도서관 공간 문제 해결', '독서 교육 강화', '도서 대여기간 연장', '전문적인 도서관리 전담병의 증가', '서가에 도서를 잘 정리해 달라'는 등을 제시하였다.

이러한 응답은 필자가 '병영도서관 운영방안에 관한 연구'에서 제시한 양적·질적 기준안의 내용을 반영하고 있음을 비교 연구를 통하여 알 수 있다. 필자는 '병영도서관 운영모델 연구'를 통하여 '양적 기준안'으로 사단 기준 기본 장서 10,000권에 병사 1인당 1권 이상 입수, 연속간행물 기본 50종 입수 그리고 참고자료 및 멀티미디어자료의 입수를 권고안으로 제시한 바 있다. 또한 질적 기준안으로 '대다수 접근이 용이한 위치 선점', '필요한 공간의 충분한 확보 및 기능성, 확장성, 유연성 확보', '장비와 설비, 비품의 유효 수명과 감가상각을 감안하여 교체하거나 업그레이드 및 내구성, 유용성, 심미성 등을 고려', '컴퓨터 워크스테이션(computer workstation) 공간은 점유면적의 적절성, 테이블 및 의자의 적당한 규격, 의자 높낮이의 조절 가능성, 조명의 적절성, 새로운 장비의 수용가능성, 미래의 확장성, 프라이버시의 보장, 접근 및 이동의 편의성 충족' 등의 다양한 사항을 병사들 역시 절감하고 있음을 확인할 수 있었다.

5. 결론 및 제언

본 연구는 우리나라 군부대의 실정에 맞는 장서구성 모델을 개발하기 위한 첫 번째 단계로서 군부대 장병들의 독서실태를 조사하였다. 군부대에서 병영도서관을 통한 독서운동이 필요함에도 불구하고 군대의 독서실태에 관한 조사는 전무하였다. 따라서 본 연구는 처음으로 실시되는 종합적인 군 장병들의 독서실태 조사로서, 우리 군인들의 구체적인 독서실태를 살펴보고자 하였다.

군의 특성상 조사가 가능한 일부 사단 1,000여 명의 사병을 대상으로 실시된 본 조사로 나타난 결과는 다음과 같다.

첫째, 병사들의 월평균 독서량을 일반도서, 만화, 잡지 별로 구분하여 조사한 결과, 도서 3권, 만화 0.4권, 잡지 1.1권을 읽는 것으로 나타났다. 또한 병사들이 반 이상이 TV시청과 책 읽기로 여가시간의 대부분을 소비하며, 병사들의 57.5%가 군부대 내에서 인터넷 서비스 사용 경험이 있는 것으로 나타났다. 더욱이 많은 병사들이 도서/자료 검색을 위해 인터넷을 이용하였다는 사실에서 향후 병영도서관 전자서비스의 활용가능성 역시 증가할 것이고 긍정적인 영향을 미칠 것으로 판단된다.

그러나 군부대 내 인터넷 이용이 독서에 미치는 영향은 미미한 것으로 드러났다. 이와는 반대로 '주 5일 근무제'의 증가는 병사들의 독서시간에 긍정적인 영향을 미쳤다는 응답이 약 75%로 주 5일제 근무로 인한 휴무 확대에 따라 늘어난 독서시간을 효과적으로 활용할 수 있도록 하는 환경 조성이 시급할 것으로 판단된다.

둘째, 병사들의 독서경향 분석 결과, 특히 63.1%의 병사들과 45.2%의 병사들이 일반소설과 환타지 소설을 선호함으로써 군부대에서 가장 환영받는 도서는 부담 없이 읽을 수 있는 소설책인 것으로 나타났다. 그러나 역시 수필과 명상 및 컴퓨터, 어학 등 학습관련 독서가 일부에서는 꾸준히 진행되고 있음을 알 수 있다. 또한 병사들이 지난 1년간 읽은 책 가운데 기억에 남는 도서와 추천하고 싶은 도서로 많은 병사들이 국내 베스트셀러 소설류들을 선택한 것으로 나타났다. 이와 같은 맥락으로 육군 병사들이 선호하는 국내외 작가들 역시 많은 수가 소설 작가들에 편중되어 있는 것으로 살펴볼 수 있었다.

셋째, 병사들은 주로 자신들이 읽을 책을 선택할 때 휴가나 외박 때 서점에서 직접 살펴보고 고르는 경우가 가장 많은 것으로 나타났다. 전체적으로 병사들은 많은 도서정보원을 이용하고 있는 것으로 조사되었지만, 대체로 서점에 직접 가거나 베스트셀러 목록에 의지하는 경우가 많아 체계적인 독서를 하는 데 어려움이 있을 것으로 추측된다. 또한 병사들의 주된 입수 경로는 병영도서관에 비치된 도서를 읽는 경우가 전체 57.5%로 가장 많았다. 이어서 내무반 비치 도서의 이용이 52.1%, 내무반 동료에게 빌려서 이용하는 경우가 31.8%로 높은 응답률을 보였다. 병사 1인당 월 도서구입비로 도서의 경우 10,000원 정도의 비용을 지불하는 것으로 조사되었다. 이것은 평생교육과 군부대 전력 강화 측면에서 많은 병사들이 여유 시간의 많은 부분을 도서에 투자한다는 사실과 연결되어 국방부 차원에서 병사들의 도서구입비 지원을 촉구할 수 있는 근거자료로 사용 가능할 것이다.

넷째, 병사들의 독서 생활의식 조사결과, 육군 사병들은 대부분 새로운 지식/정보를 위하여 책을 읽는 경우가(73.3%)로 많은 것으로 조사되었다. 그 뒤를 교양을 쌓고 인격 형성을 위하여(60.1%), 마음의 위로와 평화를 얻기 위해서(36.0%)였는데 이를 통하여 많은 병사들이 독서를 평생학습과 인격 도야 및 인격 수련 등에 활용될 수 있다는 점에서 긍정적으로 평가할 수 있는 부분이다.

응답자 중 약 65%가 내무반을 주 독서 장소로 꼽았으며, 병영도서관은 일상적인 독서 장소로 병사들에게 큰 영향을 미치지 못하는 것으로 조사되었다. 이러한 결과는 병영도서관은 병사들의 접근성을 높이는 방안을 강구하여야 하며, 학급문고와 같은 개념으로 내무반 비치

도서를 늘리는 것도 병사들을 위한 독서환경조성에 도움이 될 것으로 판단된다. 또한 병사들이 독서에 있어서 장애요인으로 가장 많이 꼽은 것은 다른 여가 활동으로 바쁜 것과 시간이 부족하다는 것이었는데, 이것은 시간 부족이라는 개인적 요소와 군부대의 특수성으로 나타난 현상으로 파악된다.

병사들 중의 약 70%는 재미와 오락을 위해 그리고 약 68%가 개인 학습을 위해 자료를 구입한 것으로 조사되었다. 또한 군부대 실생활 중에서 독서가 대화의 화제가 되는 경우는 많지 않은 것으로 드러났다. 하지만 10% 내외의 소수층이 독서에 관한 대화를 많이 나누는 것으로 나타났고, 중간 유보층에 해당되는 병사들은 약 40%에 달하는 것으로 나타나 독서가 군부대 실생활 속에서 미치는 영향력도 증대될 것으로 추측된다. 또한 독서에 관한 병사들의 기본 인식을 조사하기 위하여 독서가 군인생활이나 인생에 미친 영향 정도를 알아보고자 하였다. 그 결과 57%의 병사들이 군부대 생활이나 제대 후에 인생에 독서가 긍정적인 영향을 미칠 것이라 인식하고 있음을 알 수 있었다. 이는 독서가 군부대 생활 속에서 주요 주제가 되지는 않지만 독서에 관한 기본 인식은 매우 긍정적인 측면에서 높게 평가되고 있음을 알 수 있다.

다섯째, 병사들의 독서환경에 대한 조사결과, 조사대상이 된 2개 사단은 전체 병사 중 77.1%가 병영도서관 이용경험이 있는 것으로 나타나 병영도서관이 있는 사단으로 고려된다. 이들의 대부분은 '책 열람 및 대출을 위해' 병영도서관을 이용한 것으로 조사되었다. 병영도서관 이용경험이 있는 병사들의 많은 수가 도서관에 대한 만족도가 높은 것으로 조사되었는데, 이번 실태 조사가 군부대라는 특수한 상황 속에서 상대적 만족감을 평가한 것인 만큼 병영도서관 발전을 위한 노력은 계속되어야만 할 것이다. 또한 병영도서관 이용자들의 이동도서관 활용도를 조사한 결과 이용자의 약 50%가 이용경험이 있는 것으로 조사되었으며, 월평균 2회 정도 이용하는 것으로 나타났다.

병영도서관을 이용하지 않는 병사들을 대상으로 병영도서관 이용의 장애요인을 조사하였는데, 그 결과 많은 수의 병사들이 시간부족의 문제를 중요요인으로 꼽았다. 또한 내무반에서 멀다, 읽을 만한 책이 없다 등의 응답 역시 많은 것으로 보아, 이에 대한 해결이 선행되었을 때, 병사들의 병영도서관 접근을 강화할 수 있을 것으로 사료된다. 많은 병사들이 가장 관심 있어 하는 독서관련 활동으로는 독서 동아리 활동(47.1%)인 것으로 조사되었는데, 이는 군부대 내에서 장소문제와 시간문제만 해결되면 어려운 일이 아니기 때문에 군부대 지휘관의 관심이 절대적으로 요망된다.

마지막으로 병사들의 독서 및 병영도서관 진흥방안을 제시하기 위한 조사결과, 병사들이 가장 큰 비중을 둔 독서 장려 대책으로는 병영도서관의 건립과 장서 확충에 모아졌다. 또한 병영도서관이 꼭 필요한 시설이 되기 위해서는 많은 병사들은 장서 보유량의 확충과 정보화 및 전자 도서관 수준의 향상을 가장 중요한 요소로 꼽았다. 전체적으로 병사들이 원하는 바를 개방형 질문(open-ended question)을 통해 알아본 결과 많은 수의 응답자가 도서관 내 장서 보유량 확대와 다양한 도서 종류의 확충을 바라는 것으로 조사되었다. 그리고 독서를 할 수 있는 여가시간의 증대와 컴퓨터 대수 증가, 인터넷 설치 요망 등 도서관 정보화와 관련된 요구 역시 많음을 알 수 있었다. 이것은 앞서 제시한 독서 장려 대책과 병영도서관 진흥방안과 연결되는 부분이라고 할 수 있다.

◑ 참고 문헌

김영익. 1992. "도서상품권 사업의 활성화 방안 연구". 서울: 동국대 정보
　　　대학원. 석사학위논문

문화관광부. 2004. "2004 국민 독서실태 조사". 한국출판연구소

박정길. 2004. "한국인의 독서부진 요인에 관한 연구". 부산: 부산대대학
　　　원, 박사학위논문

백영균. 2000. "다매체시대의 청소년 독서실태와 독서교육방향에 관한 연
　　　구: 군산지역 중고등학생을 중심으로". 군산: 군산대 교육대학원,
　　　석사학위논문

백원근. 2005. "국민독서실태조사로 본 청소년 독서의 현주소". 서울: 한
　　　국출판마케팅 연구소

백진현. 2004. "독서실태 분석을 통한 독서지도방안 연구: 중학생을 대상
　　　으로". 부산: 부경대 교육대학원, 석사학위논문

신영준. 2003. "고등학생의 독서실태 분석을 통한 효율적인 독서지도방안
　　　연구". 청주: 충북대 교육대학원, 석사학위논문

온만금. 2004. "군대복지의 사회적 평가". 한국군사 18: pp.110-136.

유연범. 2004. "중학생 인터넷독서 실태 조사 연구: 경기도 평택시 중학
　　　생을 대상으로", 서울: 단국대 교육대학원. 석사학위논문

유재천. 1990. "대학생 독서실태 조사연구". 출판연구 1: pp.7-102.

이용훈. 2003. "2002년 국민들의 도서관 이용실태 조사결과", 한국도서관
　　　협회. 도서관문화 44(1): p.20-25.

이정수. "독서습성을 가지자: 군인과 사생활". 해군 145('65. 7): pp.22-
　　　24.

제정관. "장병 정신전력과 신세대 가치관". 군사논단 39: pp.77-94.

정양순. 2000. "초등학교에서의 효율적인 독서자료 선정과 활용방안". 청
　　　원군: 한국교원대 교육대학원. 석사학위논문

정원락. 2004. "다양한 독서프로그램을 활용한 독서습관 형성방안 연구".
　　　경주: 위덕대 교육대학원, 석사학위논문

차미경, 송승섭. 2005. "병영도서관 운영방안에 관한 연구." p.74.

한국디지털도서관포럼 편집부. 2005. "2004년 국민독서실태 조사결과: 도
　　서정보 검색 이용 및 만족도 증가, 학교도서관 이용률 최고 기록".
　　디지털도서관 37: pp.64-75.

황수이. 2003. "독서환경 개선방안 연구: 이론적 검토와 실태조사 분석을
　　중심으로". 전주: 전주대 교육대학원학위논문, 석사학위논문

Smith, E. T. 2003. Changes in Faculty Reading Behaviors: The Impact
　　of Electronic Journals on the University of Georgia. The Journal
　　of Academic Librarianship 29(3): pp.162-8.

Kniffel, L. 2003. "Survey Says: Reading Is on Your Mind. American
　　Libraries 34(7): p.42.

Mallette, M. 2004. Reading for Pleasure Falling Among US Adults.
　　Teacher Librarian 32(2): p.52.

Selsky, Deborah. 1989. American Reading Habits(and Education) on the
　　Rise. Library Journal 114(9): p.22.

Long, S. A. 2005. Who's reading in the United States? New Library
　　World 106(1/2): p.22.

부 록

2006년 육군 병사 독서실태 조사

안녕하십니까? 이번 조사는 그동안 군부대 내에 병영도서관 설립을 위해 노력해 온 (사)사랑의책나누기운동본부와 이화여대가 공동으로 우리나라 국군 사병들이 어떤 생활환경에서 어떤 책들을 읽고 있으며, 보다 나은 독서환경을 만들기 위해 우리 군인들이 무엇을 원하고 있는지를 알아보기 위한 것입니다.

이번 조사는 국방부와 육군 본부의 후원을 받아서 실시되는 것입니다. 귀하가 응답해 주시는 내용은 "이러한 의견을 가지신 분이 전군에서 몇 %"라는 식으로만 통계 처리되어 사용될 뿐 개인의 의견은 절대 비밀이 보장되오니 바쁘시더라도 잠시만 시간을 내셔서 설문에 응답해 주시기를 부탁드립니다.

2006년 1월

조사주관기관: '(사)사랑의책나누기운동본부', 이화여자대학교 문헌정보학과
조사후원기관: 국방부, 육군본부
조사수행기관: '(사)사랑의책나누기운동본부', 이화여자대학교 문헌정보학과
문 의 처: 02)3277-2228, cha@ewha.ac.k
02)720-2429, libsong@unikorea.go.kr

문1. 귀하는 여가시간이 생기면 주로 무엇을 하면서 보냅니까?(순서 대로 세 가지만 말씀해 주십시오)

1순위□ 2순위□ 3순위□

〈보기문항〉
01) 책읽기 02) 신문/잡지읽기 03) 만화책읽기 04) TV시청 05) 라디오듣기 06) 인터넷하기 07) 컴퓨터게임하기 08) 음악감상 09) 비디오시청 10) 체력단련/각종 운동 11) 바둑/장기 12) 동기, 선후배 병과 대화 13) 종교활동 14) 수면/휴식 15) 기타(간략히 설명해 주십시오:_____)

문2. 귀하는 다음과 같은 매체를 어느 정도 이용하십니까? 하루 이용 시간을 주말과 평일로 나누어 표시해 주십시오. □

1) 안 본다/안 한다 2) 30분 미만

3) 30분~1시간 미만 4) 1~2시간 미만

5) 2~3시간 미만 6) 3~4시간 미만

7) 4~5시간 미만 8) 5시간 이상

	TV 보기	라디오 듣기	신문 읽기	인 터 넷	음악 듣기	책 읽기	만화 읽기	잡지 읽기	비디오 보기	게임 하기
평일 이용시간										
주말 이용시간										

문3. 귀하는 군부대 내에서 인터넷 이용이 가능해지면서 독서시간이 늘었나요, 줄었나요? □

1) 매우 감소   2) 다소 감소

3) 별 변화가 없음   4) 다소 증가

5) 매우 증가

문4. 귀하는 '주 5일 근무제'가 실시되면서 독서시간이 늘어났습니까, 줄어들었습니까? □

1) 매우 감소   2) 다소 감소

3) 별 변화가 없음   4) 다소 증가

5) 매우 증가

문5. 귀하는 평소 어떤 분야의 책을 주로 보십니까? 즐겨보시는 도서 분야를 순서대로 세 가지만 말씀해 주십시오.

1순위□ 2순위□ 3순위□

〈보기문항〉			
01) 일반소설	02) 무협지 · 환타지소설 · 추리소설		03) 시
04) 수필 · 명상	05) 수기 · 전기	06) 다큐멘터리	07) 철학 · 사상
08) 역사 · 지리	09) 경제 · 경영	10) 법 · 정치	11) 종교
12) 예 술	13) 과학 · 기술	14) 재테크 · 부동산	15) 컴퓨터
16) 건 강	17) 스포츠	18) 여 행	19) 연예 · 오락
20) 어 학	21) 취 미	22) 만 화	23) 취업대비
24) 입시대비	25) 군부대 교육훈련	26) 책을 전혀 읽지 않는다	
27) 기타(간략히 설명해 주십시오:_____)			

문6. 귀하가 책을 읽는 주요 목적은 무엇입니까? 순서대로 세 가지만 말씀해 주십시오.

1순위□ 2순위□ 3순위□

01) 새로운 지식·정보를 위하여

02) 교양을 쌓고 인격을 형성하기 위해서

03) 제대 후 취직을 위해서

04) 제대 후 복학 준비를 위해서

05) 부대 내 직무상 필요해서

06) 책 읽는 것이 즐겁고 습관이 되어서

07) 다른 사람과 대화를 잘 하기 위해서

08) 시간을 보내기 위해서

09) 마음의 위로와 평안을 얻기 위해서

10) 제대 후 입시준비를 위해

11) 기타(간략히 설명해 주십시오:_____)

12) 책을 전혀 읽지 않는다. ☞ 문 8로 가십시오.

문7. 그렇다면 귀하는 주로 어느 장소에서 독서를 하십니까?

□

01) 내무반

02) 병영도서관(부대 내 도서관)에서

03) 가리지 않음

04) 기타(간략히 설명해 주십시오:_____)

문8. 귀하가 평소 책을 읽는 데 장애가 되는 요인은 무엇입니까? 순서대로 세 가지만 말씀해 주십시오.

1순위□ 2순위□ 3순위□

01) 책 읽는 것이 싫고 습관이 들지 않았다

02) 시간의 여유가 없다(이유: _____)

03) TV/비디오 보느라 시간이 없다

04) 어떤 책을 읽을지 모르겠다

05) 읽을 만한 책이 없다

06) 책을 구해볼 만한 곳이 없다

07) 책을 읽을 만한 장소가 없다

08) 책을 구할 만한 경제적 여유가 없다

09) 다른 여가활동을 즐기기에 바쁘다

10) 독서의 필요성을 느끼지 못한다

11) 기타(간략히 설명해 주십시오: _____)

문9. 귀하는 지난 한 달 동안 몇 권의 책을 읽으셨습니까?

문9 월간 독서량	☞	일반도서: 권	만화: 권	잡지: 권

문10. 귀하는 지난 1년 동안 몇 권의 책을 읽으셨습니까?

(※ 도서를 전혀 읽지 않았으면 0권으로 응답해 주십시오.)

문10 연간 독서량	☞	일반도서: 권	만화: 권	잡지: 권

문11. 귀하는 평소 다음과 같은 책들을 어떻게 구해 보십니까? 주된 도서입수 경로를 우선순위대로 두 가지만 말씀해 주십시오.

일반도서:

1순위	2순위

만 화:

1순위	2순위

잡 지:

1순위	2순위

01) 직접 구입(서점, 인터넷 주문 포함)

02) 가족이나 친구

03) 내무반 동료

04) 병영도서관(부대 내 도서관)

05) 내무반에 비치서

06) 기타(간략히 설명해 주십시오: _____)

07) 책을 전혀 읽지 않음

문12. 잡지, 만화, 참고서 등을 제외하고 귀하가 지난 1년 동안 읽은 책 중 기억에 남는 책은 어떤 것입니까? 기억에 남는 책을 두 가지만 말씀해 주십시오.

도서명1:	도서명2:

문13. 귀하께서 지금까지 읽은 책 가운데 다른 사람에게 추천하고 싶은 책이 있다면 무엇입니까? 한 권만 말씀해 주십시오.

도서명: _____

문14. 귀하가 평소 좋아하는 국내외 저자를 두 사람씩만 말씀해 주
십시오.

국내저자1:	국내저자2:
외국저자1:	외국저자2:

문15. 귀하는 본인의 도서·잡지 구입비로 한 달 평균 얼마를 지출
하십니까?(※ 전혀 지출비용이 없으면 0으로 응답해 주십시오.)

도서구입비: _____ 원	잡지구입비: _____원

문16. 지난 3개월간 구입하거나 전해 받은 도서(잡지)는 주로 어떤
목적을 위한 것이었습니까?

우선순위대로 세 가지만 말씀해 주십시오.

1순위☐ 2순위☐ 3순위☐

01) 군부대 업무　　02) 개인 학습　　03) 시험 준비
04) 실생활에 도움　　05) 재미·오락　　06) 교양
07) 선물용

문17. 귀하께서 읽을 책을 선택하실 때 주로 어떤 정보를 이용하십니까? 우선순위대로 세 가지만 말씀해 주십시오.

1순위☐ 2순위☐ 3순위☐

〈보기문항〉
01) 휴가나 외박 때 서점에서 살펴보고 02) 서점의 추천
03) 신문/잡지의 책 소개(기사/서평)   04) 신문/잡지의 광고
05) TV, 라디오의 책 소개   06) TV, 라디오의 책 광고
07) 인터넷의 정보/도서소개   08) 인터넷의 책 광고
09) 가족의 추천/화제   10) 군부대 동료나 선후배의 추천/화제
11) 명사, 전문가의 추천   12) 베스트셀러 목록
13) 각종 추천·선정 도서 목록   14) 각종 도서정보지
15) TV, 영화의 원작   16) 기타(간략히 설명해 주십시오:
17) 책을 전혀 읽지 않는다.   _____)

문18. 귀하는 지난 1년 동안 부대 내 도서관을 이용해 본 경험이 있습니까?   ☐

1) 있다   2) 없다 ☞ 23번으로 가십시오.

【병영도서관 이용경험자만】 몇 번이나 이용하셨습니까?
(1주일간 몇 회?___회) 또는 (1개월간 몇 회?___회) 또는 (1년간 몇 회? ___회)

문19. 【병영도서관 이용경험자만】 주로 어떤 목적으로 이용하셨습니까? 한 가지만 말씀해 주십시오. ☐

01) 책 열람 및 대출

02) 자료조사

03) 개인공부(시험) 등을 위한 좌석이용

04) 군부대 교육훈련관련 참고

05) 기타(간략히 설명해 주십시오_____)

문20. 【병영도서관 이용경험자만】 귀하가 주로 이용하시는 병영도서관에 대해 얼마나 만족하십니까? ☐

1) 매우 불만

2) 대체로 불만

3) 보 통

4) 대체로 만족

5) 매우 만족

문21. 【병영도서관 이용경험자만】 만족 또는 불만족스러운 이유를 구체적으로 설명해 주십시오.

문22. 【병영도서관 이용경험자만】병영도서관 또는 공공도서관에서
운영하는 이동도서관을 이용해 보신 적이 있습니까? 이용했다면, 몇
번이나 이용하셨습니까?　　　　　　　　　　　　　　　　□

　1) 있다 → (1년간 몇 번? ＿＿＿＿＿＿＿번)

　　　또는 (1개월간 몇 회?＿＿＿＿＿＿회)

　2) 없다

문23. 【병영도서관 이용경험이 없는 경우】귀하가 병영도서관을 이
용하지 않는 주된 이유를 우선순위대로 세 가지만 말씀해 주십시오.
　　　　　　　　　　　　　　1순위□ 2순위□ 3순위□

　01) 읽을 만한 책이 없다

　02) 교육훈련이 바빠서 이용할 시간이 없다

　03) 내무반에서 멀다

　04) 도서 대출이 안 된다

　05) 항상 만원으로 좌석이 없다

　06) 개관시간이 짧다

　07) 이용절차가 까다롭다

　08) 독서상담/안내가 없다

　09) 도서관 이용 필요성을 느끼지 못한다

　10) 기타(간략히 설명해 주십시오: ＿＿＿＿＿＿＿＿＿＿＿＿＿＿)

문24. 【모두 응답】병영도서관의 인터넷 서비스(전자도서관의 도서/자료검색 등)를 이용해 보신 적이 있습니까? □

　1) 있다　　　　　　　　2) 없다

문25. 【모두 응답】병영도서관이 군인들에게 꼭 필요한 시설이 되기 위해 가장 중요한 것은 무엇이라고 생각하십니까? 우선순위대로 세 가지만 골라주십시오.

1순위□　2순위□　3순위□

　01) 병영도서관 설립의 양적 확대

　02) 장서(책) 보유량 확충

　03) 우수한 서비스 인력(사서 등) 확보

　04) 도서관 시설 개선

　05) 정보화(전자도서관) 수준 향상

　06) 다양한 문화프로그램 개발

　07) 기타(간략히 설명해 주십시오: ＿＿＿＿＿＿＿＿＿＿＿)

문26. 【모두 응답】귀하는 평소 부대원들과 책에 관한 이야기를 어느 정도 자주하십니까? □

　1) 전혀 안 한다.

　2) 별로 하지 않는다.

　3) 보통이다.

　4) 자주하는 편이다.

　5) 매우 자주한다.

문27. 【모두 응답】독서가 귀하의 군인생활이나 인생에 어느 정도 영향을 미친다고 생각하십니까? □

1) 전혀 영향을 미치지 못한다.

2) 별로 영향을 미치지 못한다.

3) 보통이다.

4) 비교적 영향을 미친다.

5) 매우 큰 영향을 미친다.

문28. 귀하가 관심 있는 독서관련 활동은 다음 중 무엇입니까?

□

01) 독후감 쓰기

02) 저자 강연회

03) 독서 강연회

04) 독서 토론회

05) 독서퀴즈/경진대회

06) 독서 동아리 활동

07) 기타(간략히 설명해 주십시오: _____)

문29. 군부대 내 독서 장려를 위해 역점을 두어야 할 사항은 다음 중 어떤 것이라고 보십니까?

우선순위로 세 가지만 말씀해 주십시오.

1순위□ 2순위□ 3순위□

01) 병영도서관을 늘리고 다양한 도서를 구비하여 많은 군인들이 이용할 수 있도록 해야 한다.

02) 도서상품권을 면세품과 같이 싸게 구입할 수 있도록 경제적 지원을 해야 한다.

03) 군부대 내에서도 독서교육이 활성화되어야 한다.

04) 유명 저자 초청 강연회, 사인회 등 독서관련 프로그램이 군부대에서 자주 있어야 한다.

05) 사서직원 등 도서관 및 독서 전문가가 군부대에 배치되어야 한다.

06) 도서 및 잡지 구입을 위한 국방부 예산을 확대해야 한다.

07) 기타(간략히 설명해 주십시오: _____)

문30. 귀하가 지금보다 책을 더 가까이 할 수 있도록 "군부대 관계자나 정부가 이렇게 해 주었으면 좋겠다."고 바라는 점은 무엇입니까? 자유롭게 적어 주십시오.

다음은 통계처리를 위한 질문입니다.

1. 귀하의 최종학력은?   ☐
   1) 중졸   2) 고졸   3) 대학생
   4) 전문대 · 대졸   5) 대학원졸 이상

2. 귀하의 현 계급은?   ☐
   1) 이병   2) 일병   3) 상병   4) 병장   5) 하사

3. 입대 전 도서관 이용경험은?   ☐
   1) 있다   2) 없다

4. 입대 전 이용했던 도서관에 대한 호감도는?   ☐
   1) 매우 불만족   2) 불만족
   3) 보통   4) 만족
   5) 매우 만족

• 저자 •

송승섭   • 약 력 •
(宋承燮)   명지대학교 도서관학과 도서관 학사
성균관대학교대학원 도서관학 문학석사
상명대학교대학원 문헌정보학 문학박사
숭의여자대학 문헌정보과 겸임교수
한국기록관리학회 이사
명지대학교문헌정보학회 회장
한국문화관광정책연구원 자문위원
성결대학교 북한학연구소 연구위원
명지대학교대학원, 상명대학교, 대진대학교대학원 출강(현)
국립중앙도서관 정보정책지원업무협의회 위원(현)
문화관광부 도서관정보정책기획단 평가위원(현)
(사)사랑의책나누기운동본부 병영도서관연구위원회 위원장(현)
통일부 북한자료센터 센터장(현)

• 주요논저 •

「대학도서관의 정보기술 도입이 사서의 직무만족에 미치는 영향」
「국가기록물로서의 '통일사료'의 관리방안」
「문헌정보학 분야에서의 적실한 '독서치료'연구와 강의를 위한 사례연구」
「북한도서관의 발전과정에 김일성이 미친 영향」
「북한의 정보화 기반과 과학기술정보시스템」
「북한 자료의 수집과 관리」
「북한의 대외용 인터넷 사이트와 내부 네트워크」
「한국 신문에 나타난 '도서관' 관련 기사에 관한 분석적 연구」
「북한의 도서관 건축 유형과 특징」
「병영도서관의 역사와 발전방향」
「공공도서관에서의 일반열람실 이용자의 자료 이용 유인에 관한 연구」
「북한의 관종별 도서관 현황과 전산화」
「인민대학습당의 발전과정에 관한 문헌적 고찰」
「북한의 문화시설에 관한 연구(도서관부문)」
「미국의 병영도서관의 발전과정과 한국전쟁 중의 병영도서관 서비스에 관한 연구」
「병영도서관 운영모델에 관한 연구」
「군 장병들의 독서실태 조사연구」
「북한의 도서관학 연구 동향」
외 다수

병영도서관의 이해

• 초판 인쇄	2007년 11월 26일
• 초판 발행	2007년 11월 26일
• 지 은 이	송승섭
• 펴 낸 이	채종준
• 펴 낸 곳	한국학술정보㈜
	경기도 파주시 교하읍 문발리 513-5
	파주출판문화정보산업단지
	전화 031) 908-3181(대표) · 팩스 031) 908-3160
	홈페이지 http://www.kstudy.com
	e-mail(출판사업부) publish@kstudy.com
• 등 록	제일산-115호(2000. 6. 19)
• 가 격	31,000원

ISBN 978-89-534-7829-9 93390 (Paper Book)
     978-89-534-7830-5 98390 (e-Book)